中华人民共和国科学技术部
2008
中国科学技术发展报告
2008 CHINA SCIENCE AND TECHNOLOGY DEVELOPMENT REPORT

科　学　技　术　文　献　出　版　社

编委会

编写组

组　长：王晓方　王　元

副组长：申茂向　杨起全　郭铁成　赵志耘

成　员：（以姓氏笔画为序）

丁坤善	于　良	马　缨	王　革	王书华	王奋宇	王俊峰
王瑞军	巨文忠	包献华	玄兆辉	刘冬梅	刘树梅	刘琦岩
吕　静	孙玉明	孙福全	何光喜	张　旭	张　缨	张九庆
张兆丰	张杰军	张新民	李　津	李　哲	李振兴	沈文京
沈建磊	陈　成	陈诗波	陈颖健	姜桂兴	柯千红	赵　捷
赵延东	赵红光	赵清华	赵慧君	徐　芃	徐　峰	郭　戎
郭晓林	高志前	高昌林	崔玉亭	常玉峰	续超前	彭春燕
程广宇	程如烟	程家瑜	薛　姝	魏勤芳		

序 一

2008年，是中国经济社会发展极不寻常的一年，也是中国科技事业面对各种挑战，不断锐意进取、继续获得长足发展的一年。全国科技界全面贯彻科学发展观，坚持走中国特色自主创新道路，深入落实《国家中长期科学和技术发展规划纲要（2006—2020年）》，服务国家重大需求，有力地支撑了经济和社会的发展。全国科技界在系统和全面地总结科技改革开放30年经验的基础上，进一步深化科技体制改革，大力提高自主创新能力，稳步推进创新型国家的建设。

2008年，中国遭遇了南方特大冰雪、突如其来的特大地震等自然灾害。全国科技界急国家所急，想人民所想，通过紧急启动科技专项、积极应用科技成果、快速组织高新技术产品等应对措施，支撑救灾工作，服务灾区建设。2008年，科技界还肩负着科技奥运、节能减排等艰巨任务。连续七年“奥运科技行动计划”的实施，解决了奥运场馆建设、火炬传递、开闭幕式中的一批关键技术，圆满实现了科技奥运的各项目标。加大了对节能减排科技工作支持的力度，在关键共性技术攻关、产业化与工程示范应用、成熟技术推广与产业化等方面都取得了良好进展。特别是2008年下半年以来，美国次贷危机引发的国际金融危机愈演愈烈，对我国经济造成较大冲击。科技界按照党中央和国务院的决策部署，研究应对国际金融危机的对策，调整科技工作的部署和重点，加快落实自主创新政策，加大支持企业技术创新，加强科技成果的转化和推广。这将为我国积极应对国际金融危机、促进经济平稳较快发展发挥重要的作用。

2008年中国科技发展仍然保持了良好的态势，科技对经济、社会的发展起到了重要的支撑作用：科技经费、人力等资源规模不断扩大，科技基础设施和条件平台建设取得重要进展。全社会研究与试验发展（R&D）经费支出预计达到4 570亿元，占国内生产总值（GDP）的比例达到1.52%；科技创新能力稳步提高。科技论文和专利申请与授权不仅数量增长，质量也明显优化。中国在基础研究和前沿技术研究领域，取得了一系列重要突破，原始创新能力显著增强。特别是“神舟七号”发射成功，实现了中国人太空行走的伟大壮举，更加凸显了中国在航空航天领域的国际地位；高技术产业规模进一步扩大，对促进产业结构调整的作用凸显。国家高新区增长依然稳健，成为支撑区域经济增长的重要力量。高新技术产品进出口稳步增长；科技重大专项推进顺利，全面进入组织实施阶段。重大专项的实施将孕育着重大技术和产品的突破，能够在应对当前国际金融危机、培育形成新的经济增长点中发挥重要的支撑和推动作用。中国行业技术创新十分活跃，重点产业自主创新能力得到增强。农业科技对现代农业发展和新农村建设发挥了重要作用。一大批民生科技成果的攻克和应用，为构建和谐社会提供了技术保障。

2008年，科技工作在改革和发展中取得了重要进展：新修订的《科学技术进步法》、《规划纲要》配套政策实施细则的落实，使得自主创新的政策法规进一步完善，自主创新的环境明显改善；技术创新引导工程取得新进展，创新型企业试点规模扩大，国家和地方产业技术创新联盟组建，科技中介服务体系建设成效显著，科技与金融相结合的多元化创新投入体系取得突破；科技统筹协调机制建设迈出新步伐，“部省会商”和“部部合作”的会商机制和部门沟通机制初步建立，科技计划管理工作进一步完善；以部省合作和支撑计划为载体，有效集成中央、地方科技资源，推动区域发展和国家目标实现有机结合，引导和加强地方科技工作；国际科技合作取得积极进展，科技外交在国家总体外交中的地位作用进一步提升。科学技术普及工作取得新进展，科普服务能力得到进一步提高。

面向未来，全国科技界肩负的责任巨大。为应对金融危机，党中央、国务院对发挥科技创新的支撑作用，促进经济平稳较快发展提出了新的要求，并作为治本之策，对科技界寄予厚望。我们要按照中央的统一部署，进一步全面落实国务院《关于发挥科技支撑作用促进经济平稳较快发展的意见》，重点围绕应对国际金融危机，保持国民经济平稳较快发展这个中心任务，紧紧抓住提高自主创新能力、提高企业综合竞争力这个重点，“加强重大专项、支撑产业振兴、发展高新产业、支持企业创新、深入基层服务、促进人才建设”，大力提高我国自主创新能力，进一步解放思想，大胆改革创新，继续推进建设创新型国家的进程，坚持不懈地努力工作，继续推动中国科技事业更快地发展，支撑国民经济社会健康、稳定发展。

科学技术部部长 

二○○九年九月七日

中国科学技术发展报告
2008 CHINA SCIENCE AND TECHNOLOGY DEVELOPMENT REPORT

序 二

2008年，是全国科技界全面贯彻和学习实践科学发展观的重要一年。按照中央的部署，从2008年的下半年开始，科技部深入学习实践科学发展观活动全面展开。在学习实践活动中，科技部坚持理论与实践相结合，提出以“推动自主创新、促进科学发展”为主题，以“创新体制机制、转变管理方式、落实规划纲要、实现重点突破”为实践载体，进一步深化对贯彻落实科学发展观重要性的认识，更加自觉和坚定地坚持走中国特色自主创新道路，推进创新型国家建设。

在学习实践活动中，通过理论与实践相结合，进一步深化了对科学发展观的认识和理解，对贯彻落实科学发展观在更深层次上形成了共识。我们认识到，科学发展观是中国特色社会主义理论体系的最新成果，是发展中国特色社会主义必须坚持和贯彻的重大战略思想，是走中国特色自主创新道路的行动指南，是建设创新型国家的重要指导方针。我们体会到，在科技工作中深入学习实践科学发展观，对统一思想、凝聚共识至关重要，对认清形势、把握大局至关重要，对解放思想、改革创新至关重要，对立党为公、执政为民至关重要。在新的历史起点上，必须坚持用科学发展观统领科技实践，让科学发展的理念在自主创新实践中得到充分体现和贯彻，使自主创新在促进科学发展中切实发挥重要作用。

在集成和深化学习实践活动成果的基础上，科技部党组结合科技工作实际，集中广大党员干部的智慧和共识，研究提出了《关于推动自主创新促进科学发展的意见》，对科技工作贯彻落实科学发展观提出了一系列方向性的指导意见，提出了今后一个时期科技工作的总体思路、整体部署和重点任务。我们必须在《意见》的基础上，以统筹兼顾的根本方法，把握好几个重大关系：

（一）把握好突出重点与整体推进的关系。当前，中心任务是全力做好科技应对国际金融危机、促进经济平稳较快发展的各项工作，同时，也要统筹推进《规划纲要》各项重大任务的落实，保证各项工作按计划、按步骤、有序推进。

（二）把握好立足当前与着眼长远的关系。把完成年度工作任务与加强前瞻性的战略部署有机统一起来。既要完成好“十一五”科技攻坚的各项任务，又要启动“十二五”科技规划的研究制定工作。既要解决好当前应对金融危机、产业振兴的技术支撑问题，也要着眼长远，在事关国家发展全局和产业发展技术瓶颈的关键环节上，加大研发力度，培育一批战略性产业，增强国民经济整体素质和发展后劲。

（三）把握好科技支撑经济社会发展与科技自身能力建设的关系。必须坚持科技与经济的结合这一国家发展的战略需要和科技发展的大方向。同时，也要加强科技自身能力建设，提高科技持续创新能力。要重视基础研究、前沿技术研究和社会公益性研究，重视科技创新基地建设，重视科技基础设施建设，重视科技人才队伍建设，重视创新文化建设。

（四）把握好统筹利用国际国内资源的关系。必须有效利用全球科技资源。要进一步扩大科技对外开放，充分学习借鉴世界先进的技术和研发管理经验，同时也要积极推动国内的科研机构、企业走出去，充分利用国外的科技资源为我所用。

2008年下半年以来，我国科技、经济、社会面临着前所未有的困难。按照中央的统一部署和中央领导同志的重要指示精神，科技部把发挥科技在应对国际金融危机、促进经济平稳较快发展中的支撑作用，作为当前科技工作的首要任务，广泛征求科技界、产业界的意见，紧紧围绕产业振兴和结构调整的需求，坚持中央提出的科技与经济相结合，近期和长远相结合，治标和治本相结合，研究提出了科技支撑六个方面的重大措施和四个方面的政策建议。国务院常务会议通过，并正式下发了《关于发挥科技支撑作用促进经济平稳较快发展的意见》。面对国际金融危机对我国经济社会发展带来的严峻挑战，科技界更要建立强烈的大局意识，充分发挥科技在应对国际金融危机、促进经济平稳较快发展中的支撑作用。把多年来的科技进步成果转化为实际生产力，转化为应对国际金融危机的可靠依托。这是对我国科技水平和能力的一次集中检验，也是对我国科技工作的一次空前考验。我们一定要不辱使命，责无旁贷地承担起党和人民赋予的重任。

科学技术部党组书记、副部长 李学勇

二〇〇九年九月三日

中国科学技术发展报告
2008 CHINA SCIENCE AND TECHNOLOGY DEVELOPMENT REPORT

前 言

《中国科学技术发展报告（2008)》是中国科学技术发展系列报告的第4卷。本书以坚持自主创新，落实科学发展为主题，以学习落实科学发展观，实施《国家中长期科学和技术发展规划纲要（2006－2020年)》(简称《规划纲要》)为重点，全面描述了2008年中国的科技工作和一系列科技行动（不含港澳台地区的相关情况)，客观反映了国家科技重大专项的进展情况、科技支撑、引领经济又好又快发展和社会主义和谐社会建设的重大科技成就。本书采用简明文字和图表，从国家、地方、行业、企业等多个层面，对中国科学技术发展进行了比较系统地描述和总结。

该书共十五章。与《中国科学技术发展报告（2007)》相比，本书增加了“国家科技重大专项”、“科技奥运与应对重大突发事件”和“科技改革开放30年”三章，减少“能源、资源与环境科技进步”一章。“国家科技重大专项”突出重大专项的实施进展情况；“科技奥运与应对重大突发事件”突出2008年应对重大突发事件的科技保障；将“能源、资源和环境”的相关内容主要放在“节能减排科技进步”和“前沿技术”等章节中描述，避免过多重复；将“高技术产业与高新区发展”改为“产业科技进步与高新区发展”，增加产业科技进步的有关内容。2008年是中国改革开放的第30个年头，本书增加“科技改革开放30年”一章，重点回顾改革开放30年的历程。

需要特别指出的是，在本书成书时，2008年度的一些统计数据尚未正式发布，因此本书中的某些统计数据采用了预计数，请读者转引时谨慎使用。

在本书的编写过程中，我们得到了各级政府、行业协会、学术团体、科研机构、高等学校、企业等相关单位和专家的大力协助与支持，在此一并表示衷心地感谢。

编写组

2009年7月

目 录

第一章　综述

第二章　国家创新体系与制度建设

第七章 基础研究

第八章 前沿技术

第九章　新农村科技进步

第十三章 国际科技合作

第十四章 科普事业

第十五章 科技改革开放30年

附录

2008
中国科学技术发展报告
2008 CHINA SCIENCE AND TECHNOLOGY DEVELOPMENT REPORT

第一章

综　述

第一节　贯彻落实科学发展观

一、学习实践科学发展观

二、科技发展新思路

第二节　科技积极应对突发事件和服务于国家重大需求

一、抗击南方低温雨雪冰冻灾害

二、支撑抗震救灾

三、支撑北京奥运会的成功举办

四、推进节能减排

五、积极应对国际金融危机

第三节　科技创新能力持续增强

一、科技资源配置

二、科技创新能力

三、高技术产业化

第四节　科技支撑经济社会又好又快发展

一、组织实施重大专项

二、突破产业发展关键技术

三、支撑社会主义新农村建设

四、关注民生，促进社会和谐发展

第五节　科技工作新进展

一、完善与落实自主创新的法制与政策

二、推进国家创新体系建设

三、加快科技管理体制改革

四、加强区域科技工作

五、推动国际科技合作

六、推进科普事业

2008年，科技界全面贯彻科学发展观，深入落实《国家中长期科学和技术发展规划纲要(2006—2020年)》(以下简称《规划纲要》)，大力推进自主创新，全面提升国家科技实力，积极应对低温雨雪冰冻灾害和汶川特大地震灾害，支撑北京奥运会和残奥会的成功举办，促进经济和社会又好又快发展。科技事业自身得到较快发展，创新型国家建设稳步推进。

第一节
贯彻落实科学发展观

按照中央的统一部署和要求，科技界深入开展学习实践科学发展观活动。通过学习活动，统一了思想，提高了认识，形成了科技发展的新思路。

一、学习实践科学发展观

从2008年下半年开始，科技部党组认真贯彻落实中央的部署和要求，把学习实践活动作为一项重大政治任务，摆在各项工作的首要位置，提出以“推动自主创新，促进科学发展”为主题，以“创新体制机制、转变管理方式、落实规划纲要、实现重点突破”为实践载体，紧密围绕科技改革与发展30年、建设创新型国家、重大专项组织实施、“十二五”科技工作思路等部署了21个调研专题，深入开展学习实践科学发展观活动。在学习实践活动中，始终坚持将中央精神与科技工作实际相结合、将学习贯彻党的十七大精神与学习实践活动相结合、将突出实践特色与当前形势相结合、将领导带头与广大党员干部参与相结合的原则。坚持以科学发展观为指导，深入研究科技改革与发展中的重大问题，是科技部党组贯彻落实党的十七大精神的新举措。在2007年组织完成13个重大专题调研的基础上，按照党中央国务院对科技工作一系列重要指示精神，结合2008年科技工作重点，确定了21个重大专题调研任务。组织广大党员干部深入实际、

图 1-1 改革开放的总设计师邓小平的画像矗立在深圳市深南大道旁

深入基层，针对新情况、新课题以及科技工作中迫切需要解决的深层次问题，进行深入思考和调查研究，提高用党的理论创新成果指导和推动工作的能力。大力宣传改革开放 30 年辉煌成就，增强科技工作贯彻落实科学发展观的自觉性。2008 年是改革开放 30 周年，也是全国科学大会召开 30 周年。科技部党组按照党中央的统一部署，结合科技部工作实际，广泛开展了纪念科技改革发展 30 周年系列活动。组织广大党员就改革开放 30 年来中国科技体制改革和发展取得的历史成就、基本经验、存在的突出问题和对今后科技事业发展的政策建议进行了热烈讨论，提出了许多有价值的新观点、新思路、新建议，丰富了对中国科技事业改革发展 30 年的基本认识，进一步增强了贯彻落实科学发展观的自觉性和坚定性。在整个学习实践活动过程中，科技部认真组织好每一阶段、每一环节的工作，切实做到思想认识到位，组织领导到位，任务落实到位，完成了 3 个阶段 11 个环节的各项工作。通过深入学习实践科学发展观，进一步统一了思想、凝聚了共识，明确了科学技术在推进现代化建设、全面建设小康社会中肩负的历史使命，增强了责任感和使命感。

中科院按照中央总体要求，开展深入学习实践科学发展观活动，以“推动科技创新，促进科学发展”为载体，紧密结合科技创新和改革发展实践，认真分析影响和制约中科院科学发展的思想观念和体制机制问题，进一步明晰了定位与使命，理清了下一步发展的思路和工作重点。

在活动中共组织全院300多位优秀科技专家、管理专家和情报专家开展了至2050年重要科技领域发展路线图研究工作，形成了《迎接新科技革命挑战，支持科学与持续发展——关于我国面向2050年科技发展战略的思考》的战略研究报告，相关成果将为中国科技创新工作的战略部署提供重要参考。凝练创新目标，加强组织重大创新活动，分片组织制定并完善了2008—2010年重大创新活动和体制与管理创新的组织实施方案，加大管理创新，促进重大科技创新成果产出，培育未来竞争优势。部署了“宽带无线移动多媒体核心技术研究和应用示范”等7个重大项目和一批重要方向项目。推进研究所综合配套改革试点工作，试点工作已转入全面实施重要改革发展举措的阶段。以提高研究所核心竞争力，建立科技布局自主调整、人才队伍动态优化、与国家创新体系各单元联合发展、资源配置与科技评价自觉适应发展要求为目标，深入开展国内外调研，从国家、院、研究所层面基本理清了制约研究所科学发展的体制机制问题，组织试点所和相关研究所进行专题研讨。

中国工程院党组研究制定了以“建设支撑科学发展的工程科技思想库”为载体的学习实践科学发展观活动实施方案，扎实开展学习调研、分析检查和整改落实工作。在学习实践活动中，采取了党组中心组率先学习，组织高水平的辅导报告，组织机关党员集体学习、交流、自学，组织听理论讲座、参观主题展览等多种形式的学习培训；以建立健全推动工程院实践科学发展的有效机制为重点，以进一步发挥院士群体思想库的作用，为科学发展观的贯彻落实提供工程科技支撑为目标，以院士队伍建设、咨询工作、院地合作、院机关建设等问题为着力点开展调研工作，广泛征求意见；紧密围绕工程科技工作和人才队伍建设方面等科学发展问题开展解放思想讨论。

中国科协党组按照中央统一部署，坚持把开展深入学习实践科学发展观活动作为首要政治任务，以“科学发展与社会责任”为主题，以“提高服务能力”为实践载体，认真研究部署，精心组织实施，扎实做好学习实践活动各项工作，取得初步成效。系统学习科学发展观，深入开展调查研究。通过扎实开展学习调研阶段各项工作，为把握、分析制约科学发展的突出问题奠定了基础。查找存在问题，深刻分析主客观原因。扎实开展整改落实工作，把学习实践成果落到实处。特别是结合纪念中国科协成立50周年，中国科协印发学习通知，各地科协掀起了学习讲话精神的热潮。召开党组理论学习中心组扩大会和地方科协党组书记座谈会，认真学习领会讲话精神，畅谈学习体会，深刻学习领会总书记12·15讲话的精神实质和科学内涵，不断增强用科学发展观统领科协工作的自觉性和坚定性。

自然基金委立足于“切实加强基础研究，努力提高原始创新能力，为建设创新型国家服务”

的实践载体，突出实践特色，以学习推动实践，在实践中深化学习。以科学发展观为指导，重点围绕完善管理机制、筹划未来发展、加强机关建设三大主题，部署了18个专题的调查研究任务，着力在转变科学基金发展观念、创新发展模式、提高发展质量方面提出新的理论。同时，积极稳妥地推进体制机制创新和制度建设，全面清理各项规章制度。通过深入调研和讨论，自然科学基金委明确要坚持战略定位和工作方针不动摇，坚持科学民主决策机制不动摇，坚持依法管理不动摇，坚持营造创新环境不动摇，在继承弘扬优良传统的基础上不断解放思想，改革创新；提出要按照统筹兼顾的根本方法，正确处理好鼓励竞争与稳定支持、全面均衡布局与重点部署、依靠同行专家共识判断与支持非共识创新思想、营造宽松环境与加强绩效管理、立足科学管理普遍性与尊重不同学科特殊性、依靠委内外专家与规范专家行为等6个方面的关系，促进科学基金事业科学发展。

二、科技发展新思路

在学习实践活动中，科技部党组集成学习实践成果和广大党员干部的智慧，形成了《中共科学技术部党组关于推动自主创新促进科学发展的意见》，进一步明确了今后一个时期科技工作贯彻落实科学发展观的努力方向：

用科学发展观统领科技实践，坚持走中国特色自主创新道路。以邓小平理论和“三个代表”重要思想为指导，深入贯彻落实科学发展观，全面贯彻落实党的十七大、十七届三中全会和中央经济工作会议精神，以提升自主创新能力为核心，以改革创新为动力，以应对国际金融危机、实现经济平稳较快发展为当前的首要任务，解放思想、求真务实，全面实施《规划纲要》，坚定不移地走中国特色自主创新道路，努力建设创新型国家。

积极应对国际金融危机，依靠科技支撑经济平稳较快发展。积极应对国际金融危机，为中国经济平稳较快发展提供有力的科技支撑，是当前科技工作的首要任务。抓紧实施与扩内需、保增长紧密相关的重大专项，为重点产业振兴提供强有力的科技支撑，大力支持企业提高自主创新能力，加快发展高新技术产业集群，动员科研院所和高等院校的科技力量主动服务企业，加强科技人力资源建设。

加强农业科技创新，促进农业稳定发展和农民持续增收。认真贯彻落实党的十七届三中全会精神，充分发挥科技创新的重要作用。加强城乡科技统筹，提高农业科技创新和服务能力，促进农业稳定发展和农民持续增收。加强农业科技创新，加快农业科技成果转化应用，实施农村科技创业行动，建立健全社会化农业科技服务体系。

大力发展民生科技，促进科技惠民。以提高广大人民群众的生活质量和健康水平为目标，实施民生科技工程。实施全民健康科技行动，实施改善人居环境科技行动，实施公共安全科技行动，实施新农村建设民生行动，实施全民节能减排科技行动。

加强超前部署，提高科技持续发展能力。着眼长远，加大基础研究、前沿技术研究的支持力度，加强科技能力建设，为提升自主创新能力提供坚实的基础。加强前瞻性和战略性的基础研究和高技术研究，加强国家实验室和国家重点实验室建设，加强科技基础设施和条件平台建设，加强创新方法工作。

加强科技人才队伍建设，优化科技发展环境。加强科技人才队伍建设，深入贯彻实施《科学技术进步法》，加强《规划纲要》配套政策的落实，加大科技投入力度，提高科技经费使用效益，促进科技与金融的紧密结合。

以改革创新为动力，全面推进国家创新体系建设。以建立企业为主体、市场为导向、产学研相结合的技术创新体系为突破口，以促进科技资源高效配置、开放共享和综合集成为重点，深化科技体制改革，全面推进国家创新体系建设。加快推进国家创新体系建设，推动实施技术创新工程，推进科研机构的开放和资源共享，加强区域创新体系建设。

扩大对外科技合作，充分利用全球科技资源。服务于国家科技发展的大局和外交工作的大局，充分利用全球科技资源，在更高的起点上推进自主创新。拓展和深化国际科技合作，充分利用全球科技资源，扩大对外科技援助。

建立健全统筹协调机制，促进科技资源优化配置。建立科技口各部门的会商机制，建立部际间沟通合作机制，完善科技工作部省会商机制。

加强党员干部队伍建设和反腐倡廉建设，切实改进工作作风。深入贯彻落实科学发展观，核心在人，关键在党的建设。必须着力加强党员干部队伍建设，坚定理想信念，增强大局意识，树立良好作风，密切联系群众，保持清正廉洁。增强贯彻落实科学发展观的自觉性和实践能力，加强党员干部作风建设，加强反腐倡廉建设。

第二节 科技积极应对突发事件和服务于国家重大需求

2008 年，中国遭遇了难以预料的冰雪灾害、突如其来的特大地震、全球性的金融危机，肩负着北京奥运会、节能减排等艰巨任务。全国科技界急国家所急，想人民所想，积极应对突发事件和服务于国家重大需求，成效显著，体现了中国不断壮大的科技实力。

一、抗击南方低温雨雪冰冻灾害

在抗击冰雪灾害中，智能化工程机械、轨道交通设备和电力设备、灾害天气精细数值预报系统等一大批科技成果在抗击南方地区雨雪冰冻及灾后重建中提供了重要的技术支持。灾害天气精细数值预报系统及短期气候集合预测研究等国家重大科技项目的阶段性研究成果，为冰雪灾害预测预报做出了重要贡献。一批国家科技计划支持研制的智能化工程机械、轨道交通设备和电力设备投入抗灾救灾工作，为恢复灾区道路交通和电力发挥了积极作用。1 429 台全地面大吨位起重机在灾区各地投入使用，成为处理道路事故的主力机械；电网安全稳定实时预警及协调防御系统为给华东电网和江苏电网安全运行提供了保障，已在安徽、河南、陕西、山西和广东等电网恢复重建中得到推广应用。

紧急启动了一批重大自然灾害防御关键技术的研发工作，加快了应急技术库的建设，为中国今后抗灾救灾提供了技术储备。针对本次冰雪灾害暴露出的问题及技术需求，国家在科技支撑计划中优先安排 1.33 亿元资金，重点围绕农业恢复生产、中低纬度地区灾害性天气监测预测、地质灾害防治、保障生产和生活基础设施等重大生命线抗灾工程、重大自然灾害应急与救援、灾害风险评估等方面的重大关键技术与装备，安排了一批重大科研项目，以提高中国应对重大自然灾害的技术能力。同时，针对重大自然灾害防御及公共安全保障需求，全面部署应急技术库建设工作，优先开展公共安全和防灾减灾等社会公益性行业技术库建设，为科技应对突发公共事件和防灾减灾等提供应急技术保障。

为有力支撑南方地区雨雪冰冻灾后的重建，国家组织各行业专家，紧紧围绕急迫的技术需求，从国家科技支撑计划、863 计划等国家科技计划研究成果中，选取了包括农业、交通、电力、通信、生活与住宅等方面共计 311 项实用技术，编制了《南方地区雨雪冰冻灾后重建实用技术手册》，并及时发送到灾区各地，取得了良好的效果。

二、支撑抗震救灾

在抗震救灾中，国家汶川地震专家委员和各相关领域专家组，及时为党中央国务院提供重要的决策建议，发挥了重要作用。在财政部的大力支持下，国务院 14 个部门联合组织实施抗震救灾恢复重建科技支撑专项行动，及时编制了《抗震救灾恢复重建适用技术简介》，得到国务院领导高度重视。各部门、各地方科技管理部门积极开展对口支援，筛选和组织通信、照明、医疗设备等新技术产品送往灾区。大批科技人员投身于抗震救灾一线，提供了监测、救援和恢复重建等科技服务。特别是四川、陕西和甘肃等受灾省市科技管理部门积极投身到抗震救灾和灾后重建工作中，表现出了特别能战斗、特别能吃苦、特别能奉献的精神，得到了社会各界的充分肯定和赞扬。

高精度遥感遥测技术为中央及时、准确掌握灾情提供有效支撑。国家遥感中心于2008年5月14日凌晨获取、处理灾区雷达卫星影像并及时上报，是国务院抗震救灾指挥部收到的第一幅卫星遥感影像图。15日率先对唐家山堰塞湖次生地质灾害提出预警，为采取应对措施争取了宝贵时间。至6月11日为止，国家遥感中心已获取近千幅国内外卫星遥感影像和航空遥感影像，解译、制作了40余幅近500余份灾区灾情影像分析图，3种系列共27册灾区遥感监测影像图集，为国务院抗震救灾总指挥部进行决策提供了科学依据。

积极应用国家科技计划成果为抗震救灾服务。863计划最新成果宽带无限交互多媒体系统，被成功应用于前线指挥部与各救灾现场之间的应急通信与现场指挥，并将唐家山堰塞湖视频图像实时传送抗震救灾总指挥部。50多项国家科技获奖项目在抗震救灾中得到应用。在灾区首次开展了远程放射影像诊断，为灾区提供了近2 000台（套）快速检测仪器设备、试剂盒超过60万套。国家重点实验室、基础条件平台数据共享工程发挥各自优势，在震灾评估、灾区心理干预、地质灾害防治等领域开展了卓有成效的工作。

快速筛选和组织一批实用的高新技术产品和装备送往灾区。科技部紧急组织了五批共计74种抗震救灾物资支援灾区，主要包括救灾中急需的药品、医疗装备、照明设备、净水器、通信设备、汽车、钢结构装配式快速建成建筑、农村简易房、生态厕所和农业生产恢复急需的良种、相关农用物资等高科技产品。将便携式太阳能光伏电源、卫星移动通信设备、警用数字集群通信系统、网络教室设备等55类高新技术产品列入政府采购序列。

组织专家组赴灾区，开展了水源和饮用水、帐篷和活动板房室内空气质量、食品安全、土壤安全、放射性等大量检测分析服务，为灾后恢复重建积累科学数据；为灾区环保部门、卫生部门等提供技术培训、仪器捐赠、技术解决方案等紧急援助；紧急启动标准制修订绿色通道，研制并发布国家标准《水质组胺等五种生物多胺的测定——高效液相色谱法》。

三、支撑北京奥运会的成功举办

在2001年，北京申办奥运会成功后，科技部、北京市政府、北京奥组委等13个部门和单位共同启动实施了“奥运科技（2008）行动计划”。七年多来，科技界组织和动员了全国超过3.5万人的科研队伍，积极开展国际合作，解决了北京奥运建设中的一批关键技术难题，圆满地实现了科技奥运的六大目标。经过实际应用的奥运科技成果具备了产业化推广的良好基础，有望成为新的产业增长点。

在北京奥运会期间，595辆纯电动和燃料电池等新能源汽车投入使用，在世界奥运史上首次实

图 1-2　2008 年 8 月 8 日，第 29 届奥运会在北京开幕

现在奥林匹克中心区域的交通“零排放”。以混合动力和燃气汽车为主的公共客车在周边地区、奥运交通优先路线上实现交通“低排放”；一批太阳能和风能发电技术的应用，使奥运场馆绿色能源供应比例达到 26%以上。发光半导体（LED）等高效节能新技术的应用，使奥运场馆景观照明用电节约约 70%；雨洪利用、中水回用、污水处理及再生利用等技术在奥运场馆（区）成功采用。

信息通讯、智能交通和安全保障等当代最先进的高新技术成就得到应用。一批先进奥运信息技术的应用，实现了无障碍的信息服务。智能交通技术使奥林匹克交通优先路线平均时速不低于 60 公里、对 5 000 辆奥运车辆的监控服务和市区道路群体交通诱导覆盖率达到 80%以上。

在“鸟巢”、“水立方”等国家大型体育场馆设施建设中，攻克了大跨度钢结构施工等一批建筑技术难题，创造了多项世界第一的建筑奇迹。在开闭幕式、火炬传递等大型活动中，突破了大型地面 LED、奥运火炬在珠峰极端环境下燃烧等技术难题以及在体能恢复、高原训练、竞技体育等方面的一系列技术瓶颈。

奥运科技行动不仅为北京奥运建设提供技术支持和服务，也使中国科技创新实力和水平得到了新的提升，有力地带动了相关产业的发展。清洁汽车、半导体照明等一大批高技术产品在北京奥运会这一国际平台上的成功应用，推动了建筑、信息、环保和新能源等产业的整体提升并引领太阳能等新兴行业的发展，为企业发展提供了广阔平台。

四、推进节能减排

为贯彻落实国务院节能减排和应对气候变化的重大部署，科技部等有关部门实施《节能减排科技专项行动方案》和《中国应对气候变化科技专项行动》。紧扣重点行业和区域发展节能减排的科技需求，加强适合中国国情的节能降耗、控污减排、新能源开发利用等重大技术研发、示范与推广，节能减排与环境保护方面科技创新取得了重大突破，为完成节能减排任务奠定了技术基础。

高消耗、高污染行业节能减排关键技术开发与工程化应用取得重大进展。构建了铁碳资源高效利用内循环－能量／水梯级利用中循环－废弃物再生循环利用外循环三层次共生耦合的传统钢铁企业循环经济生态工业链接示范。成功开发了国内单机容量最大、国产化程度最高的100万千瓦超超临界机组和国内首批60万千瓦级空冷机组、60万千瓦级脱硝机组，实现示范工程连续稳定运转。

加快新能源、新材料等具有低碳经济特征的高新技术发展。已掌握3MW海上风电设备制造的核心技术，完成了1.25MW风电机组设计和样机制造，相关风电企业获得超10亿元订单，实现了中国风电技术及产业的跨越式发展。突破了混合动力汽车专用发动机、混合动力轿车、电动汽车变频冷暖空调等一批关键瓶颈技术，动力电池生产已占据国内市场份额的80%，自主研发的电动汽车变频冷暖空调与国际同类产品相比节能效果在15%以上，实现制冷剂零泄露，已批量用于纯电动车。

经济、适用的环境污染控制与治理技术开发与转化取得实质性进展。开发了黄姜皂素清洁生产工艺，建成年产50吨黄姜皂素清洁生产技术工程示范线。基于阻断湘江水体重金属污染源的生物处理新技术已得到工程化应用，取代传统的石灰中和沉淀污水处理工艺，每年向湘江减排金属冶炼废水540万吨，减少铅锌镉等有害金属排放总量20多吨。研制了湿法脱硫系统技术和设备，国产化率达95%以上，大幅度降低了湿法脱硫的工程造价，已投运项目共计58个，总容量为34 666MW，累计减排二氧化硫255万吨，为企业减少排污费16.1亿元。

农业节能减排技术研究取得了较大进展。节水农艺措施、农业节水工程措施、沃土工程等资源节约型农业技术成果提高了农业水土资源的利用效率。耕地质量调控与保护性耕作技术和农业污染物减排与污染治理技术促进了农业节本增效和生态安全水平提高。农田循环生产技术体系和区域典型模式初步形成，推动了现代循环农业的发展。农林生物质综合应用技术有效促进了替代能源资源的开发和高效利用。

五、积极应对国际金融危机

为应对国际金融危机，国务院常务会议审议通过了《关于发挥科技支撑作用，促进经济平稳较快发展的意见》（以下简称《意见》），围绕“加强重大专项、支撑产业振兴、支持企业创新、发展高新产业、深入基层服务、促进人才建设”，提出了6项科技支撑措施和4项政策保障条件。为落实中央决策，促进经济平稳较快发展，科技界调整科技工作的部署和重点，加强科技成果的转化和推广，调动科技资源。

加快科技重大专项的实施进度。民口11个重大专项按照《意见》要求，调整实施计划，确定了提前加快实施的重点任务、经费和责任单位。部分任务已经进入实施阶段。根据国务院审议通过的重大专项实施方案，2009年中央财政预算安排328亿元，2010年中央财政预算300亿元左右。初步统计，这些调整的重点任务经费占“十一五”重大专项中央财政经费投入的80%，预计将新增产值及带动相关产业产值约6 000亿元，实现就业25万人。

加快实施技术创新工程。科技部等六部门制订了《国家技术创新工程总体实施方案》。结合十大产业振兴计划，在原有4个产业技术联盟的基础上，新组建了汽车轻量化等10个联盟。加快了企业研发能力建设和面向企业的技术创新服务平台建设，在整合开放国家重点实验室、工程中心等的基础上，新批准建设了企业国家重点实验室、企业技术中心等，产业技术创新服务平台建设取得积极成效；加大了创新型企业的建设力度。创新型企业试点工作进一步扩大，形成了中央和地方联动的良好局面。

支撑产业振兴，一批自主创新产品规模化示范工程启动实施。将《意见》确定的45项先进技术的研发和推广作为科技促进重点产业振兴和拉动内需的重点任务。2009年、2010年将集中投入财政科技经费64亿元，并带动企业、地方等各方面资金投入550亿元；集中力量，加大了重点产业关键技术和共性技术的攻关力度。对科技支撑和863等国家科技计划目前在研项目进行了认真梳理，选择出与重点产业直接相关的技术研发项目。2009年、2010年将继续投入财政经费60.6亿元，总经费将达到530多亿元。积极推动自主创新技术和产品推广和应用。启动了“十城千辆”、“金太阳”、“十城万盏”等工程，培育新的经济增长点。

加大高新技术产业化环境建设力度。出台了《加快高新技术产业化及环境建设的若干意见》。省级高新区升级工作已经启动，湘潭高新区和泰州高新区已经升级为国家级高新区。股权激励和股份代办转让等政策在中关村进行试点。积极支持绵阳科技城、杨凌示范区等的发展，加快国家高技术产业基地建设。

广大科技人员深入企业服务，积极采取措施促进大学生就业。科技部等部门和单位出台了《关于动员广大科技人员服务企业的意见》，启动了“科技人员服务企业行动”。全国31个省（自治区、直辖市）和新疆生产建设兵团开展了科技人员深入基层服务企业工作。科技部会同有关部门积极采取措施，充分利用已有工作渠道吸纳大学生就业，着力加强科技人力资源建设，预计2009

年将吸纳高校毕业生约60万名。

各项政策落实取得实质性进展，部分政策效果已经显现。支持企业自主创新的税收、金融、政府采购、创业投资等政策取得重要进展，企业研发费用加计扣除政策的实施细则正式出台，新的高新技术企业认定管理暂行办法已经实施，《国家自主创新产品认定管理办法》正式实施，加速落实《首台（套）重大技术装备试验、示范项目管理办法》、《首次公开发行股票并在创业板上市管理暂行办法》、《关于进一步加强对科技型中小企业信贷支持的指导意见》、《节能与新能源汽车财政补贴经费管理暂行办法》等正式发布。一些自主创新产品推广应用的财政补贴政策开始实施。

第三节 科技创新能力持续增强

2008年，中国科技发展态势良好。科技资源规模继续扩大，科技资源配置结构和机制进一步优化，自主创新能力不断提升，高技术产业化进展顺利。

一、科技资源配置

◎ 科技投入稳步增长

据初步统计，2008年，中国全社会研究与试验发展（R&D）经费支出达到4 570亿元，比2007年增长23%，占国内生产总值（GDP）的比例达到1.52%。其中，中央财政科技投入达到1 163亿元，比2007年增长11.5%。

◎ 科技人员队伍不断壮大

2008年全国科技活动人员达到500万人，比2007年增加9%。R&D人员总量达到195万人年，比2007年增加12%。一批科技领军人才和优秀创新团队的培养，海外高层次人才的引进，大幅提升了中国科技创新队伍的整体素质。2008年，中国出国留学人数达到18万人，各类留学回国人员总数达到6.9万人。从1978年到2008年，中国各类留学回国人员已累计近39万人，大约占出国人员的1/4。

◎ 基础平台建设进一步完善

中国正逐步形成对科技研发活动的支撑能力，初步构建了相对完整的基础研究、战略高技术研究、产业共性技术研究与应用转化等科技基础能力建设和创新服务支撑体系，科技基础设施和条件平台建设取得明显进展。2008年中央财政支持国家（重点）实验室经费达到21.68亿元。首批36个依托转制院所和企业的国家重点实验室批准建设，国家实验室建设稳步推进；新建了51个工程实验室，新认定了76家国家企业技术中心。国家工程中心已达300多家，覆盖了农业、制造业、电子与信息通讯、材料等8个技术领域，取得了大量工程化科研成果。启动了产业技术平台建设，初步形成了科技资源整合共享的网络体系，通过多年的努力，资源分散、重复建设的状况正在持续得到改善。以全国大型科学仪器设备协作共用网为载体，全国31个省市的大型科学仪器基本实现了向全社会开放。国家自然科技资源共享平台设立了植物种质资源、动物种质资源、微生物菌种资源、人类遗传资源、标本资源、实验材料和标准物质6个项目。

二、科技创新能力

◎ 科技论文总量快速增加

2008年，SCI收录中国论文9.48万篇，比2007年增长了25.2%，论文数排名跃居世界第三位。中国科技论文不仅数量增长，影响力也出现了跃升。据统计，1998—2008年，中国科技人员论文共被引用265万次，排在世界第10位，比2007年统计时提升了3位。平均每篇论文被引用4.6次。

◎ 专利量持续增长

2008年，中国专利申请量继续保持较快增长态势。专利申请量达到82.8万件，增幅达到19.4%，其中，国内发明专利申请量快速增长，增幅达到27.1%。全年授予专利权41.2万件，其中，国内授权占85.5%，国内发明专利授权量占授予发明专利权的49.7%。国内专利申请和授权结构明显优化。

◎ 原始性创新成果涌现

在基础研究和前沿技术研究领域，中国取得了一系列重要突破，原始创新能力显著增强。“神州七号”发射成功，实现了中国人太空行走的伟大壮举，凸显了中国在航空航天领域的国际地位。中国成为世界上第三个独立掌握空间出舱技术的国家，为将来空间站的建造打下了坚实的基础。下一代互联网研究与产业化获得重大突破。历经5年建成世界规模最大下一代互联网，包括中国移动、CERNET2等6个核心网，273个驻地网，覆盖30多个城市，100多万用户。共申请国内专利619项、国外专利5项。在技术上，真实IPv6源地址认证和下一代互联网过渡等为世界首创性成果，获得2项国际互联网标准，这是中国首次完成的国际互联网核心标准。中国第一条具有自主知识产权、国际一流水平的城际高速铁路在京津两大城市间开通，最高运营速度达到每小时350公里，直达运行时间在30分钟以内。曙光5000A峰值速度233万亿次，跻身世界超级计算机前十位。中国首架具有完全自主知识产权的新支线飞机 ARJ21 翔凤在上海首飞成功，标志着中国飞机正式进入世界新型民用客机的行列。

三、高技术产业化

◎ 高技术产业整体发展情况良好

高技术产业规模进一步扩大，对促进产业结构调整的作用凸显。2008 年，尽管高技术产业发展呈现“高开低走”的态势，但是与传统产业相比，高技术产业总体增长仍然较快。高技术产业总产值达到 5.8 万亿元，同比增长 14.1%；增加值达到 1.32 万亿元，同比增长 14%，比全国规模以上工业增加值增速高出 1.1 个百分点。

◎ 国家高新区逆势增长

2008 年国家高新技术开发区的主要经济指标增幅有所回落，但是与全国总体情况相比，国家高新区增长依然稳健，成为支撑区域经济增长的重要力量。2008 年，54 个国家高新区实现营业总收入 6.5 万亿元，工业增加值达到 1.27 万亿元，比 2007 年增长 18.6%，占全国工业增加值的 8.8%；出口创汇 1 957 亿美元，占全国全部出口创汇的 14%。国家高新区目前已成为中国高新技术产业发展的重要基地。

◎ 高新技术产品进出口稳步增长

2008 年，中国高技术产品进出口总额达到 7 575.5 亿美元，比 2007 年增长 19.3%，其中出口额 4 156.1 亿美元，进口额 3 419.4 亿美元，分别比 2007 年增长 13.1%和 4.3%。2008 年高技术产品的出口额和进口额占全部商品出口额和进口额的比重分别达到 29.1%和 30.2%。

第四节 科技支撑经济社会又好又快发展

2008 年，科技与经济、社会结合更为紧密。科技重大专项全面进入组织实施阶段，重点产业自主创新能力得到增强，农业科技有力地支撑了新农村建设，民生科技进步为构建和谐社会提供了技术保障。

一、组织实施重大专项

科技重大专项推进顺利，全面进入组织实施阶段。在党中央、国务院的领导下，在有关部门的密切配合下，民口11个重大专项顺利完成了实施方案的综合论证，并通过国务院常务会议的审议批准。一批重点研究任务已经部署到位，标志着重大专项的实施跨入一个新阶段。为了保证重大专项的实施，各专项成立了实施管理办公室和总体组，进一步完善了行政和技术相结合的专项组织管理体系，重大专项的组织构架和运行机制基本形成。基于已有技术储备和前期工作基础，重大专项的实施将孕育着重大技术和产品的突破，能够在应对当前国际金融危机、培育形成新的经济增长点中发挥重要的支撑和推动作用。

二、突破产业发展关键技术

中国行业技术创新十分活跃，重点产业自主创新能力得到增强，一批重大技术创新成果开始产业化应用，推动了产业结构升级，促进产业竞争力快速提升。重大装备研制取得新的突破，制造业信息化及绿色制造水平显著提升，为实现制造业竞争力的快速提升创造了有利条件。

原材料工业创新能力显著提升。成功突破以全氟离子膜制备原料全氟磺酸树脂和全氟羧酸树脂的合成关键技术，四氟磺内酯、甲氧基四氟丙酸甲酯等含氟精细化学品达到了国际同类产品先进水平，满足了中国氯碱工业需求。针对中国镁产业链薄弱环节和制约镁合金应用的技术瓶颈，开发出汽车动力系统和结构件用高强、耐热镁合金，及大型镁合金压铸件成型技术和环保节能型炼镁工艺技术等。开发出具有自主知识产权的Cu-Zn-Sb和Cu-Zn-Sb-Bi合金系列产品，在国内外形成了独立专利，得到广泛应用。国内首条千吨级多晶硅产业化生产线顺利投产，产品质量基本满足8英寸硅单晶制备要求。

重大装备研制取得新突破。利用自主研发的数控重型曲轴旋风切削加工设备生产的中国首条船用大型柴油机曲轴正式下线。7 500吨海上起重装备浮吊研制成功，可为大型浮吊服务、海洋石油开采、重特大海事工程、港口工程、桥梁工程以及海上打捞工程等提供重要的技术及装备支持；通过开展1 000kV交流输变电工程关键设备核心技术的研究，已完成特高压交流试验示范工程所需的变压器、电抗器、大型套管、避雷器等主设备的研制，通过型式试验。

提高了交通设备制造能力。掌握了高速动车组的关键技术及主要配套技术，掌握了大功率电力机车和大功率内燃机车的核心技术，达到了国产化目标。具有自主知识产权的新能源汽车得到成功示范应用。以苏通大桥为代表的桥梁建设关键技术研究、开发和应用相继取得大量有重要影响的成果。

一批重大技术创新成果开始产业化应用。移动多媒体广播电视（CMMB）系统技术已经形成了具有自主知识产权的技术标准体系和端到端的系统设备产业链，并在全国范围内开展大规模技术试验。已突破OLED材料、器件结构、工艺技术以及驱动技术等技术难题。中国内地第一条自主设计建设的OLED大规模生产线已建成投产，对新型平板显示技术的整体发展具有重要示范意义；首条拥有自主知识产权的第五代液晶玻璃基板生产线建成，标志着中国在液晶显示技术体系中核心关键材料的重大突破。

三、支撑社会主义新农村建设

农村科技工作以新农村建设为统领，产业科技和民生科技并重，整体推进，重点突破，在农业科技重要领域取得了新的进展。粮食丰产科技工程全面推进，在12个粮食主产省建立了核心试验区、技术示范区和辐射区，每亩单产比实施前平均增产54.3公斤，项目实施区单产增长是全国平均增长水平的4.6倍。食品加工、农林机械、重大病虫害防治、强优势杂交育种、固碳减排、沼气应用等农业关键技术不断得到突破和推广。

农村、农业科技能力建设逐步推进。截至2008年末，农村领域国家工程技术研究中心总数已达到49个。2008年国家农业科技园区专项共投入中央财政资金2 000万元，带动了省级及地方财政投入11.3亿元。累计实现产值3 211.40亿元，净利润总额342.81亿元，出口创汇156.20亿元。

科技特派员、农业专家大院、星火科技12396等新机制加快推广，全国科技特派员数量已近6万名，多元化农村科技服务体系在发展中不断壮大。科技富民强县专项行动、农业科技进村入

图1-3　在新疆昌吉国家农业科技园区的高新农业示范基地，番茄采收机正在联合作业

户等工程深入实施。这些工作为农业稳定发展、农民持续增收以及促进现代农业发展和新农村建设做出了重要贡献。

四、关注民生，促进社会和谐发展

民生科技进步为构建和谐社会提供了技术保障。一批重大疾病、重大和突发传染病的预防与治疗的关键技术得以攻克并推广应用。含天然孕酮的阴道避孕环进入临床研究阶段；完成了国内首例进行性肌营养不良症（DMD）的种植前遗传学诊断；建立了中国心脏外科风险评估模型，为评估心脏外科病人整体状况和指导临床治疗提供了依据。

重大疾病检测与预警微系统重点项目突破了快速热循环、无机械动作多通道荧光快速均衡扫描检测等关键技术，成功地应用于国产 TL988 型实时荧光定量 PCR 仪。

中小锅炉烟气污染控制、机动车污染排放控制、饮用水安全保障、城市生活垃圾处理等技术的研发和应用，显著改善了人居环境。重点发展了城市区域规划与动态监测、城市功能提升与空间节约利用、建筑节能与绿色建筑、城市信息平台等方面的技术。

生产安全领域的科技发展，以煤矿安全为主要内容，同时还包括针对危险化学品、尾矿库、非煤矿山安全的科研活动以及防护用品的开发研制。食品安全领域的科技发展继续在快速检测方法、全程控制技术等方面取得进展。围绕我国社会公共安全领域的关键技术、共性技术和公益技术问题，以信息通信、警用装备、专用仪器等为重点领域，部署和启动了一批重大科研项目。

第五节 科技工作新进展

2008 年，科技工作在改革和发展中不断取得重要进展。自主创新法制与政策环境不断完善，国家创新体系建设稳步推进，科技管理体制改革进一步深化，区域科技工作不断加强，国际科技合作上了新台阶，科普事业取得新进展。

一、完善与落实自主创新的法制与政策

自主创新的政策法规进一步完善。新修订的《科技进步法》2008 年 7 月开始实施，为自主创新提供了法律保障。为推动《科技进步法》各项措施的落实，科技部会同有关部门，开展了宣传和培训活动，加强《科技进步法》相关配套制度的研究制定工作。

《规划纲要》配套政策实施细则陆续出台，激励自主创新的政策体系开始形成。为落实《规划纲要》，营造激励创新的政策环境，国务院有关部门陆续制定出台了《规划纲要》配套政策的实施细则。实施细则以确保政策可操作、可落实为目标，围绕《规划纲要》配套政策在科技投入、税收激励、金融支持、创造和保护知识产权、加强引进技术消化吸收再创新等多个方面提出的政策方向和政策内容，重点提出政策适用范围、申请条件、办事程序等，到2008年底已经完成并发布了70多项实施细则。各地方围绕落实配套政策及实施细则，出台了570多个政策和实施细则，这些政策结合各地实际情况，涉及范围更广、内容更加具体、操作性更强，有利于创新的政策环境正在形成。

二、推进国家创新体系建设

技术创新引导工程取得新进展，287家创新型企业试点全面展开，91家企业成为首批创新型企业；钢铁可循环流程、煤化工等四个产业技术创新战略联盟试点进展顺利，汽车轻量化、数控机床高速精密化等一批新联盟陆续建立，集成了相关行业的一大批重点企业、研究型大学和骨干科研机构的力量。各地方结合各自的产业特色和科研基础组建了产学研技术创新联盟，如北京市的软件产业开放标准联盟，天津市的半导体照明、现代中药、创意产业等产学研创新联盟，河北省的抗生素技术创新战略联盟、维生素技术创新战略联盟，吉林省的玉米精深加工科技创新联盟，安徽省的汽车、铜产业等技术联盟，等等。

生产力促进中心、技术市场、科技企业孵化器、大学科技园、国家技术转移示范机构等科技中介服务机构数量有所增长，为企业技术创新提供服务的能力不断提高。2008年，全国生产力促进中心总数达1 463家，从业人员达1.76万人。全国科技企业孵化器已达614家，其中国家级197家，当年新孵化企业9 515家。技术市场交易发展态势良好，全国登记的技术合同22.6万项，较2007年增长了2.3%；技术合同成交金额2 665亿元，较2007年增长了19.7%。

科技与金融相结合的多元化创新投入体系取得突破。建立了金融机构和金融监管机构的合作机制。科技型中小企业创业投资引导基金正式设立，商业银行探索设立科技支行，知识产权质押贷款取得进展，高新技术企业发展特别融资、贷款担保机制初步建立，科技保险工作得到完善。

三、加快科技管理体制改革

积极探索国家科技计划立项方式，通过“部省会商”和“部部合作”准确把握科技需求，安排落实重点任务。开展贷款贴息和后补助试点，进一步创新支持方式。重点加强了项目实施的过程管理、监督指导和节点控制，凝练精品项目和重大科研成果，作为“十一五”中后期计划滚动、调整的重要参考。建立和完善了科技计划应对重大突发事件的快速反应机制，增强了科技计划管理的快速响应能力。

科技统筹协调沟通机制初步建立。科技部与教育部、中科院、工程院、国家自然科学基金委、中国科协等单位就科技工作的重大问题建立了会商机制。科技部与财政部、国家发改委建立了沟通机制，加强了科技资源优化配置的沟通协商。部省会商机制进一步完善，初步形成了部省合作的长效机制，有力地推动了地方科技与经济的紧密结合。围绕各部门的工作重点和行业、产业发展的科技需求，科技部与多部门联合组织实施了一系列科技行动，为加强科技与经济的结合提供了有益的探索。

继续推进产学研结合，加大对企业技术创新的支持力度。开展国家认定的产业技术创新战略联盟承担和组织国家科技计划项目的试点工作。加强对国家认定的创新型企业的支持，一批企业通过行业或地方申报了支撑计划备选项目。

四、加强区域科技工作

以部省合作和支撑计划为载体，有效集成中央、地方科技资源，推动区域发展和国家目标实现有机结合，引导和加强地方科技工作。科技部已与23个省、市、自治区建立了部省会商制度。开展重点区域科技工作调查研究，强化科技在国家重大区域发展战略中的支撑作用。通过组织相关部门对珠三角地区和重庆开展深入调研，在制定《珠三角地区改革发展规划纲要（2008—2020)》和《关于推进重庆市统筹城乡改革和发展的若干意见》中强化了科技的支撑作用。积极参与了广西北部湾经济区发展、海峡西岸地区发展等方面的工作。积极落实《民族区域自治法》，依靠科技进步积极推进民族自治地方经济社会发展。召开了科技支疆会议暨天山创新论坛，动员和引导全国各地以不同形式加大支疆的力度。科技部出台《关于进一步支持和促进宁夏科技事业发展的政策措施和落实要求》和《关于进一步加强少数民族和民族地区科技工作的若干意见》，召开了国家民族地区科技工作现场会及经验交流会。

地方科技工作充满生机和活力，区域创新体系建设初见成效。长三角两省一市实现了大型科学仪器、科技文献资源等的整合、共建、共享。安徽省开展合（肥）芜（湖）蚌（埠）自主创新综合试验示范区建设，省财政每年安排6亿元专项资金，支持试验区建设。江苏省打造完整产业链条，大力推动新能源、新医药、新材料及新型环保装备等十大高技术新兴产业。天津市以国家生物医药国际创新园为重点，聚集国内外科技资源，加快推进滨海新区研发转化基地建设。

辽宁省启动实施了科技创新示范企业创建工程，引导和支持创新要素向企业集聚。上海市在研发公共服务平台建设方面积极创新，建立了上海西南片高校分析测试中心协作联盟，搭建服务于产学研的桥梁。重庆市探索建立了检测超市等富有特色的平台建设模式。在自主创新政策的落实方面，江苏省对3 500多家企业实现了研究开发费150%加计扣除优惠政策；湖北省政府与国家开发银行签署《开发性金融贷款协议》，在500亿元融资规模中安排100亿元用于高新区基础设施建设和发展高新技术产业；四川省成立了中国建设银行成都科技支行，成都银行股份有限公司科技支行；广东省与科技部、教育部联合启动了省部产学研结合试点工作，积极探索企业科技特派员制度。

五、推动国际科技合作

科技外交取得积极进展，在国家总体外交中的地位作用进一步提升。中美建立了7个联合实验室，两个联合研发中心，能源与环境合作十年规划取得重大进展。中欧科技高层往来与交流合作进一步深化，签署了一系列合作文件。中俄、中日等政府间科技合作与交流日益深化，合作领域进一步拓展，提升了科技合作的影响力。

利用多边合作机制，努力发挥负责任大国的作用。积极参与联合国科技促进发展委员会、联合国亚太技术转移中心、联合国开发计划署、亚太经合组织、亚欧会议等的工作。积极参与国际热核聚变实验堆计划、国际氢能伙伴计划，推动“新能源与可再生能源国际科技合作计划”、“中医药国际合作计划”等国际大科学计划和大工程合作，进一步扩大中国的国际影响力。

积极拓展合作领域和形式，服务经济社会发展。引入竞争机制，加大支持力度，推动科研机构和企业实施“走出去”战略；开拓对外科技援助形式，开展对发展中国家技术培训。加强国际科技合作和驻外科技调研工作，为2008年应对重大突发事件和科技发展提供了有效的支撑。

六、推进科普事业

2008年，制定发布了《科普资源共建共享工作方案（2008—2010年）》和《科普基础设施发展规划（2008—2010—2015）》，中国的科普工作与经济社会发展紧密结合，在应对重大突发事件和服务国家重大需求方面发挥了积极作用。全面贯彻落实《规划纲要》的相关任务，国家科普能力不断增强，中国科普事业取得了新进展。

第二章

国家创新体系与制度建设

2008年，各级政府积极落实《规划纲要》配套政策，启动了《科技进步法》配套制度建设；深入实施技术创新引导工程，进一步推进了以企业为主体、市场为导向、产学研相结合的技术创新体系建设；高校、研究院所的创新能力不断增强；国防科技工业管理体制得到进一步调整，加强了军民两用技术创新体系建设；科技中介为企业科技创新提供服务的能力不断增强，国家创新体系与制度建设不断完善。

第一节 以企业为主体、市场为导向、产学研相结合的技术创新体系

2008年，科技部等有关政府部门，继续通过实施技术创新引导工程、推动创新型企业建设、引导构建产业技术创新战略联盟、加强技术创新服务平台建设等措施，推进技术创新体系建设。

一、技术创新体系建设

◎ 推动创新型企业建设

2008年1月，科技部、国资委和中华全国总工会（以下简称“三部门”）联合发布了《关于确定第二批创新型试点企业的通知》，确定了中国航空工业第一集团公司等184家企业为第二批创新型试点企业，截至2008年底，三部门共确定了287家企业为创新型试点企业。在三部门试点的带动下，各地方普遍开展试点工作，试点企业达到2 400多家。

按照《创新型企业试点工作实施方案》的部署，三部门制定了创新型企业评价指标体系，并联合组织专家开展了评价工作。2008年7月，三部门发布了《关于发布首批创新型企业名单的通知》，决定首批授予中国航天科技集团公司等91家企业为创新型企业。

2008年度国家科学技术进步奖将“企业技术创新工程项目”纳入奖励范围，奇瑞汽车等5

家创新型企业获得该奖项。国家863、科技支撑等计划优先支持创新型企业；企业国家重点实验室建设向创新型企业倾斜；国际科技合作计划对创新型企业给予重点支持。建立面向创新型企业征集自主创新产品的渠道。

◎ 引导产业技术创新战略联盟构建，并推动其发展

2008年，科技部、财政部、教育部、国资委、全国总工会和国家开发银行联合推动了汽车轻量化、维生素、抗生素、数控机床高速精密化等产业技术创新战略联盟的建立；引导了有色金属、医疗器械、现代服务业、杂交水稻、大豆等一批产业技术创新战略联盟的构建；推动了钢铁可循环流程等试点产业技术创新战略联盟组织化建设。2008年12月，科技部会同财政部、教育部、国资委、中华全国总工会和国家开发银行发布《关于推动产业技术创新战略联盟构建的指导意见》，进一步推动了产业技术创新战略联盟的建设。

科技部、教育部和广东省把构建联盟作为两部一省产学研合作的重要内容，指导和推动广东省联盟构建，截至2008年底，广东省引进省外科技资源与本省支柱产业结合构建了白色家电等20多个产业技术创新战略联盟。北京市围绕重点高技术产业立足中关村构建一批产业技术创新战略联盟。江苏省围绕十大支柱产业构建了十大产业技术创新战略联盟。辽宁省、安徽省、四川省等地构建产业技术创新战略联盟的工作也都取得了较大进展。

◎ 加强技术创新服务平台建设

2008年4月，科技部发布《关于批准依托转制院所和企业建设国家重点实验室的通知》，批准“提高石油采收率”等36个实验室开展国家重点实验室建设工作。2008年，科技部还启动第二批企业建国家重点实验室的申报工作。

2008年，科技部选择纺织、集成电路和藏医药等领域，启动了面向企业的创新支撑平台建设试点工作。依托产业技术创新战略联盟建立面向产业的共性技术平台，其中钢铁可循环流程和煤化工产业技术创新战略联盟的平台建设工作取得较大进展。各地方大力推进平台建设。浙江省建立了26个公共科技创新平台，上海市、江苏省、浙江省共同建设的长三角跨区域的公共服务平台陆续建成投入运行。

◎ 营造技术创新的良好环境

为了规范企业研究开发费用的税前扣除及有关税收优惠政策的执行，鼓励企业开展研究开发活动，2008年12月，国家税务总局颁布了《企业研究开发费用税前扣除管理办法（试行）》，该办法对企业研究开发活动的认定，研究开发活动的会计核算，研究开发活动的涉税处理等问题进行了明确规定。截至2008年底，已有10多个省市出台了本地落实《企业研究开发费用税

前扣除管理办法》的具体操作办法。

2008 年 4 月，科技部、财政部、国家税务总局联合颁布了《高新技术企业认定管理办法》，明确了高新技术企业认定需要满足的条件，认定的高新技术企业可依照《企业所得税法》及其《实施条例》、《中华人民共和国税收征收管理办法》及《中华人民共和国税收征收管理法实施细则》等有关规定，申请享受税收优惠政策。

2008 年，科技部启动了与银监会和招商银行等商业银行的合作，联合保监会开展了科技保险试点工作，促进科技与金融结合，引导资金向企业集聚。安徽省通过软贷款支持创新型企业发展，通过无形资产质押贷款支持高新技术企业的技术创新。广东省通过科技担保支持创新型企业发展。2008 年，广东省开展“企业科技特派员”工作，引导科研人员为企业服务。安徽省、四川省开展企业政策专员试点，帮助企业用好创新政策。

二、转制院所创新能力建设

2008 年对中央级转制院所的调查结果显示，转制院所进一步确立了技术开发的市场导向，技术开发经费收入持续增长，研发人员结构不断改善，技术创新能力不断增长。

2007 年，247 家中央级转制院所科技经费收入为 153.18 亿元，其中来自政府部委的纵向科技经费为 26.14 亿元，比 2000 年增长了 2 倍多；来自行业企业的横向科技经费为 127.04 亿元，是 2000 年的 4 倍；完成科研项目 7 205 项，较 2006 年增长 13.38%；获得国家级奖励 38 项，较 2006 年增长 15.15%；申报专利 3 674 项，获得专利授权 1 775 项，较 2006 年增长 12.20%，在授权专利中发明专利占 55.66%。

科技产业规模和效益大幅度提高，形成一批具有市场竞争力的科技企业或企业集团。 2007 年 247 家中央级转制院所实现总收入 1 065.16 亿元，实现利润 81.80 亿元，上交税金 57.51 亿元，均为 2000 年的 4 倍以上。

2007 年，247 家转制院所当年流入人员 1.6 万人，其中，具有硕士以上学位的人员占 17.98%，2006 年这一比例为 13.53%，表明转制科研机构吸引人才的能力逐步增强。在科技人员中，从事研究开发和科技基础性工作的人员数增长速度高于从事产业化的人员增长速度，表明转制院所正在投入更多的科技人员进行研究开发活动。

第二节 高等学校与科研院所技术创新与服务能力建设

2008 年，高等学校继续推进创新基地建设，科技投入持续增长，科技产出的数量和质量进一步提高；中国科学院继续推进研究院所改革，为知识创新工程三期的实施创造条件；政府持续增加对社会公益类科研机构的经费投入，使其服务能力显著提升。

一、高等学校

◎ 科技投入与产出持续增长

据初步统计，2008 年，在全国理工农医类高校中，从事科技活动人员总数为 39.2 万人，其中研究与发展人员为 20.1 万人年，这些高校共获得科技经费 654.5 亿元，比 2007 年增长 20.2%。共承担各类科技课题 30.9 万项，其中研究与发展课题 25.8 万项。当年投入课题经费 505.5 亿元，其中基础研究经费占 22.3%，应用研究经费占 41.4%，试验发展研究经费占 14.0%。

2008 年，全国理工农医类高校共出版科技专著 2 881 部，比 2007 年增长 10.67%，在国外学术刊物上发表学术论文 12.9 万篇；签订技术转让合同 8 408 项，当年实际收入 19.8 亿元，申请专利 4.1 万件，比 2007 年增长 36.7%；获得专利授权 1.9 万件，比 2007 年增长 26.7%，其中获国外专利授权 82 件。

在 2008 年度的国家科学技术奖励项目中，高校的两位院士获得国家最高科学技术奖；全国高校获得国家自然科学奖二等奖 16 项，占授奖总数的 47.1%；全国高校获得国家技术发明奖通用项目 30 项，占授奖总数的 81%，其中，有 3 个项目共同获得技术发明奖一等奖；全国高校获得科学技术进步奖通用项目 69 项，占总数的 38%。

◎ 承担国家重大科技任务

教育部作为 16 个国家科技重大专项领导小组成员单位，积极参与重大专项的论证规划工作，高校已经成为民口重大专项共性技术研发的主力军，共有 150 余所高校不同程度参与重大专项的研发。

2008 年科技部共批复立项 973 项目 74 项，高校作为第一承担单位并任首席科学家的项目占立项总数的 58.1%。重大科学研究计划共批准立项 35 项，高校作为第一承担单位的项目占立项总数的 57.1%。

◎ 继续推进创新基地建设

由北京科技大学牵头承担“材料安全服役”、华中科技大学牵头承担“脉冲强磁场”国家重大科技基础设施建设项目，实现了高校牵头承担国家大科学工程项目零的突破。

国家重点实验室稳定投入取得突破，每年每个实验室可获得800万～1 000万元的经费支持，高校获得此类经费年均10亿元以上。获批6个“国际科技合作基地”。2008年，立项建设83个教育部重点实验室。继续探索建立多种模式教育部重点实验室，与微软公司亚洲研究院建设第二批共建重点实验室。与中石油、中石化共建联合研究中心。组织实施部属高校科技创新平台建设，首批通过47个实验室建设项目。

2008年，在资源、环境、节能减排、生物产业发展、信息和产业升级等领域，有14个国家工程实验室获得立项，新批准国家工程技术研究中心12个。

探索建立跨校跨学科联合研究中心。面向科技重大专项，成立教育部深空探测联合研究中心、教育部新型飞行器联合研究中心和教育部复杂油气地质构造研究中心。推进ITER计划工作，成立磁约束核聚变教育部研究中心，协调和组织有关高校做好人才培养培训和共同参与ITER重大基础科学问题研究等方面的筹备工作。

二、中国科学院知识创新工程

2008年，中国科学院开展科技发展战略路线图研究，继续推进研究院所综合配套改革，为知识创新工程三期的实施创造条件；实施了一批重大科技成果，为产业结构调整，应对金融危机

图2-1　2008年6月23日，中国科学院第十四次院士大会和中国工程院第九次院士大会在北京人民大会堂开幕

提供科技支撑。

◎ 开展科技发展战略路线图研究

2008 年，中国科学院开展了至 2050 年重要科技领域发展路线图研究工作，系统分析了世界科技发展趋势和现代化建设对科技创新提出的新要求，形成了 17 个领域路线图战略研究报告，初步刻画出至 2050 年科技支撑和引领我国现代化进程的宏观图景和相应的体系特征，提出了关系我国现代化进程的一些新的重大科学问题和关键技术问题及其解决途径。

◎ 推进研究院所综合配套改革试点

2008 年，中国科学院研究所综合配套改革试点工作进入全面实施阶段。该项改革是中国科学院知识创新工程三期的重大改革举措，改革的目的是增强研究所核心竞争力，凝练并提升创新目标，探索建立科技布局自主调整、人才队伍动态优化、与国家创新体系各单元联合发展、资源配置与科技评价自觉适应发展要求的机制，逐步建立现代科研院所制度和研究所分类管理的科学基础，通过典型先行、分类指导、以点带面、有序推进，带动全院研究所快速发展。

◎ 科技产出数量和质量有所提升

2008 年，中国科学院申请专利 5 616 件，专利授权 2 665 件，分别比 2007 年增长 26.94%、21.30%。在申请专利和授权专利中，发明专利分别占 85.8%、78.8%。科技人员作为第一作者 2007 年被国际三大检索系统收录的论文 24 045 篇，比 2006 年增长 6.5%。获国家自然科学奖 17 项，国家技术发明奖 3 项，国家科技进步奖 14 项。科技成果转移转化使社会企业当年新增销售收入 964 亿元，实现利税 135 亿元。

◎ 为应对金融危机、抗震救灾、科技奥运等提供科技支撑

2008 年，组织实施应对金融危机支撑经济发展科技创新专项行动计划，集成已有科技成果和科研力量，组织实施科技惠民示范工程；加快推进科技创新成果的应用推广，促进企业发展方式转变、推动产业结构调整；为帮助中小企业应对金融危机提供成果转移转化、人员培训、测试服务等技术支撑。

实施抗震救灾应急专项行动计划，开展遥感监测与灾情评估工作，利用最新自主研发的应急宽带无线通信技术系统在重灾区建立无线通讯网络，组织科技专家为抗震救灾、灾后防治次生灾害和灾区恢复重建提供咨询建议。部署一批科技奥运项目，并且有近百项成果在科技奥运中应用。

三、非营利性科研机构创新与服务能力建设

2008 年对中央级公益类科研机构的调查结果显示，政府对公益科研的投入在持续加大，公

益类科研机构的创新和服务能力显著提升。

2007年，96家非营利公益类科研机构总收入为106.57亿元（比2006年增长35.2%），其中，国家新增“基本科研业务费”、“修缮购置专项经费”、“研究生培养补助经费”、“增拨离退休人员费”合计为19.19亿元，占全年总收入的18.01%，为全年总收入增加额的69.15%。

2007年，96家非营利公益类科研机构纵向科技经费收入为34.13亿元，较2006年增长59.5%；横向科技收入为14.38亿元。

2007年，96家非营利公益类科研机构完成科研项目4477项，获得国家级奖励33项，申请受理专利475项，授权专利258项，发表论文9 190篇，分别比2006年增长9.95%、13.79%、34.94%、22.27%和8.68%。在授权的专利中，发明专利占69.37%。

非营利公益类科研机构对优秀人才的吸引力不断加大，高学历人员快速增长。2007年，在96家非营利性科研机构的科技人员中，具有博士和硕士学位的占45.59%，2006年这一比例为42.04%。

非营利公益类科研机构创新绩效评价研究工作进展顺利。2008年，科技部在国家气象局和国土资源部的部分院所中开展了创新绩效评价试点工作，旨在引导公益类科研机构功能定位，提高其公益服务能力和水平。

第三节
军民两用技术创新体系

2008年，国务院调整了国防科技工业管理体制，加大了国防科技工业的市场化程度；有关政府部门出台了一系列政策，规范了多元化主体参与的武器装备的科研生产活动，调整军工企业结构，优化资源配置，启动军民通用技术标准研究，加强了军民两用技术创新体系建设。

一、调整国防科技工业管理体制

2008年3月15日，十一届全国人大一次会议第五次全体会议，通过了关于国务院机构改革方案的决定。国务院决定组建工业和信息化部，将国家发展和改革委员会的工业行业管理有关职责，国防科学技术工业委员会核电管理以外的职责，信息产业部和国务院信息化工作办公室的职责，整合划入该部，同时组建国家国防科技工业局，由工业和信息化部管理，不再保留国防科学技术工业委员会。改革的目的是加强工业行业管理的统筹协调性，加快走新型工业化道路的步伐；加强国防科技工业的市场化程度，促进军民技术创新体系的融合。

二、推进军民融合的科研生产体系建设

2008 年，信息和工业化部全面启动了军民通用标准建设工作，支撑军、民技术双向转移，促进军、民产品一体化。

2008 年 3 月，国务院、中央军委公布了《武器装备科研生产许可管理条例》(以下简称《条例》)，自 2008 年 4 月 1 日起施行。《条例》规定，国家对列入武器装备科研生产许可目录的武器装备科研生产活动实行许可管理，专门的武器装备科学研究活动除外。取得武器装备科研生产许可的单位，可在许可范围内从事武器装备科研生产活动，按照国家要求或者合同约定提供合格的科研成果和武器装备。《条例》的出台，进一步规范武器装备科研生产秩序，推动武器装备科研生产主体多元化的健康发展，加强“军民结合、寓军于民”国防创新体系的建设。

2008 年 3 月，原国防科工委发布《国防科技工业固定资产投资项目招标投标管理暂行办法》，规范和鼓励非军工企业参与国防科技工业固定资产投资项目的招标投标活动。

2008 年 11 月，工信部、国家发改委、财政部和国资委联合印发《中国航空工业集团公司组建方案》，成立中国航空工业集团公司，强化军民统筹，协调发展，提高资源使用效率。

第四节
科技中介服务体系建设

2008 年，科技中介机构数量有所增长，为企业科技创新提供服务和促进科技成果转移的能力不断增强。

一、生产力促进中心

截至 2008 年底，全国生产力促进中心已发展到 1 532 家。据对其中 1 401 家生产力促进中心的统计，2008 年，这些机构共有从业人员 1.94 万人，实现服务收入 30.40 亿元，服务企业总数达 18.98 万余家，为企业增加销售额 1 201.7 亿元，增加利税 175.48 亿元，协助 2.3 万家企业进入国际工业分包网络，成功匹配国内外订单总额近 1 亿元人民币。为社会增加就业 134.10 万人，开展对外人员交流 3.33 万人次，引进项目 1 919 项，引进资金 80.74 亿元。截至 2008 年底，通过科技部绩效考核评价的国家级示范生产力促进中心有 164 家。

二、技术市场

2008 年，技术市场登记的技术合同共计 22.63 万项，同比增长 2.48%，成交总金额达到 2 665.23 亿元，同比增长 19.71%。其中，技术开发合同成交金额达 1 075.46 亿元，较 2007 年增长 22.85%；技术转让合同成交金额 532.59 亿元，较 2007 年增长 26.70%；技术咨询合同和技术服务合同总量增长，技术咨询合同成交金额 101.60 亿元，较 2007 年增长 12.59%，技术服务合同成交金额 955.57 亿元，较 2007 年增长 13.71%。在技术市场总成交金额中，技术开发、技术转让、技术咨询和技术服务合同成交金额分别占 40.35%、19.98%、3.80%和 35.85%。

2008 年，中国技术市场成交金额中，电子信息产业占 33.71%，居各类技术领域之首；先进制造技术合同成交额居第二位，占 17.81%；新能源与高效节能技术成交金额居第三位，占 12.04%。航空航天技术和生物、医药和医疗器械技术成交金额增长明显，增幅分别达到 53.58%和 46.99%。

企业技术交易总量增长明显。2008 年，共签订技术合同 13.72 万项，输出技术成交额 2 333.84 亿元，较 2007 年增长 21.27%，占技术合同成交总金额的 87.57%。企业吸纳技术交易额 2 163.51 亿元，较 2007 年增长 18.26%，占全国成交总额的 81.18%。

2008 年，共有 2.62 万项各级政府科技计划项目通过技术市场转移、转化，成交金额 488 亿元，成交总金额和成交项目数分别占全国技术市场总量的 18.31%和 11.56%，较 2007 年均略有下降。

三、科技企业孵化器

截至 2008 年，全国共有科技企业孵化器 674 家，其中，国家级科技企业孵化器 228 家。674 家科技企业孵化器共有孵化场地面积 2 351 万平方米，在孵化的企业 44 832 家，孵化器总收入 3 284.5 亿元，从业人员 93.8 余万人，在孵化的企业累计获风险投资 235 亿元。孵化器已经建立了完备的创业辅导、创业投资、专业技术公共平台以及企业管理和市场服务体系。截至 2008 年，累计孵化毕业企业 32 370 家，培育出 600 余家收入过亿元的科技企业和 60 余家上市公司。2008 年毕业企业 4 719 家，其中 1 127 家年收入超过千万元，有 13 家已毕业企业成功上市。

四、大学科技园

截至 2008 年底，全国国家大学科技园总数为 69 家，拥有园区场地面积 698.15 万平方米，年末固定资产净值 41.20 亿元，孵化基金总额 3.06 亿元；管理机构从业人员 1 995 人；在孵企业从业人员 124 746 人；本年在孵企业 6 330 家，其中，2008 年新孵企业 1 294 家，累计毕业企业 2 979 家。在园的创业公共服务机构 1 055 家，产业化支撑服务平台 247 家。

截至2008年底，69家国家大学科技园内企业共承担各级各类计划项目2 918项，其中国家级项目1 252项，申请专利4 454项，其中发明专利2 345项。授权专利1 997项，其中发明专利821项。

五、国家技术转移机构

2008年，科技部印发了《国家技术转移示范机构管理办法》和《国家技术转移示范机构指标评价体系》，形成了比较完善的国家技术转移示范机构评选依据。

2008年7月，确定清华大学国家技术转移中心等76家机构为首批国家技术转移示范机构。其中，大学技术转移中心为20家、科研院所技术转移中心为19家、中介技术服务机构为30家、企业技术转移公司为7家；从业人员共5 171人。76家国家技术转移示范机构成功促进1 683项国家或地方科技计划项目和行业共性技术、关键技术的转移和扩散。

2008年，国家火炬计划环境建设项目中，支持技术转移项目29项，资金2 363万元，创新基金中小企业公共技术服务机构补助资金支持技术转移项目40多项，资金3 500多万元。

图2-2　2008年10月22日，首批76家国家技术转移示范机构授牌仪式举行

六、科技评估

2008年，国家科技评估部门开拓了一批对科技工作有全面性影响的评估业务，主要包括：国家科技重大专项监督评估、《规划纲要》配套政策执行情况跟踪评价、首批国家自主创新产品认定、“十一五”科技发展规划中期评估、公益类科研机构运行绩效评估等科技评估工作。还完成了863计划、973计划、国际科技合作计划经费预算评估，开展了“十一五”科技支撑计划中

期评估、国家重点新产品计划综合评估、国际科技合作计划绩效评估、国家工程技术研究中心运行评估、公益院所基本科研业务费评价、公益性行业科研专项资金绩效考评等科技评估工作，为政府部门决策提供依据。开展了世界银行援华项目绩效评估，外国政府援华贷款项目绩效评估等科技评估工作，为中国政府与世界银行协商后续合作提供依据。

第五节 科技政策与法律法规

2008年，各级政府积极制定相关配套政策，推动《科技进步法》和《规划纲要》配套政策的落实。

一、《科技进步法》施行情况

◎ 学习宣传《科技进步法》

2008年6月，科技部与全国人大常委会法工委、全国普法办、司法部联合发布《关于学习宣传和贯彻实施<科学技术进步法>的通知》，要求各地方、各部门把学习宣传和贯彻实施《科技进步法》与当前推进自主创新的各项工作紧密结合。7月1日，科技部与全国人大教科文卫委员会等机构联合召开贯彻实施《科技进步法》座谈会。为了促进公众对《科技进步法》主要制度的理解，《科技日报》开辟了系列专栏，对主要制度进行了解读。

◎ 部署和推动《科技进步法》配套制度制定

2008年，科技部以《科技进步法》所确立的基础性制度为依据，根据科技发展的需要，从法律、法规、部门规章等多个层面提出了系列配套制度建设的需求，并有计划、有步骤、有重点地推动《科技进步法》相关制度措施的细化和落实。

二、地方科技法规

◎ 修订和制定科技进步条例

为贯彻实施《科技进步法》，实现地方科技立法与《科技进步法》的衔接，一些地方启动了修订和制定科技进步条例的工作。《厦门经济特区科学技术进步条例》规定设立产学研发展基金，支持产学研开发项目；市财政科技经费支出应占本级财政支出的4%以上；个人获得国内外授权发明专利和实用新型专利政府将给予资助；对企业引进重大技术、装备实行审查制度。《深圳经济特区科技创新促进条例》提出将自主创新作为城市发展的主导战略，以制度创新、机制创新推动区域创新体系建设。

◎ **加强《科技进步法》配套法规制度建设**

各省市、自治区的有关政府部门，进一步加强了《科技进步法》配套法规制度的建设。新疆维吾尔自治区重点推进了《新疆维吾尔自治区科学技术进步条例》、《科学技术普及条例》（修订）、《实验动物管理条例》等法律、法规的研究制定。上海制定了《上海市新购大型科学仪器设施联合评议实施办法（试行）》、《上海市大型科学仪器设施共享服务评估与奖励暂行办法》等政策，推动《科技进步法》中的科技资源共享制度的落实。

三、《配套政策》实施细则落实情况

◎ **科技投入**

近两年，中央财政增加了对科技的投入，并适当加大稳定支持力度。在中央级公益类科研机构中增设了“基本科研业务费”、“修缮购置专项经费”、“公益性行业科研经费”、“科研条件建设经费”等稳定支持经费，建立了对国家（重点）实验室等科研基地投入的新机制。

地方财政也加大了对科技的支持强度，优化了投入结构。新增资金重点支持科技重大专项、科技创新基地与平台建设，加大了对科技型中小企业和科技成果转化的支持力度。中西部地区在财力有限的情况下，集成资源，着力加强自主创新基础能力建设，重点支持对本地区经济发展起支撑作用的关键、共性技术研究。创新财政科技经费投入方法。根据项目承担单位的性质，科研项目的创新性质和创新阶段，采取无偿资助、贷款贴息、以奖代补和风险补偿等不同方式予以支持。一些地方改革科技经费的配置方式，根据技术和产业创新的特点和规律，实现从资助创新链单一环节，向覆盖创新链条全过程转变；资助对象从以项目为主向自主企业研发投入转变；资助方式从事前拨付向“事后核销”转变。完善科研经费管理，提高资金使用效益。大多数地方先后制定了一系列规定和办法，加强对各类科技计划及专项资金的规范化管理，为完善科研经费管理提供制度保障。完善财政科技资金的绩效评价体系，建立面向结果的追踪问效机制。

◎ **税收激励**

2008 年，科技部会同海关总署，共同确认了 500 家原各省、自治区、直辖市、计划单列市属的技术开发类科研机构，享受科研用品免征关税政策；2008 年，科技部会同教育部认定 159 家科技企业孵化器和 40 多家大学科技园，从 2009 年起享受免征房产税政策。截至 2008 年底，科技部门会同财政、税务部门按照新的《高新技术企业认定管理办法》共认定了 15 000 多家高新技术企业，这些企业将享受 15%的所得税优惠税率。

◎ 金融支持

2008 年，工信部发布了《关于中小企业信用担保体系建设有关工作的通知》、《中小企业发展专项资金管理办法》。《关于支持引导中小企业信用担保机构加大服务力度缓解中小企业生产经营困难的通知》，为有市场开拓能力、有自主品牌、有专利技术的创新型企业提供担保服务。

国家开发银行及分支机构已经在北京、天津、江苏等地开展了高新技术软贷款，在支持国家重大项目和国家计划项目，以及贷转股方面进行了探索。

大约有 25 个省市的地方政府出台了金融支持政策实施细则；全国多数省市设立了政府部分出资的创业投资机构，或由政府设立创业投资引导基金，参与发起设立新的风险投资机构，开展面向科技型企业的科技项目投资；面对高新技术企业开展科技保险试点工作。

◎ 自主创新产品政府采购

科技部启动了国家自主创新产品认定试点工作，这项工作将为形成国家自主创新产品目录奠定基础，并与政府采购的各项实施细则形成衔接。截至 2008 年底，北京、江苏、广东、河北、山西、安徽、福建、山东、湖北、深圳、厦门、青岛等 12 个地方出台了自主创新产品认定管理办法。北京、江苏、厦门等地还发布了本地区的自主创新产品政府采购目录。

◎ 引进技术消化吸收再创新

2008 年，国家发改委发布了《"十一五"重大技术装备研制和重大产业技术开发专项规划》通过调整政府投资结构和重点，设立专项资金，用于支持引进技术的消化、吸收和再创新，支持重大技术装备和重大产业关键共性技术的研究开发。多数省市安排了专项资金或在科技计划中安排一部分资金支持企业对引进技术进行消化吸收再创新。

◎ 科技创新基地和平台

2008 年，财政部、科技部印发了《国家重点实验室专项经费管理办法》，设立国家（重点）实验室专项经费，用于支持国家（重点）实验室的开放运行、自主创新研究和科学仪器设备的自主研发。

在中央有关部门的推动下，全国多个地区启动了地方平台建设工作，其中 19 个地区安排了财政专项经费。部分省市初步形成了各具特色的地方平台体系，形成了资源整合共享和开放服务能力，对区域科技创新和产业技术进步形成了有效支撑。

第三章

科技资源与能力建设

2008 年,政府积极应对国民经济发展紧迫需求和较多突发事件,加强政府科技资源配置的体制机制建设,加大科技经费投入力度,全面启动科技重大专项,创新投入方式,引导和带动全社会科技投入大幅度增长,积极引进海外高层次人才回国创新创业,推进科研基础设施建设,强化对研究实验基地和综合科技服务设施的稳定支持,积极推动科学仪器设备等科研条件的自主研发,有力地保证了科技支撑作用的有效发挥。

第一节 科技投入

2008 年,中国全社会 R&D 经费总支出达到 4 570 亿元的历史最高水平,比 2007 年增长 23.17%。R&D 经费占 GDP 的比重达到 1.52%,居发展中国家前列,但低于 OECD 国家平均 2.25% 的水平。从研究类型看,2008 年基础研究、应用研究和实验开发三者之间的比例为 1 : 3.4 : 13.4,基础研究投入占全社会 R&D 投入所占比重不足 5%。

一、中央政府投入

◎ 直接投入

中央政府直接投入主要以中央财政科技拨款方式体现,此外还安排了一些没有纳入财政科技拨款口径的其他直接拨款用于支持科技活动。

投入总量。2008 年中央财政科技拨款 1 163 亿元(不包括其他功能支出中用于科学技术的支出),比 2007 年增长 16.4%,中央财政科技拨款占中央财政本级支出的比重为 8.7%。

投入重点。2008 年,面对国民经济发展紧迫需求和较多突发事件,中央财政科技投入加强宏观布局,聚焦国家战略,突出投入重点。全面启动实施 16 个国家重大科技专项。中央财政投入 60 亿元。预计到 2020 年,民口 9 个国家重大科技专项,中央财政累计投入将达到 2 000 亿元。

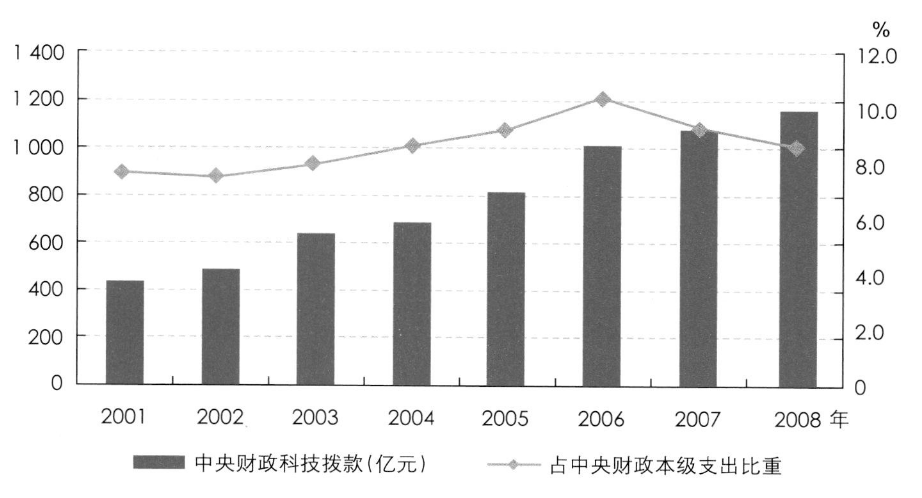

图 3-1　中央财政科技拨款

资料来源：中国科技统计年鉴（2008），中国财政年鉴（2008），政府工作报告（2009），关于2008年中央和地方预算执行情况与2009年中央和地方预算草案的报告。从2007年开始中国正式实施财政科技支出新科目，中央财政科技拨款包括“科学技术”类级科目下的支出和其他功能支出中用于科学技术的支出。中央财政科技拨款与过去年份的比较，需要进行可比口径的调整。

组织实施“奥运科技行动计划”，中央财政安排专项资金10亿元，带动其他资金总投入36亿元。组织实施《节能减排科技专项行动》和《中国应对气候变化科技专项行动》，仅节能减排基础研究工作科技部就安排了经费3亿元左右。为应对2008年初南方冰冻雨雪灾害、5·12汶川地震、山东青岛海域浒苔污染治理、EV71手足口病防治等突发事件，科技部门快速反应，组织实施科技应急项目，累计投入中央财政资金7亿多元。

中央财政加大稳定支持力度，调整投入结构。2008年起新增设国家重点实验室专项，安排19.79亿元，从基本科研业务费、开放运行费、仪器设备费三方面加大对国家重点实验室科研基地的投入。同时继续加大对科研院所正常运转经费的保障力度，探索在部分高校试点推进基本科研业务费保障，大幅度增加科技基础条件投入。

投入方式。2008年，中央财政开展多种投入方式新探索，加大了以新的投入机制推动产业振兴、结构调整和企业技术创新的力度。

为进一步推进中国节能减排和新能源产业发展，中央财政探索以补贴用户为特征的投入方式取得重要进展。启动“十城千辆”、“十城万盏”行动，以补贴用户为特征推动节能汽车、LED照明等的大规模应用推广，扶持新能源产业成长。

中央财政积极探索以新的投入方式实施国家科技重大专项。2008年，针对部分产业化前景比较明确的重大科技专项，积极开展了民口重大科技专项后补助支持方式探索。

中央财政在成功探索创业风险投资引导基金的基础上，总结经验，启动科技成果转化引导基金的探索，前期研究和论证工作已获得阶段性成果。

◎ 间接投入

以税收优惠为代表的间接投入是中央政府财政科技投入的重要组成部分。2008 年是中国新一轮税制改革至关重要的一年，中国科技税收政策体系相应调整，更加有利于科技创新。

企业所得税法。2008 年 1 月 1 日起，新的《中华人民共和国企业所得税法》及其实施条例正式实施。根据新的企业所得税法及其实施条例，内外资企业所得税实现合并统一，税率统一调整为 25%，同时，税收优惠重点也转向“产业优惠为主、地区优惠为辅”。在对高新技术企业给予 15%税率优惠政策的判定标准方面，不再强调高新技术企业是否在国家高新区内，而是以国家重点支持的高新技术领域和企业的研发投入等标准做出相应判定，取消了税收优惠享有的地域限制。新企业所得税法及其实施条例的实施，为科技税收政策体系今后的调整和完善带来重大影响。

新企业所得税法的实施条例在多项条款中将过去已经颁布的鼓励企业技术创新的税收优惠政策，包括《规划纲要》配套政策多项科技税收优惠政策，基本按照原有规定公布，或者进行了修改和完善，以法律条款的形式固定下来。

增值税改革。2008 年 11 月，在前期试点基础上，中国实施多年的生产型增值税转向消费型增值税，并确定消费型增值税从 2009 年 1 月 1 日在全国范围内开始实施。与增值税相关的营业税、消费税等税种也相应改革和调整。改革后的消费型增值税，允许企业将外购固定资产所含增值税进项税金一次性全部扣除，有助于给企业减负，鼓励企业设备更新和技术升级。此次增值税转型改革，取消了进口设备免征增值税和外商投资企业采购国产设备增值税退税政策，将有助于推进设备自主研发和消化吸收，有助于体现税负公平；对小规模纳税人的税率征收统一调低至 3%，有助于进一步激励中小企业的创新发展；将矿产品增值税率恢复到 17%。

为配合增值税改革，2008 年 12 月，财政部、海关总署和国家税务总局联合发布公告，对原《国务院关于调整进口设备税收政策的通知》、《海关总署关于进一步鼓励外商投资有关进口税收政策的通知》规定的进口设备增值税免税政策，以及比照执行《国务院关于调整进口设备税收政策的通知》的其他进口设备增值税免税政策进行调整。调整后，以上文件规定的免征增值税进口设备，恢复征收进口环节增值税。

其他税收优惠政策。《关于科技企业孵化器有关税收政策问题的通知》和《关于国家大学科技园有关税收政策问题的通知》两项政策规定，从 2008 年 1 月 1 日至 2010 年 12 月 31 日，凡符合条件的科技企业孵化器和大学科技园，免征有关营业税、房产税和城镇土地使用税，符合非营利组织条件的孵化器、大学科技园的收入，自 2008 年 1 月 1 日起按照税法及其有关规定享受企业所得税优惠政策。

二、地方政府投入

◎ 直接投入

直接投入主要以财政科技拨款形式安排，也包括一些其他形式的支出。2008 年地方财政科技投入快速增长。

图 3-2 地方财政科技拨款

数据来源：各年度全国科技经费投入统计公报。由于 2007 年开始执行新的财政收支科目，2007 年地方财政科技拨款与过去年份的比较，需要进行可比口径的调整。

2008 年地方财政科目改革后，原分类方式已经调整，口径发生较大变化。2008 年，从地方财政科技拨款内部结构来看，其中比较突出的特征是地方财政科技投入中对 R&D 活动的支持，与全社会 R&D 投入各阶段比例虽略有差异，但也明显倾向于对 R&D 活动中后端进行支持。

投入重点。2008 年，地方财政科技拨款强调集聚资源，突出重点，通过实施本地区重大科技项目，更好地发挥科技进步对地方经济社会发展的支撑作用，比较典型的做法包括：

2008 年，湖北省设立了电动汽车发展专项资金，重点支持纳入省电动汽车研发及产业化发展规划的项目、配套支持国家资助湖北省的电动汽车研发项目；从 2008 年起，安徽省财政每年安排专项资金 5 亿元设立合芜蚌自主创新综合配套改革试验区专项资金，推动试验区建设；辽宁省集中资金 4.2 亿元，组织实施省级重大科技项目。湖南省将 70%的科技发展经费用于科技重大专项和重点项目。广东省 2008 年继续扩大产学研省部合作专项资金总投入，确定至 2010 年每年投入不少于 2 亿元。贵州省将 3 705 万元增量资金用于 25 家科研机构创新能力建设。

其他方式的财政资金直接投入。2008 年，各级财政和科技部门加强了财政支持方式创新，积极探索后补助、奖励、偿还性资助、财政贴息、股权投资等多种投入方式。比较典型的有：

开展多种财政补助、奖励方式探索。2008 年，浙江省进一步深化财政科技经费支持模式改革，探索通过以奖代补方式，鼓励企业等创新主体与国内外大院大所共建创新载体。宁波市通过事后补助方式实施科技研发投入资助计划，拿出市科技项目总经费的 20%左右，经科技、财政和统计部门联合审核后，对企业当年度的研发费用进行财政资金资助。2008 年共补助了 266 家企业。2008 年深圳市进一步深化财政科技资金使用方式改革，调整财政科技补助资金使用重点，加强对科技公共产品的投入和重大产业技术攻关。

开展创业投资引导基金探索。2008 年，《关于创业风险投资引导基金规范设立与运作指导意见》发布，各地创业风险投资引导基金的设立进入高潮期。安徽、吉林、深圳、山西、重庆、福建、云南、浙江余姚、广东中山等省市纷纷设立和运行创业风险投资引导基金，制定管理办法，通过以参股、提供融资担保、跟进投资等方式，推动创业风险投资发展。

财政引导社会资金投入的方式增多。为推动财政资金对社会资金尤其是金融资本的引导和带动，一些地方探索设立了科技创新贷款担保（风险补偿）资金、科技贷款财政贴息专项资金、科技保险财政保费补贴专项资金以及政府与企业联合基金等，推动相关科技工作。2008 年，厦门市规定每年从科技经费年度预算中安排一定资金，建立科技创新贷款担保资金，专项用于担保机构的风险补偿及担保奖励。重庆市以满足科研院所融资需求为目标，安排落实科技贷款贴息和科技保险保费补贴专项资金 500 万元，其中，科技贷款财政贴息 228 万元，支持科研院所从商业银行贷款融资 3 830 万元，引导科研院所投入科技经费 1 亿多元。贵州省设立了“贵州茅台科技联合基金”，基金规模 1 000 万元，纳入省级科技计划项目管理，鼓励和引导企业围绕全省经济社会发展的重点领域和重大专项开展产学研合作。

◎ 间接投入

各地方政府采取有效措施，认真落实各项科技税收优惠政策。江苏、浙江、福建、湖南等省还分别以省级国税局、省级地方税务局或者省政府办公厅名义单独向全省发布了落实通知和有关意见，深圳、广州、苏州、常州等城市国税局或地方税务局，也单独发布了有关通知或在转发国家及省级文件中根据本地区情况增加了一些补充意见发布。江苏省已有 3 000 多家企业享受政策减免优惠，企业享受科技创新税收优惠达到 30 亿元，占江苏全省 2008 年财政科技直接投入的 37%。浙江省根据企业科研活动的实际需求扩大了享受加计扣除的研究开发费用范围。

浙江省针对浙江实际，进一步细化企业技术开发费用范围，享受企业所得税加计扣除优惠政策。深圳市经认定的国家级高新技术企业自认定当年起，可以上一年增值税为基数，形成的新增增值税深圳地方财力部分50%，3年内由市财政予以研发资助。未能享受国家“二免三减半”所得税优惠政策的，安徽省规定对省级以上科技企业孵化器和国家大学科技园内孵化的企业在5年内缴纳的各项税收的地方收入的部分，由同级财政按当年纳税增长额度资助企业的研究开发活动。

三、企业研发投入

2008年，中国政府面对国民经济和社会发展重大紧迫性需求，积极发挥科技支撑作用，加快激励企业研发投入的政策和制度环境建设。企业更加重视科技投入，企业R&D投入保持快速增长，企业作为中国科技活动主要投资主体的地位更加稳固。

◎《科技进步法》激励企业增加研发投入

从2008年7月1日起，新修订的《科技进步法》开始实施。该法更加重视企业技术进步，规定了多项条款激励企业增加研发投入，包括“企业开发新技术、新产品、新工艺发生的研究开发费用可以按照国家有关规定，税前列支并加计扣除，企业科学技术研究开发仪器、设备可以加速折旧”；“国家和地方政府通过制定产业、财政、能源、环境保护等政策，引导企业研究开发新技术、新产品、新工艺，进行技术改造和设备更新”；“国家利用财政性资金设立基金，为企业自主创新与成果产业化贷款提供贴息、担保”；对从事高新技术产品研究开发、生产的企业，投资于中小型高新技术企业的创业投资企业等促进企业技术进步活动的企业，依照国家有关规定享受税收优惠等等，从法律上强调了国家支持企业研发投入的导向，将国家有关激励政策从法律上给予确定，增强了企业加大研发投入的信心。

◎ 各种配套政策引导

2008年，科技部、财政部、国家税务总局共同出台了新的《高新技术企业认定管理办法》和配套文件《高新技术企业认定管理工作指引》。根据新规定，企业持续进行研究开发活动，保持一定的研发投入强度是认定高新技术企业的重要标准，国家给予高新技术企业包括所得税15%优惠等在内的一系列扶持，有力地引导和带动了企业加大研发投入。

2008年，科技部、国务院国资委和中华全国总工会联合发布了首批“创新型企业”，推进技术创新引导工程试点。参加试点企业除实行技术开发费抵扣外，还享受政府优先安排重点科技专项、科技工程和各类科技计划；优先支持建立企业技术中心等优惠扶持政策，引导了企业依靠创新求发展的方向。

2008年，为帮助中小企业解决发展中面临的困难和问题，中央财政安排中小企业专项资金

35.1 亿元，实施优惠的税收政策，其中，中央财政安排科技型中小企业技术创新基金 14 亿元，同比增长 27.3%。科技型中小企业创新基金通过 6 647 个项目的专项投入、146 项贷款贴息项目引导，累计实现销售收入 386.93 亿元，实现净利润 72.44 亿元，上缴税金 45.69 亿元，出口创汇 4.87 亿美元，新增就业人数 5.32 万人。

四、科技金融

科技创业风险投资快速发展。截至 2008 年，我国创业风险投资业管理资本总量超过 1 455 亿元，机构数量达到 464 家；从 2008 年资本来源构成看，以未上市公司为主体，占到管理资本总额的 42.9%，国有独资投资机构和政府出资依然占据比较大的份额，合计为 35.9%，其他如个人、外资、各类金融机构也占有一定比例。

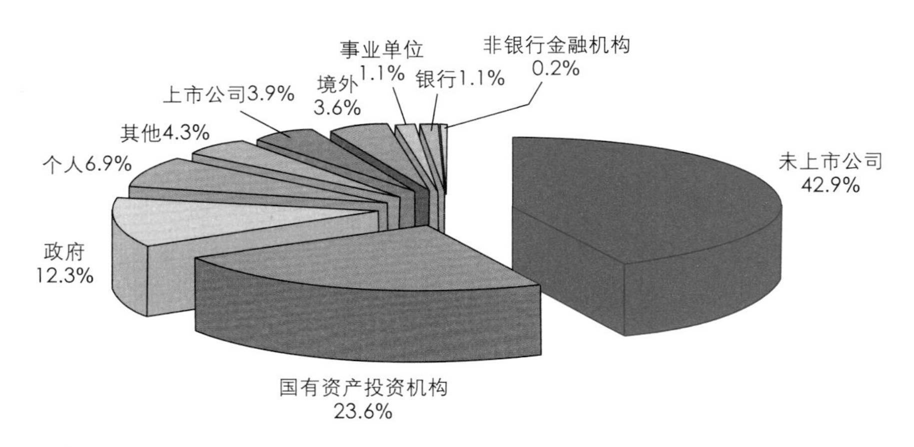

图 3-3　中国创业风险投资资本来源（2008）

累计投资 6 796 项，共计 769.7 亿元，其中，对高新技术企业投资占比 56%。2007 年财政部、科技部设立科技型中小企业创业投资引导基金，股权出资额达 1.59 亿元，带动社会资本额 10.45 亿元；地方设立的创业投资引导基金已超过 30 家，总额超过 100 亿元。创业风险投资政策环境不断优化，《企业所得税法》中专门规定了创业风险投资机构投资于中小高新技术企业的投资额的 70%，可以抵扣应纳税所得额的优惠政策。

多层次资本市场成为支持自主创新的重要平台。截至 2008 年底，中小企业板共上市 273 家公司，累计融资额达到 1 177 元，在全部上市公司中高新技术企业占比超过 75%；中小板公司上市前后年均研发费用投入额由 1 530 万元（占销售收入的 3.6%），增加到 2 255 万元（占销售收入的 3.94%），同比增长了 47.4%；上市后新增专利达到 3 268 个，其中新增发明专利 374 个，新增实用新型专利 1 811 个，180 家中小板公司拥有与主营产品相关的核心专利技术。科技部、中国证监会和北京市政府共同开展的“中关村科技园区股份报价转让代办试点”已有53家高新技术企业挂牌交易。

科技贷款不断增加，科技担保成效明显。截止2008年，国家开发银行、中国进出口银行、中国农业发展银行三家政策性金融机构累计发放科技贷款1 878.1亿元，有效支持了科技型中小企业、重大科技项目、国家高新区建设、创业投资（引导）基金、高新技术产品和企业“走出去”、农业科技项目等。

科技保险试点稳步推进。2008年在科技部、中国保监会确定的北京、上海等12个科技保险创新试点城市（区）中，全国共实现科技保险风险保额1 077亿元，约有1 600家高新技术企业参与了科技保险。

第二节 科技人才队伍建设

2008年，中国专业技术人员总量达到2 280万人，比2007年增加约25.5万人；其中，从事科技活动的人员达到500万人，R&D人员190万人，分别比2007年增长10%和9%。2008年，高等院校毕业生数量增加，科技人力资源的规模进一步扩大。启动“海外高层次人才引进计划”。

一、启动“千人计划”

为了更好地利用国内国外两种资源，加大引进人才的力度，全面贯彻实施人才强国战略，中央决定分层次组织实施海外高层次人才引进计划。中央层面的海外高层次人才引进计划（“千人计划”），计划从2008年开始，用5～10年时间，围绕国家发展战略目标，重点引进和遴选一批能够突破关键技术、发展高新产业、带动新兴学科的战略科学家和科技领军人才；在符合条件的中央企业、高等院校和科研机构以及部分国家级高新技术产业开发区，建立一批海外高层次人才创新创业基地，集聚一批海外高层次创新人才和团队。2008年12月，中央人才工作协调小组召开会议，对实施“千人计划”做出部署。

二、科技人才培养

高等教育、科研项目资助、博士后流动岗位等是中国培养科技人才的几种主要方式。

2008年，中国普通高等教育共招生607.7万人，在校生达到2 021.0万人，大学毕业生为512.0

万人（预计数），研究生教育招生 44.6 万人，在学研究生达到 128.3 万人，毕业生预计 34.5 万人。

2008 年，国家自然科学基金的人才类资助工作进一步发展。基金委按照稳定资助强度、适度扩大资助规模的原则，共资助青年科学基金项目 4 757 项，比 2007 年增加 43%，资助总经费达到历史最高，为 9.4 亿元；国家杰出青年科学基金（含外籍）共资助 180 人，经费 3.5 亿元；新启动创新研究群体 28 个，经费 1.39 亿元；并对 22 个实施了 3 年的群体和 6 个实施了 6 年的群体予以新一期的延续资助，总经费 1.25 亿元，从 2008 年起，海外及港澳学者合作研究基金共资助 78 人，资助经费 1 580 万元。自然科学基金坚持把培养创新人才放在突出位置，促进了中国基础研究队伍的年轻化。2008 年批准的面上项目负责人中，45 岁以下的中青年学者占 68%以上，重点项目负责人中 45 岁以下所占比例约 47%。

科技计划是培养中青年优秀学科带头人和高层次人才的重要方式。特别是 863 计划、973 计划和国家科技支撑计划三大主体科技计划，不仅使大量海内外高层次科研人才有了施展才华的舞台，而且成为人才成长的摇篮。2008 年，参与国家 863 计划、973 计划和支撑计划的科技人员共计 27.67 万人，其中高级职称 10.40 万人、中级职称 6.44 万人、初级职称 3.05 万人；共培养博士和硕士研究生 4.83 万人，其中博士 1.67 万人，硕士 3.16 万人。

中国已经在 389 个具有博士学位授予权的单位设立博士后科研流动站 1 794 个，同时在没有博士学位授予权的企事业单位设立博士后科研工作站 1 670 个，覆盖了理、工、农、医和哲学社会科学等 12 大学科门类的 88 个一级学科以及国家经济社会发展的主要领域。2008 年，全国共招收博士后研究人员 8 241 人，比 2007 年增长 4%，占当年毕业博士的 20%；出站博士后 5 092 人；博士后科学基金共资助 2 764 人，总资助金额达到 9 240 万元。1985—2008 年，中国累计招收博士后研究人员 60 009 人，累计出站 35 124 人，有 17 320 名博士后研究人员受到博士后科学基金的资助，资助金额累计 37 207.1 万元。出站博士后绝大多数成为相关领域和单位的科研骨干和学术技术带头人，其中已有 17 人被评选为中国科学院或中国工程院院士。

三、科技人才计划与人才引进

2008 年，中国出国留学规模创历史新高，全年出国留学人数达 17.98 万人，其中自费出国留学人数占 90%，达到 16.16 万人。各类留学回国人员达 6.93 万人，同比增长 55.95%。1978—2008 年底，中国各类出国留学人员总数已达 139.15 万人，遍布世界五大洲 100 多个国家和地区；各类留学回国人员已近 39 万人，大约占出国人员的 1/4。

教育部继续实施“高层次创造性人才计划”。该计划是 2004 年教育部在整合原有人才计划

图 3-4　2008 年 12 月 25 日，第十一届中国留学人员广州科技交流会在广州举行，来自 30 个国家和地区的近 1 800 名留学人员报名参会

基础上启动的，包括三个层次：第一层次是“长江学者和创新团队发展计划”，主要着眼于吸引、遴选和造就一批具有国际领先水平的学科带头人，形成一批优秀创新团队；第二层次是“新世纪优秀人才支持计划”，主要支持高校青年学术带头人；第三层次是“青年骨干教师培养计划”，主要着眼于培养数以万计的青年骨干教师。2008 年，教育部共资助创新团队 72 项，遴选新世纪优秀人才 938 人；有 137 人进入 2008 年度“长江学者”特聘教授人选名单，109 人进入讲座教授人选名单，5 名学者进入 2008 年度“长江学者成就奖”人选名单。“高层次创造性人才计划”对于吸引和培养优秀人才、推进高校人才队伍建设起到了积极作用。其中，“长江学者奖励计划”自 1998 年启动实施到 2008 年十年间，共遴选和资助了 24 个省（自治区、直辖市）115 所高校的 1 308 名长江学者，其中特聘教授 905 名、讲座教授 403 名；中国籍学者 941 人，外籍学者 367 人。创新团队项目和新世纪优秀人才计划自 2004 年启动实施以来，分别累计资助了创新团队 317 项、新世纪优秀人才 4 714 人。

“百人计划”和“中国科学院、外国专家局创新团队合作伙伴计划”是中国科学院引才引智的两大主干人才计划。2008 年，“百人计划”共招聘入选者 195 人，“创新团队合作伙伴计划”新启动 19 个创新团队。从 1994 年启动以来，截至 2008 年底，中科院“百人计划”入选者共计 1 601 人，其中引进海外优秀人才 1 155 人，国内优秀人才 242 人，另有 204 位国家杰出青年科学基金获得者受到“百人计划”经费支持。入选者中已有 20 人当选为中国科学院院士；53 人成为 973 计划首席科学家；371 人作为负责人承担了国家 863 项目。

2004 年，中国科协推出了“海外智力为国服务行动计划”（简称“海智计划”），从引进海外智力入手，通过专题研讨、短期兼职、项目合作、考察交流、技术培训和咨询等项目的方式开展工作，为海外科技人员回国服务搭建平台。截至 2008 年 11 月，共有 64 家海外科技团体，国内 57 个地方科协、全国学会等作为项目主持单位参加了“海智计划”；各项目主持单位共申报国内需求项目 381 项、与海外对接项目 156 项；共吸引海外专家回国服务 375 人次，涉及信息技术、农业、教育、生物制药、新农村建设和文化创意产业等方面。

近年来，许多重点高校如清华大学、北京大学、中山大学等，也纷纷开始实施各自的“百人计划”。设立专门的高层次引进人才岗位，引进海内外优秀人才。

2008 年，科技工作者状况调查结果显示，中国科技工作者队伍总体稳定，职业满意度和忠诚度较高，年轻化和高学历化趋势明显，女性科技工作者总量和比例持续增加，科研产出可观，平均收入和住房面积高于城镇居民平均水平。但仍存在业务经费不足、知识老化、生活和工作压力大等问题。

2008 年，科技部组织实施的科技管理专项培训共举办 49 期，培训地方党政领导干部，部门及地方各级科技管理干部，创新型企业主要负责人，科研院所、高等院校、科技中介机构主要领导 4 805 人次。自 2006 年科技部启动该项工作以来，截至 2008 年底，共举办培训 130 期，培训各类领导干部 14 385 人次；另完成指导性培训班 20 期，培训学员 3 500 人次；通过网络视频培训学员 70 万人次。科技培训工作已逐步进入科学化、规范化、制度化的轨道。

第三节
科技创新基础能力建设

一、研究实验基地与综合性实验服务机构建设

◎ 国家（重点）实验室等基地建设

国家重点实验室是代表中国基础研究学术水平与装备水平、聚集和培养高层次人才、开展国内外学术交流的重要基地。

2008 年正在运行的国家重点实验室 220 个，试点国家实验室 6 个；固定人员 13 000 人；主持和承担各类在研课题 2 万余项；获得研究经费 78 亿元；其中国家级课题 9 200 余项、经费 43 亿元，占总经费的 55%，获得国家级奖励 66 项，其中国家自然科学二等奖 19 项，占国家授

奖总数的55.9%，充分展现了国家重点实验室和国家实验室在我国基础研究领域的主导地位。

为进一步规范国家重点实验室的评估工作，科技部修订了《国家重点实验建设与运行管理办法》和《国家重点实验室评估规则》，财政部和科技部联合出台了《国家重点实验室专项经费管理办法》。为加强国家技术创新体系建设，依托转制院所和企业批准建设了36个国家重点实验室。

科技部为进一步加强地方科技工作和地方实验室工作，共组织建设了48个省部共建实验室，其中4个经过竞争进入到国家重点实验室行列，目前正在运行的省部共建实验室有44个。省部共建实验室现有固定人员1 100余人；其中高级研究人员达到772人，占67.8%；拥有中国科学院院士5人，中国工程院院士9人，国家杰出青年科学基金获得者22人，中国科学院"百人计划"获得者5人，教育部"长江学者奖励计划"特聘教授7人。2008年，共主持承担各类在研课题800多项，获得研究经费近3.5亿元，获得国家级奖励10项。在国内外学术期刊共发表学术论文超过1 700篇，其中被"SCI"收录论文755篇。

◎ 国家工程技术研究中心

2008年，科技部紧密围绕国家重大战略需求，新建了"国家板带生产先进装备工程技术研究中心"等27个工程中心；继续实施整体布局的优化调整，择优支持了23个工程中心；验收了12个工程中心。

截至2008年底，科技部共建设国家工程中心199个，包含分中心在内共计212个。这些中心分布在全国29个省、市、自治区，东部地区133个，中部地区38个，西部地区41个，分别占工程中心总数的62.74%、17.92%、19.34%。

199个国家工程技术中心技术领域分布为：农业43个，制造业30个，电子与信息通信16个，材料48个，能源与交通17个，建设与环境保护13个，资源开发10个，轻纺、医药卫生21个，文物保护1个。

◎ 国家大型科学仪器中心

武汉核磁共振中心、北京电子显微镜中心已基本完成建设任务，并于2008年8月和10月正式挂牌运行，已正式挂牌运行的国家大型科学仪器中心总数达到12个。

国家大型科学仪器中心核心仪器年运行有效机时均超过2 000小时（利用率100%），有的超过6 000小时，大大高于中国仪器平均使用率，并且对共建单位以外的共享机时大部分超过了40%。

◎ 国家级分析测试中心

继续发挥国家级分析测试中心的带动和辐射作用，整合全国相关分析测试机构力量，在抗击南方冰雪灾害、抗震救灾、北京奥运等发挥了不可替代的作用，在第一时间提供了极有价值的检测技

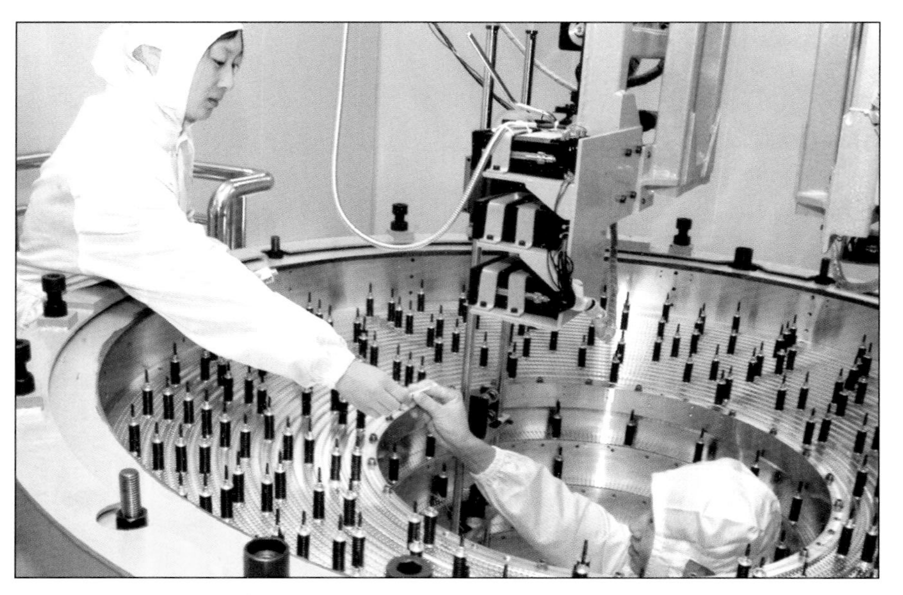

图 3-5　北京正负电子对撞机重大改造工程圆满完成建设任务，图为科研人员正在安装北京谱仪的主漂移室

术指导、数据分析和信息服务。为了有力支撑防灾减灾和汶川特大地震灾后恢复重建，依托中国测试技术研究院成立了国家防灾减灾分析测试中心（成都），国家级分析测试中心总数达到 15 个。

国家钢铁材料分析测试中心开发了无预燃连续激发同步扫描定位技术和单次放电信号分辨提取技术，建立了金属材料中较大尺度范围内各化学组成及状态的统计表征方法，发明了世界首台金属原位分析仪。

服务于抗震救灾。国家级分析测试中心充分发挥科技界跨部门、多学科领域的综合优势，围绕灾区对非常规、综合疑难检测技术的迫切需求，编制发布了《抗震救灾应急分析测试技术手册》，制订发布《水质组胺等五种生物胺的测定高效液相色谱法》（GB/T21970—2008），组织了 40 余人赴灾区开展工作。

国家级分析测试中心为 2008 年北京奥运会召开提供了强有力的技术支撑。国家兴奋剂及运动营养测试研究中心承担了反兴奋剂的重要任务。国家钢铁材料分析测试中心、国家生物医学分析中心、国家建筑材料分析中心、国家化学建筑材料测试中心、北京市理化分析测试中心等承担了奥运场馆建设、食品安全、安保检测等多项重要任务。

二、科研条件建设

◎ 创新方法工作

自 2007 年启动创新方法工作以来，科技部会同国家发改委、教育部、中国科协等部门开展了大量卓有成效的工作，开创了创新方法工作的新局面。

2008 年 4 月，四部门共同发布了《关于加强创新方法工作的若干意见》，紧密围绕科学思维、科学方法、科学工具等创新方法工作的三个层面提出了“积极推进素质教育工作”等 18 项重点任务。2008 年 10 月，成立了由科技部、国家发改委、教育部和中国科协四个部门的部级领导组成的创新方法部际联席会，这为四部门加强统筹协调，共同推进创新方法奠定了有效的组织领导机制。

2008 年 7 月，民政部正式批复筹建创新方法研究会。科技部等四部门重点推进了素质教育基础设施建设、中小学素质教育改革、科学方法大系研究编制、10 000 个技术难题和 10 000 个科学难题征集、重大技术标准制定、创新方法试点省建设、企业“讲比活动”等创新方法工作。

按照“试点先行、各省自愿”原则，黑龙江、四川、江苏三省作为创新方法试点省，率先开展了各具特色的创新方法工作，其他（自治区、直辖市）也相继开展了技术创新方法培训工作。围绕着技术创新方法（TRIZ 理论）的宣传、培训、教育、推广应用和国产化，广泛深入地开展技术创新方法（TRIZ 理论）试点工作。黑龙江省开通了全国第一家技术创新方法（TRIZ 理论）专题网站，成立了国内首家省级技术创新方法研究会。

◎ 科研条件自主研发

2008 年，在科学仪器设备自主创新方面，攻克了双闪耀和单闪耀、高精度分布测控、程控弱信号选频放大等 32 项科学仪器设备关键和共性技术，成功研制核磁共振找水仪，并在吉林、内蒙古和蒙古国等地进行了多次野外实验，总体性能指标达到国际领先水平；搭建了大型质谱仪、车载离子阱、蛋白质分离鉴定等 4 个研究开发技术平台，打破了国外仪器公司对中国的垄断局面。

国产科学仪器生产厂商为汶川特大地震灾区提供仪器设备近 2 000 台 / 套，试剂盒超过 60 万套，支持抗震救灾和灾后恢复重建。依托国产液相色谱仪制定发布了《原料乳中三聚氰胺快速检测液相色谱法》(GB/T 22400—2008)。据统计，为配合标准实施，已为奶站、奶制品厂、质检机构提供了 500 余台 / 套国产液相色谱仪器，帮助企业提高婴幼儿奶粉质量。

国家遗传工程小鼠资源库建立了 18 种组织特异性 Cre 重组酶转基因小鼠，为肥胖症、糖尿病、心脑血管疾病等重大疾病研究提供了实验动物模型支撑，已为国内 70 余个生命科学研究组提供遗传工程小鼠，国内相关单位代理引进特殊品系遗传工程小鼠和转基因小鼠。

三、科技基础条件平台建设

2008 年，科技基础条件平台建设任务进展顺利，初步建成了科技资源整合共享的网络体系。

中国科技资源共享网（www.escience.gov.cn）试运行，以统一窗口向社会集中发布和展示科技条件资源信息。

◎ 大型科学仪器设备共享平台

经过几年的建设和完善，全国大型科学仪器设备协作共用网整合了全国七大区域 31 省市的 1.2 万台（套）单价 40 万元以上的大型科学仪器、11 个大型科学仪器中心、47 座风洞、2.4 万条化学图谱、1.3 万条计量基标准信息，通过“全国科学仪器门户”（www.scilink.cn）向全社会开放，实现了“全国、区域、省市区”三级共享，显著提高了大型科学仪器的使用效率。

图 3-6　中国科技资源共享网

◎ 自然科技资源共享平台

自然科技资源共享平台经过几年的积累，抢救和保护了 25 万份人类遗传资源、4.6 万份濒危珍稀植物种质资源、4 万份 68 个品种的濒危畜禽细胞，共有 35.5TB 以上的科学数据存量资源对外开放共享，激发了自然科技资源的潜在价值。国家农作物种质资源平台已向全国 1 000 多家科研、教学和生产单位分发种质 11.8 万份，450 份种质在育种和生产中得到有效利用，累计推广面积 9.17 亿亩。

◎ 科学数据共享平台

科学数据共享平台整合集成了气象、海洋、地震、医药卫生等科学数据共计 35.5TB 以上，建成各类资源数据集（库）1 000 余个，目前已成为具有权威性、系统性的共享数据库系统。

国家地震科学数据共享平台整合了 1990—2008 年的地震数据，建设和改造了 48 个数据库，每日产出原始观测数据 35 ~ 40G，为西气东输、三峡水利工程、杭州湾大桥、青藏铁路等近百个国家重大工程提供了科学数据服务。

医药卫生科学数据共享平台整合了总量达 4 256GB 的 154 个数据集（库），引进和改造了 83.5GB 国际数据资源，包括基础医学、临床医学、公共卫生和中国医学等领域。

◎ **科技文献共享平台**

国家科技图书文献中心拥有各类科技图书 21.5 万种，全文数字传递的科技期刊文献 2.7 万种，外文文献 1.8 万种，其中外文科技期刊 1.6 万种，占国内引进相应文献类型品种总数的 60%以上；同时与国外出版机构签订协议，向国内用户提供 920 多种权威的回溯期刊全文数据库服务。

◎ **网络科技环境平台**

网络科技环境平台充分利用网络基础设施，建成了一批大型科学仪器设备远程操作系统，通过对外宣传和参加国际项目合作，网络实验环境和网络协同环境进一步改善。

北京二次粒子探针中心在国际上首次实现了二次离子探针大型科学仪器远程共享，有效地利用了国外仪器资源，促进了中国科研工作者与国外同行之间的交流合作。

截至 2008 年底，中国数字科技馆在线展示 10 个虚拟博物馆、14 个体验馆、9 个科普专栏，资源量达 132GB，日均访问量超过 3 万人。

◎ **科技成果转化公共服务平台**

截至 2008 年底，科技成果转化公共服务平台共整理收录科技成果信息 29 万条，科技视频 1 006 条，专家信息 1 120 条，深入扎实地推进重点成果转化，并密切跟踪转化状态，为企业提供高效服务。

四、技术创新服务平台

2008 年，科技部、财政部加强对企业技术创新能力建设工作的统筹，积极开展技术创新服务平台建设。

集成电路产业技术创新服务平台重点瞄准设计与封装测试这两个产业链上的薄弱环节，为企业提供 EDA 支撑、IP/SoC 共性技术、MPW、验证、封装、测试等专业化服务，以及推广应用、知识产权和人才培训等共性支撑和服务，全面辐射京津、长三角、闽粤等集成电路产业集聚区。2008 年平台累计为 110 多家企业提供了 EDA 工具服务，服务时间近 80 000 小时；为近 60 款芯片提供了快速封装测试和验证服务；建设了数字音视频专利数据库和 CPU、DSP 专利数据库，累计入库专利 20 多万条。

纺织产业技术创新服务平台。近 20 家产学研及中介机构骨干单位的优势资源；瞄准产品设计、纤维制造、纺织加工、印染整理及纺织产品应用整条纺织产业链的各个关键环节，建设了纺织产业信息化服务中心、创意设计服务中心、纺织新材料服务中心、纺织加工技术服务中心、染整和清洁化生产技术服务中心等七大服务中心。还建设了20多家服务工作站，有效覆盖长三角，并积极向山东、新疆、广东、福建、四川等纺织产业集聚区开展辐射。

藏医药产业技术创新服务平台联合藏医药学领域的权威机构，开展藏药材资源繁育技术、传统藏药炮制技术、藏药安全性评价、藏医药古籍文献挖掘整理、藏医药标准规范等方面的研究与服务，形成辐射整个藏医药产业的资源共享网络。

第四章

国家科技重大专项

2008年，按照国务院的统一部署和要求，科技部会同国家发改委、财政部建立了联席会议制度，形成了良好的工作机制，及时对专项实施中的重大问题进行研究和部署，做好指导和服务工作。各专项全面启动实施，围绕实施方案确定的总体目标，结合科技、产业、人才、资金、设施等方面的基础和条件分析，对最紧迫、最急需、最关键的重点任务进行了部署和安排。基本实现了年初国务院确定的“要全面启动和组织实施重大专项”的任务目标。

第一节 总体工作进展

一、全面完成实施方案综合论证

在2007年完成新一代宽带无线移动通信网、水体污染控制与治理、重大新药创制等3个专项实施方案综合论证的基础上，2008年相继完成了核心电子器件、高端通用芯片及基础软件产品，极大规模集成电路制造装备及成套工艺，大型油气田及煤层气开发，艾滋病和病毒性肝炎等重大传染病防治，转基因生物新品种培育，高档数控机床与基础制造装备等6个专项的实施方案综合论证工作，并经过国务院常务会审议通过。

在重大专项实施方案编制、综合论证、任务落实等重要环节，科技部、国家发改委和财政部（以下简称三部门）和各专项都十分重视听取专家意见，充分发挥专家的决策咨询作用。在实施方案编制中，各专项组建了有技术、产业、经济和管理等各方面专家参加的实施方案编制组，共有400多名专家直接参与方案编写，1 000多名专家参加了咨询工作。三部门先后聘请了240多位专家（包括60多名院士），组成9个具有权威性、代表性的论证专家委员会，分别对各专项的实施方案进行了综合论证，制定了科学的实施方案，部署了攻关任务。

二、规范和完善工作制度与管理机制

一是细化工作规则。根据国办印发的《组织实施科技重大专项的若干工作规则》，三部门联合制订了《国家科技重大专项管理暂行规定》，研究提出了民口重大专项的组织管理框架，细化了专项组织实施主体的职责和工作流程。二是部署和规范专项启动实施工作。2008 年 3 月三部门联合印发了《关于抓紧做好科技重大专项启动实施有关工作的通知》，明确了实施计划编制等方面的具体要求。三是研究经费管理办法。财政部牵头制订了《关于制订民口科技重大专项经费管理办法的指导意见》（征求意见稿），初步提出了重大专项项目经费核定的新方式，将民口重大专项经费分为直接费用、间接费用和不可预见费用三部分，并实行不同的管理模式。四是加强人才引进的制度建设。科技部积极配合中组部，研究制定引进海外高层次人才的政策和办法，形成了《国家重点创新项目引进人才工作细则》。重大专项人才引进工作已列入中组部牵头组织的"海外高层次人才引进计划"，科技部会同各重大专项牵头组织单位完成了首批引进人才的组织申报和综合评审工作。

三、建立健全组织实施的管理体系

各专项成立实施管理办公室、总体组，具体负责专项的组织实施工作，实现了行政管理和技术管理的有机结合，保证了决策的科学化与民主化。核心电子器件、高端通用芯片及基础软件、集成电路装备、水体污染控制与治理、转基因和重大传染病防治等 5 个专项在领导小组层面还成立了咨询专家组，充分发挥院士和资深专家的战略咨询和监督作用，加强对专项实施内部全程评估与监督。

第二节 核心电子器件、高端通用芯片及基础软件产品

核心电子器件、高端通用芯片及基础软件（以下简称核高基）科技重大专项涉及电子信息产品和国防电子装备的核心领域，主要涵盖核心电子器件、高端通用芯片及基础软件产品三个方向，掌握其关键技术并实现产业化，对中国实现以信息化带动工业化、确保国家信息安全，具有至关重要的作用。

高端通用芯片及基础软件产品方向设立的项目多数面向市场，有着明确的产业化目标要求。其中，高端通用芯片方向重点开发通用高性能中央处理器（CPU）、数字信息处理器（DSP）、高端系统芯片（SoC）及开发平台、知识产权核心（IP 核）设计和电子设计辅助工具（EDA）；基础软件产品方向重点开发以服务器操作系统、数据库管理系统、中间件和办公软件为核心的基础软件，以网络通信、信息安全、数字家电和汽车电子为重点应用领域的嵌入式基础软件。到

2010 年，实现高端通用芯片和高可信网络化基础软件自主发展，实现网络通信和数字家电等领域的高端 SoC 以及国产基础软件的产业化。到 2020 年，形成我国高端通用芯片和基础软件产业链齐全的研发与产品化体系。

2008—2010 年，核高基重大专项的阶段目标为，自主开发的 CPU/OS 应用于国产安全适用计算机，为应用于国产千万亿次高性能计算机做好准备；一批多媒体通信 SoC 产品参与全球竞争，推动我国集成电路设计业占全球比重由不足 6%提升到 8%～10%；以自主操作系统为核心的基础软件产品基本满足国家信息安全需求，初步实现由“技术突破为主”向“产品产业化为主”的战略性转变，并在若干国家重大信息化工程建设中得到应用；形成一批能够提升我国集成电路与软件产业竞争力的自主技术标准和核心专利。

2008 年，专项完成了对高端通用芯片和基础软件产品方面 4 项课题的评审立项。通过总体专家组审议、领导小组审定和三部门综合平衡，落实了课题承担单位，分两批下达了 2008 年度实施课题的专项资金。已启动的高端通用芯片和基础软件产品课题正在开展关键技术研究，取得了阶段性成果。

第三节 极大规模集成电路制造装备及成套工艺

极大规模集成电路制造装备及成套工艺专项以“掌握核心技术、开发关键产品、支撑产业发展”为宗旨，以承担单位为核心组织产学研用联盟和创新链、供应链，发挥专项的引领和带动作用，促进自主创新的实现，带动国家装备制造业科技水平的跨越式发展，促进产业结构调整，带动国家综合科技实力的提升。

“十一五”期间，极大规模集成电路制造装备及成套工艺专项主要目标包括：

开发出 65nm 刻蚀机、注入机、薄膜制备等关键装备产品，进入生产线考核试用；开展光刻机及其关键部件、核心技术攻关。掌握 65nm 标准工艺和产品工艺，实现批量生产。实现 300mm 硅片等关键材料产业化，开始批量生产。使我国集成电路装备、工艺与材料产业整体技术实力跨上一个新的台阶。

完成 90nm 光刻机产品开发，进入生产线考核试用；完成 90nm 刻蚀机、注入机产品定型，进入市场销售；关键封装设备、扩散炉等量大面广设备完成产品定型，进入市场销售。完成满足国内产业需求的产品工艺、特色工艺与成套先进封装工艺开发，实现批量生产。提升 200mm 硅片产品市场竞争力，抛光磨料等材料实现国产化，批量进入生产线。

光刻机曝光系统、双工件台系统、双频激光干涉仪、ArF 准分子激光光源等研制出国产化样机，集成传输平台、机械手等完成产品开发，通过装备整机单位考核。

在 45nm 基础工艺、装备整机和关键技术上取得先期突破；重点支持一批有条件的科研院所和大学，在产学研结合中关注当代微电子技术发展前沿，着力在 32 ~ 22nm 国际前沿技术等方面开展装备、工艺和材料的核心技术研究，加强技术储备。建设集成电路关键装备、工艺和材料的工程化研究开发平台。

2008 年 4 月 23 日，国务院常务会议审议通过了专项实施方案。此后，专项抓紧组建实施组织架构，规范组织管理程序，完善专项组织管理制度。在此基础上，制定完成专项“十一五”实施计划，落实了 2008 年启动项目，对 2009 年启动项目进行了部署。

2008 年优先启动的 10 个项目具有三个方面的特点：一是能够在“十一五”末形成产业化，能够拉动集成电路及相关产业发展的项目优先支持；二是技术成熟度较高，特别是“十五”期间就有较好研究基础的项目优先支持，市场上有销售、有品牌的项目优先支持；三是对行业内的骨干企业和产业化能力强的项目重点支持。

对于前瞻性研究、共性技术研究项目，采用发布项目指南、组织项目申报、专家评审的方式确定项目及承担单位，鼓励多家优势的高校、科研院所、企业联合申报项目，提供解决方案。在“十一五”实施计划中，专项要重点部署成套国产化装备和材料的应用工程，突出市场牵引原则，以大型用户企业为龙头，注重国产整机装备对国产零部件供应链的带动作用，注重工艺项目对国产装备和国产材料行业的带动作用，注重企业作为创新主体对产学研用的带动作用，以此整合国产装备、材料、工艺的供应链，带动精密装备制造业、精细化工、零部件、基础材料等产业的发展和产业升级。

第四节
新一代宽带无线移动通信网

新一代宽带无线移动通信网专项“十一五”期间的目标是：支撑 TD-SCDMA 增强型技术和产业的发展；开展 TD-LTE 关键技术研究，并实现产业化；在此基础上提交 IMT-Advanced（4G）标准提案，并积极推动国际标准化；开展面向未来的新的无线通信技术的研究。

“十一五”期间，通过本专项的实施，在宽带无线移动领域国际主流标准中拥有一批基本专

图 4-1 2008 年 4 月，中国移动在 8 个城市的 TD-SCDMA 社会化业务测试和试商用工作正式启动

利，实现核心芯片的突破。在网络设备研发能力方面，与国际先进企业相当；在具有国际竞争力的网络和终端产品方面，分别进入国际领先和国际先进企业的行列，为拓展国内外市场打下基础。在业务创新能力方面，初步改变创新能力较弱的现状。

2008 年，共安排了 TD-SCDMA 增强型研发和产业化，LTE 研发和产业化，IMT-Advanced 研发和产业化，移动网络、业务应用和终端研发、宽带无线接入研发和产业化，短距离无线互联及无线传感器网络研发和产业化，无线移动通信共性关键技术研发及项目管理支撑。2008 年专项年度中央财政经费已经财政部审核，并拨付到牵头组织单位。

专项成立了实施管理办公室和总体专家组。实施管理办公室在工信部的组织下，由 8 个部门的相关人员构成。总体专家组由 23 名专家组成，汇集了国内本领域的优秀代表。

开展了实施管理机制的研究，初步形成了专项的组织管理体系。已制订了实施管理办法、专项保密工作方案和工作细则、实施管理办公室工作细则、总体专家组工作细则、课题评审细则、专项办印章管理细则等。

依据专项实施方案，组织总体专家组编制完成“十一五”阶段实施计划和 2008 年度计划，并已通过三部门综合平衡。

第五节 高档数控机床与基础制造装备

高档数控机床与基础制造装备专项与制造业联系最为密切，具有基础性、通用性和战略性的特征，专项重点围绕航空航天、船舶、汽车制造、发电设备制造等四大领域所需的高档数控机床与基础制造装备进行研发，对于装备制造业调整产业结构、提升核心竞争力将发挥重要作用。

普通机床和中档数控机床已形成了较大的产业规模，出口量增长也很快，但是高档数控机床与基础制造装备产业与国外先进水平相比仍存在较大差距，自主开发能力薄弱，高档数控系统、功能部件研制滞后，制造企业的装备自动化和数控化水平不高。通过数控机床专项的实施，对中国实现工业现代化、保障国家安全、提升整体科技水平具有非常重大的意义。该专项的实施，还可以为大飞机、核电等其他重大专项提供高水平的基础性设备。

该专项的总体目标是，到 2020 年形成高档数控机床与基础制造装备主要产品的自主开发能力，总体技术水平进入国际先进行列，部分产品国际领先；建立起完整的功能部件研发和配套能力；形成以企业为主体、产学研相结合的技术创新体系；培养和建立一支高素质的研究开发队伍；航空航天、船舶、汽车、发电设备制造所需要的高档数控机床与基础制造装备 80%左右立足国内；研究开发出若干具有原创性的技术和产品。

科技部会同发改委、财政部组成了论证委员会，对专项开展实施方案论证工作。2008 年 12 月 24 日，国务院召开常务会议审议通过了该专项的实施方案。

第六节 大型油气田及煤层气开发

“十一五”期间，初步形成岩性地层油气藏勘探、成熟盆地精细勘探、天然气勘探、高含水油田开发、中深层稠油开发、天然气安全开发、海外快速资产评估与风险勘探和煤层气勘探等 8 项重大技术。完成 3 000m 深水起重铺管船和 3 000m 深水半潜式钻井平台等重大装备的研制，完成窄密度窗口安全钻完井、复杂深井随钻测录和煤层气水平井地质导向与远距离穿针等配套装备中部分关键装备的研制，提升我国油气及煤层气勘探开发技术水平，夯实我国石油和天然气工业可持续发展基础。“十一五”期间，国内预计新增石油探明可采储量 8.5 亿～ 10.5 亿吨、新增天然气探明可采储量 1.3 万亿～ 1.5 万亿立方米、新增煤层气探明储量 3 000 亿立方米等提供技术支撑。

2007 年 12 月 24 日至 2008 年 1 月 17 日，科技部、发改委和财政部三部委组织对专项实施方案进行综合论证。2008 年 6 月 11 日，国务院常务会议审议并原则通过专项实施方案。在重大专项领导小组的领导下，实施工作组及实施管理办公室全面推进重大专项的组织实施，总体进展顺利，取得初步成果。

重大专项任务与企业科技计划紧密结合，65 个项目已进入实质性攻关阶段，采用边研究、边试验、边应用的攻关模式，加速了阶段成果的形成，部分项目取得重大突破。

重大装备研制。10 项重大装备已经完成设计，进入研制阶段，部分装备取得阶段性成果，如“全数字万道地震数据采集系统”的大型地震仪样机研制成功，野外试验采集 1 500 套数据，仪器稳定性和采集数据的精度与进口的同类仪器水平相当；3 000m 深水半潜式钻井平台建设顺利；3 000m 深水铺管起重船正在进行船舶分段建造、管系制作和预舾装等工作。

重大技术攻关。20 项重大技术攻关全面展开，陆上油气勘探在低孔渗砂岩成岩相与成岩圈闭评价方法、断陷盆地复杂地质体精细地质模型术，陆上油气开发在陆相沉积环境单砂体识别与划分方法、三次采油聚合物及复合驱油技术，8 ～ 12 缆作业能力拖缆船的总体设计与关键技术，海洋油气勘探开发在近海富烃凹陷定性评价和隐蔽油气藏识别技术，海外油气勘探开发在五大油气合作区石油地质资源现状分析，煤层气勘探开发在中、高煤阶煤层气成藏模式及钻井工艺及配套工具等方面，取得了突出进展。

示范工程建设。22 项示范工程中的 20 项示范工程建设全面加速实施，加大企业投入，与勘探生产结合紧密，取得显著成效。如：“塔里木盆地库车前陆冲断带油气勘探开发示范工程”建设在克拉苏深层发现预测储量 1 672 亿立方米的克深 2 大气田，为西气东输工程提供了资源支持；“松辽盆地喇萨杏高含水油田提高采收率示范工程”三次采油聚合物及复合驱油技术提高采收率初见成效，有力支撑了大庆油田原油 4 000 万吨持续稳产；“鄂尔多斯盆地大型岩性地层油气藏勘探开发示范工程”建设初步形成低成本开发配套技术，为长庆油田油气当量快速上产提供了技术支撑。胜利油田高温抗盐聚合物驱技术初见成效，吉林油田含 CO_2 气藏安全开发和低渗透油藏 CO_2 驱提高采收率配套技术的现场先导试验显示了很好的苗头。

第七节
大型先进压水堆及高温气冷堆核电站

改善我国能源结构，关键是要积极发展核电，提高核电在一次能源中的比例。加快大型先进压水堆及高温气冷堆核电站重大专项实施步伐，以三代核电技术引进为契机，推进技术升级，建立先进的核电技术体系对于我国核电产业发展具有非常重要的意义。

“十一五”期间，先进压水堆专项在引进、消化、吸收 AP1000 的基础上，进行再创新，开发出安全性与 AP1000 相当、经济性优于 AP1000、具有自主知识产权的 CAP1400 核电机组，并建成示范工程，这将极大提高我国核电的自主创新能力，在较短时间内使我国压水堆核电技术升级换代，跻身世界前列。

高温堆专项在 10MWth（热功率）高温气冷试验堆的基础上，实施再创新，开发出 200MWe

（电功率）的高温气冷堆核电机组，建成示范工程，在世界上首次建成球床模块式高温气冷堆商用示范电站，使在高温气冷堆燃料元件生产、堆芯设计、关键部件制造等方面，系统地掌握以专利和专有核心技术为代表的自主知识产权，在先进反应堆的安全法规和技术标准制定上拥有很大的发言权。

2008 年 2 月，国务院常务会议审议通过了“大型先进压水堆及高温气冷堆核电站专项实施方案”。先进压水堆专项主要围绕 CAP1400 开发目标，继续开展 AP1000 技术消化吸收、重大共性技术课题研究、保障配套条件论证，以及示范工程厂址研究等进一步优化了总体设计技术参数，开展了核蒸汽供应系统、蒸汽发生器、压力容器等关键系统和设备的设计分析研究。同时，AP1000 技术消化吸收取得初步成效。包括 AP1000 核岛设计技术、自主化 AP1000 标准设计、反应堆压力容器制造、钢安全壳制造等一批消化吸收课题已经先期启动。自主化 AP1000 总体技术方案已经完成。

高温堆专项加强技术攻关力度。利用高温气冷堆已有技术基础，充分发挥国内各方面的科研力量，组织开展主氦风机关键技术研究及试验验证等一批科研技术攻关和工程验证。全面启动专项条件保障项目建设，重点开展燃料元件生产线、大型氦气试验回路及工程实验室建设等条件保障项目。大力推进示范工程项目建设工作，预期华能山东石岛湾核电厂高温气冷堆核电站示范工程一期工程计划 2009 年 9 月份开工建设。

第八节
水体污染控制与治理

水体污染控制与治理专项立足于水污染控制和治理关键科技问题的解决与突破，选择三河（海河、辽河、淮河）、三湖（太湖、巢湖、滇池）、一江（松花江）、一库（三峡库区）等重点流域开展水污染控制与治理的综合示范。

“十一五”阶段目标是：针对流域（区域）水污染特征，开展水环境生态功能分区研究，通过对湖泊、河流、城市饮用水安全和水环境管理、监控与预警关键技术的研究，初步构建适合国情的水污染防治综合管理技术体系和水污染控制技术体系与水污染防治长效机制；示范区污染物排放总量削减 20%以上，水环境质量明显改善，饮用水水质基本达标；最终为实现“十一五”水污染物排放总量削减 10%的约束性指标以及国家重点流域水污染治理工程提供强有力的技术支撑，促进示范区域经济社会可持续发展。

层层分解专项总体目标、重点任务和研究内容。依据国务院常务会议审议通过的总体实施方案，自上而下形成了专项、主题、项目、课题四个层次。水专项领导小组结合各流域和地方水污染治理科技需求，编制6个主题实施方案、33个项目实施方案和238个课题实施方案。

深入实地开展调研，落实配套保障条件。水专项管理办公室组织有关专家在松花江、太湖、巢湖、滇池、洱海、海河、辽河、三峡、东江等重点流域开展了实地调研，初步落实了示范工程、配套工程和依托工程，明确了配套经费来源。

科学组织项目（课题）实施方案论证。在实地调研考察的基础上，对实施方案相对成熟、配套保障条件基本得到落实的项目（课题）组织论证，通过定向、择优委托和招投标的方式确定承担单位。已立项223个课题。

组织总体专家组科学编制实施计划，该计划兼顾了东、中部地区和西部地区之间的差异，体现了产、学、研联合的机制。

第九节
转基因生物新品种培育

转基因生物新品种培育专项的实施目标，是要获得一批具有重要应用价值和自主知识产权的基因，培育一批抗病虫、抗逆、优质、高产、高效的重大转基因生物新品种，提高农业转基因生物研究和产业化整体水平，为我国农业可持续发展提供强有力的科技支撑。

专项针对我国动植物转基因研发和产业化发展中急需解决的关键问题，以培育转基因新品种为中心，重点突破功能基因克隆与验证、规模化转基因操作、生物安全评价三大核心技术，与常规技术结合，建立和完善优异种质创新、新品种培育和规模化制种三大技术平台，创建转基因动植物中试和区域示范基地。

在启动实施过程中，专项坚持按照国务院关于实施重大专项的总体要求，注重组织协调，积极创新组织管理机制，妥善处理和解决好相关重大问题。转基因专项涉及生物安全等敏感领域，产业发展受到政治、经济、贸易等综合因素的影响，社会关注度高，关联性大，需要通过跨部门跨学科的大协作。在任务落实过程中，整合了国内外先进的转基因技术成果，充分利用已有科技计划形成的功能基因、转基因技术、新材料和已建成的基础条件设施；整合了不同部门、地方、企业以及不同学科领域的优秀专家和研究团队，围绕专项目标，开展协同攻关，形成优势互补；整合了行政管理和技术管理的作用，实现了两者的有机结合，充分发挥了专家的战略咨询、技术指导和监督作用。

第十节
重大新药创制

重大新药创制专项在“十一五”期间的目标为：1 ～ 2 个具有我国自主知识产权的创新药物能够在发达国家完成或基本完成临床试验，迈出新药研究开发国际化重要的一步；3 ～ 5 个 GLP 新药临床前安全评价及 3 ～ 5 个 GCP 新药临床研究技术平台实现与发达国家的双边或多边互认，推进我国新药研究与国际规范接轨；建立现代化、国际化的综合性创新药物研究开发技术大平台、专业性新药研发单元技术平台和企业为主体的创新药物孵化基地，推动企业逐步成为药物技术创新的主体，基本建立完整的国家药物创新体系，支撑创新药物研发和产业的可持续、跨越式发展。

组织实施管理体系进一步健全。2008 年，成立由卫生部、总后卫生部、中医药局和食品药品监管局相关负责人组成的专项实施协调小组，负责协调专项实施过程中的重大事项。成立了卫生部专项实施领导小组，切实落实行政管理责任。同时，依托科技部中国生物技术发展中心，在各成员单位推荐人员的基础上，建立了专项实施管理办公室。成立专项总体组，落实技术主体责任。

为了充分调动社会各界的积极性，制定了包括专项组织实施细则、知识产权管理、专项保密工作方案、课题管理办法、档案管理办法等在内的系列管理规定，建立了比较完善的组织管理制度体系。大部分课题采取“公布指南、自由申请、专家评审、择优委托”的“自下而上”的方式组织实施；而在与药物评价、审评、认证和检验标准等有关的任务落实中，采取“定向单位申请、专家论证委托”的“自上而下”的方式组织实施。

2008 年年度计划、“十一五”阶段实施计划以及“十一五”计划第一批课题、第二批课题申报指南均经过总体组讨论通过。课题评审前，由总体组专家确定评审原则。依靠专家确定可量化的评分标准，按照专家评分结果遴选课题等。注重发挥各部门作用，在重大问题和委托课题确定等工作中，积极发挥了相关部门作用，充分听取其意见和建议。

根据专项两批评审情况，对照重大新药创制重大科技专项《实施方案》提出的目标，结合应对国际金融危机的国家需求，组织专家组进行研究内容查重、成药前景评估和专利情况审核，对拟立项课题设置方案进行优化和调整。以确保课题遴选质量，提高立项课题自主知识产权的拥有率。

2008 年共部署 121 项课题。其中，部署创新药物研究开发临床研究品种 45 项课题，药物大品种技术改造 36 项课题，创新药物研究开发 GLP、GCP 平台 28 项课题，企业新药物孵化基地建设 12 项课题。

第十一节
艾滋病和病毒性肝炎等重大传染病防治

“艾滋病和病毒性肝炎等重大传染病防治”重大专项的目标是，构建艾滋病、病毒性肝炎等重大传染病的防治体系，自主研发传染病诊断、预防和防护产品，制定适合我国国情的重大传染病临床治疗方案，建立与发达国家水平相当的防治技术平台，为降低发病率、病死率提供科技支撑，为提升新发传染病应急处置能力提供有效手段，为带动相关产业发展提供坚实基础，为培养传染病防治人才队伍提供必要条件，最终实现全面提高我国传染病的预防、诊断、治疗和控制水平，完善国家传染病综合防控、应急处置和科学研究三大技术支撑体系，为提高人民健康水平，保证国家安全、社会和谐稳定和经济持续发展，提供科技支撑。

2008 年 6 月 11 日国务院常务会议审议通过“传染病”专项实施方案后，卫生部和总后卫生部加强组织领导，探索机制体制创新，建立并完善组织和技术管理体系，坚持集体决策、充分依靠专家、确保科学、公平、公正的原则，通过并制定一系列管理制度、严格的工作程序和严明的纪律。

专项实施协调小组由组织实施部门相关领导组成。所有专项实施计划、课题设置方案和经费预算安排等重大事项均由实施领导小组、实施协调小组、部务会和专项领导小组集体审议通过后上报。真正做到在决策前充分研究协商，在重大问题上集体决策，在落实中形成执行合力，在技术上依靠专家、在管理上严格遵照程序。

专项实施办公室由牵头组织部门主管司局领导和专项领导小组各成员单位推荐人员组成。遵循“把握程序、确保目标、依靠专家、提供服务、及时调整、质量控制”的工作原则，既充分保障了总体组专家在技术上发挥把关作用，又确保了专项实施中目标方向不偏离。专项实施采取了“先定规、后操作”的管理方式，制定了严格的程序、纪律和保密规定，保证了工作的有序开展。

实施过程中，充分发挥专家在项目立项、计划编审、项目评审、监督评估等方面的作用，提高了管理工作的科学性、专业性、公正性，使实施计划紧密围绕专项目标科学部署。同时，还成立监督评估组，对专项任务确定程序、学术道德等进行全程监督评价，初步建立了内部监督机制。

2008 年，通过公开征集课题、择优委托方式共确定 187 个课题。

第十二节 大型飞机

2007年2月国务院常务会议原则批准大型飞机研制重大科技专项正式立项，同意组建大型客机股份公司，尽快开展工作。2007年8月，胡锦涛总书记主持中央政治局常委会，听取大型飞机重大专项领导小组的工作汇报，决定成立大型客机项目筹备组。

2008年2月，温家宝总理主持召开国务院常务会议，审议并通过航空工业体制改革方案和中国商用飞机公司组建方案，决定全面启动航空工业改革调整工作。5月11日，作为实施大型客机项目主体的中国商用飞机有限责任公司在上海隆重揭牌。

10月7日，中国商飞公司上海飞机客户服务有限公司在沪正式挂牌成立。该公司将承担大型客机和支线飞机国内外客户服务的科研、技术研究、体系建设和全寿命客户服务工作的实施，业务范围包括维护维修与飞行训练、航材与设备租赁维修、航空运输服务技术开发咨询以及民用航空技术劳务合作等。飞机客服公司的成立是我国大型客机研制市场化、产业化、系列化发展的重要标志。自中国商飞公司成立后，大型飞机研制专项立即组建了一支来自全国47家单位，超过300人的大型客机联合工程队，组织开展大型客机的技术经济可行性研究、总体技术方案论证和关键技术攻关，总体设计、系统规划、科学论证我国大型客机研制的总体蓝图。

2008年11月28日，中国首架拥有完全自主知识产权的ARJ21-700新型涡扇支线飞机在上海成功实现首飞。ARJ21-700飞机项目从开始就严格按照国际适航条例和中国民航适航要求进行设计和研制，管理上采用国际通行的“主制造商－供应商”模式。ARJ21新支线飞机六年的研制工作，为建立中国民机研制生产体系，推进大型客机项目的实施积累了宝贵经验。

2008年10月，国务院批复同意组建中国航空工业集团公司，整合以原中航第一集团公司和第二集团公司为主的航空工业资源，强化专业化、特色化建设，突出主业，优化内部资源配置，军民统筹，推进与社会资源的结合，提高资源使用效率，注重创新，提升综合效益，促进中国航空工业做强做大。

截至2008年底，大型客机技术经济可行性研究基本完成，初步总体技术方案基本形成。围绕大型客机的总体设计、系统集成、总装制造、原材料、客户服务等领域，筛选启动了一批关键技术攻关项目。此外，中国商飞公司在项目管理、供应商管理、适航管理、质量管理、市场营销、客户服务管理等方面也取得一定进展。

第十三节
载人航天与探月工程

“载人航天与探月工程”包括两个工程，即载人航天和“嫦娥”奔月，既相互独立又相互联系。

◎ 载人航天

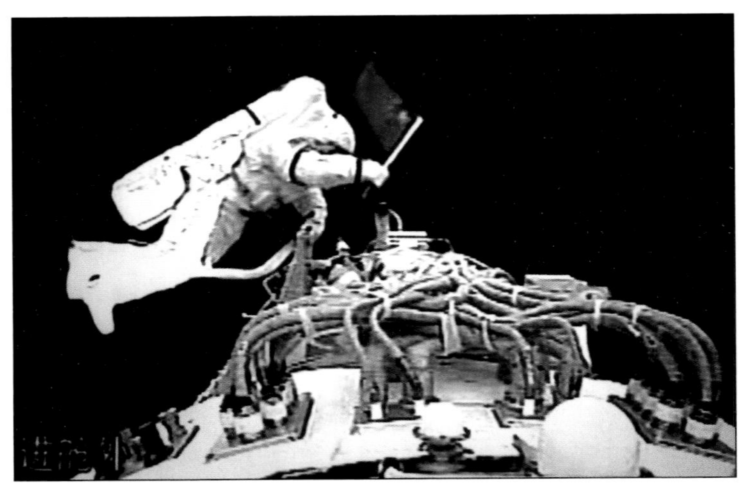

图 4-2　2008 年 9 月 27 日，执行神舟七号载人航天飞行出舱活动任务的航天员翟志刚出舱行走

根据载人航天“三步走”发展战略，在完成神舟七号载人航天飞行任务、突破出舱活动技术之后，中国将要突破载人航天和空间飞行器的交会对接技术，研制和发射空间实验室，解决有一定规模的、短期有人照料的空间应用问题，初步计划在 2011 年左右发射一个空间目标飞行器（即简易的空间实验室），之后发射无人和载人飞船，进行交会对接试验。初步规划在 2020 年左右建成载人空间站，解决有较大规模的、长期有人照料的空间应用问题。

2008 年 9 月，翟志刚在完成了一系列空间科学实验，并按预定方案进行太空行走后，安全返回神舟七号轨道舱，这标志着我国航天员首次出舱活动取得成功，中国人的足迹第一次留在了茫茫太空。

◎ 探月工程

探月工程“嫦娥一号”卫星于 2007 年 10 月 24 日成功发射，11 月 7 日成功进入环月工作轨道，截至 2008 年 10 月 24 日，共获得 1.37TB 的有效科学数据。2008 年 11 月 12 日中国首次月球探测全月球影像图的公布，标志着中国首次月球探测任务圆满完成。

2008 年，探月工程二期正式立项并顺利启动，计划于 2011 年底前发射“嫦娥二号”卫星，将 CCD 相机的分辨率由 120m 提高到 10m，深化月球科学探测。研制并发射“嫦娥三号”探测器，实现月球软着陆和巡视探测，开展月表地形地貌与地质构造、矿物组成和化学成分、月球内部结构、地月空间与月表环境探测和月基光学天文观测等活动，建成基本配套的月球探测工程系统。

月球探测的开展，将是中国迈出深空探测的第一步，对填补中国在深空探测领域的空白有重要意义。

第五章

科技奥运与应对重大突发事件

2008 年，中国成功举办奥运会，实现了“绿色奥运、科技奥运、人文奥运”的目标；遭遇了南方冰雪灾害、5·12 特大地震、全球性的金融危机，科技在支持奥运成功举办和应对突发事件等方面发挥了重要作用。

第一节
科技奥运

“奥运科技行动”以全面实现绿色奥运、人文奥运为目标，有效集成支持奥运需求的科技资源，为成功举办北京奥运会提供先进、可靠、适用的科技支撑。通过科学技术与奥林匹克精神的融合，使奥运会成为传播科学知识、提高科学素质、促进科技进步、惠及人民大众的社会大舞台。

一、实施“奥运科技行动”计划

科技部、北京市政府、北京奥组委等 13 个部门和单位，组成“奥运科技行动计划领导小组”，启动实施了“奥运科技行动 2008 计划”（简称“行动计划”）。

◎ 主要工作目标

针对奥运筹备建设面临的新形势，特别是节能减排、应对全球气候变化的新需求，“行动计划”设立了六大主要工作目标。

◎ 重点工作任务

实施科技奥运重大项目。根据科技奥运的技术需求，开展了“北京智能交通（ITS）规划及实施研究”，“电动汽车运行示范、研究开发及产业化项目”等 10 个重大项目，涉及建筑、交通、生态环保、安全、信息及体育科技等多个领域。

奥运科技行动计划六大目标

专栏5-1

在奥林匹克中心区域的交通实现“零排放”，在中心区域的周边地区和奥林匹克交通优先路线上实现“低排放”；使太阳能、风能和地热等绿色能源在奥运场馆的采暖、制冷等方面的供应达到26%以上；在奥运主要场馆及设施大面积使用半导体照明和地（水）源热泵等高效能源利用技术，实现节能60%～70%；实现奥运场馆（区）多年平均雨水综合利用率超过80%，奥运场馆内中水回用、污水处理再生利用率达到100%；实现市区道路路网群体交通诱导覆盖率达到80%以上，奥林匹克交通优先路线平均时速不低于60公里，以及对5 000辆奥运车辆的监控服务；基本实现四个“Any”的奥运信息服务目标，满足奥运会期间各方面的个性化信息服务需求。

启动“科技奥运专项”。结合2008年北京奥运的实际科技需求，在支撑计划中设立了“科技奥运专项”，重点在奥运赛事和大型活动技术保障与服务、奥运工程建设、“夺金”体育科技、奥运城市建设等五大方面进行支持。

开展“支撑绿色奥运科技专项行动”。围绕实现奥林匹克公园中心区域“零排放”等目标，重点在新能源汽车、绿色能源技术、节能技术与产品、奥运信息服务、奥运交通服务等六大方面，安排了面向节能减排、环境保护各类技术集成应用的重点项目。

集成全国科技资源，为奥运建设提供技术支持与服务。以863计划、支撑计划等国家科技计划为主体，联合北京市等成员单位共同实施了一大批科技奥运项目，集成全国科技力量，全面投入科技奥运建设。项目（课题）国内外专利申请数量已超过320项，经授权专利已逾180项。

表5-1 “行动计划”成员部门科技奥运项目投入情况

有关部门	项目（课题）总数（项）	中央专项资金（亿元）
科技部	353	6.50
国家体育总局	362	0.70
国家自然基金委	355	1.16
中国科学院	12	0.13
国防科技工业局	6	0.30
中国气象局	29	0.04
北京市科委	117	1.88
合　计	1 234	10.71

积极利用国际资源，开展“科技奥运”国际合作。与欧盟、美国、澳大利亚和国际奥委会等国家和组织建立了科技奥运合作关系，建立了“中－欧数字奥运工作组”等协调机制，共同确立了有关合作框架和近100个重点合作项目；与美国能源部围绕天然气利用、分布式电源发展、绿色奥运资源规划等能源议题方面开展了合作；与澳大利亚开展了食品安全、医疗保障和气象科研等12个领域的项目合作。

二、科技奥运关键技术及成果

科技奥运，不仅保证了北京奥运会成为奥运史上科技含量最高、绿色和环保程度最高的一届奥运会，而且极大地推动了中国的科技进步和创新。

◎ 开闭幕式、火炬传递与场馆建设技术

大型体育活动开闭幕式分析和奥运科技专题研究、开闭幕式创新焰火等项目，突破了奥运会开闭幕式、火炬传递等大型活动中的关键技术；建立了大型体育活动开闭幕式数据库，可以采用信息监测及智能化信息处理技术进行开闭幕式的数据采集和分析，为北京奥运会开闭幕式的组织管理、技术选择提供了可操作性的具体指导意见；奥运火炬燃烧关键技术研究攻关项目，解决了奥运火炬在复杂多变天气条件，甚至在珠峰极端环境下持续稳定燃烧的难题。

图 5-1　2008 年 5 月，科技奥运成果在北京科博会上集中展示

采用灌注桩基础工程施工、超长结构混凝土裂缝控制、新型膜结构和膜材料等关键施工技术，保证了“鸟巢”和“水立方”的顺利完成，成功塑造了国际一流水平的奥运“精品”工程。

◎ 智能交通与信息技术

北京市智能交通（ITS）规划及实施研究项目的实施，构建了基于覆盖全市的千兆宽带网和无线集群通信网络为支撑的智能交通管理平台，形成了覆盖市区主要道路的智能化监控系统，实现了对全市机动车、驾驶员动态和全方位的行政执法管理和市区主干道群体交通诱导 80%以上的目标。

奥运会 / 残奥会信息系统开发等技术集成开发和应用项目，改变了奥运会信息系统只能由外国 TOP 赞助商独家提供的状况，形成了我国企业和国外 TOP 赞助商同台竞技的局面。中英文同步显示系统项目，集中攻克核心关键技术，打破了历届奥运会只以英文作为显示语言的历史。

多语言综合信息服务网络系统研究成果，基本实现了通过电话、互联网、移动设备、信息咨询台等多种方式为300多万名奥运会注册人员、国内外观众和旅游者提供相关奥运赛事和城市服务的多语言综合信息服务。高性能对地观测小卫星“北京一号”，广泛服务于北京城市建设和环境监测等方面。第三代移动通信TD-SCDMA系统、高清晰电视、移动多媒体广播等一批先进信息技术应用于北京奥运服务，丰富了公众信息服务方式。

◎ 安保、食品安全等技术

奥运体育场馆防火系统设计技术研究项目，提出了奥运体育场馆火灾安全性能化评估方法，该方法已应用到多项奥运重大工程的风险评估和消防性能化设计中；图像型光截面感烟火灾探测器等技术和设备能够在早期探测到火灾的烟气运动，有利于大空间体育场馆内及时发现火灾隐情。

食品安全关键技术研究等项目共研制出农药、兽药、痕量与超痕量有机污染物、食品添加剂、饲料添加剂、违禁化学品和生物毒素等有害物质检测设备13件（套），检测方法54项，试剂盒25个及农兽药检测流动车。在食品安全生物有害因素的研究方面，研制出禽流感病毒荧光RT-PCR快速诊断试剂盒，建立了水泡性口炎病毒、口蹄疫病毒、猪瘟病毒和猪水泡病病毒的实时荧光定量PCR检测技术。

◎ 体育科技攻关

在竞技体育科技攻关方面，一批项目已经取得重要成果。奥运会射击比赛用运动枪、弹研制、数字化三维人体运动的计算机仿真研究等重点项目已经在国内外体育比赛中发挥了重大作用。提高体能类项目优秀运动员竞技能力关键技术的研究、提高集体球类项目竞技运动水平的研究等项目，解决了体育训练中的一些紧迫性、关键性问题。通过组织实施兴奋剂检测技术与方法研究、兴奋剂重组生长激素检测方法研究等项目，促进了中国兴奋剂检查、检测技术水平的提高。

◎ 节能减排绿色奥运关键技术

纯电动和燃料电池等新能源汽车、太阳能和风能发电技术、发光半导体（LED）等高效节能新技术、雨洪利用、中水回用、污水处理及再生利用等技术在北京奥运会成功应用。

建立了奥林匹克森林公园区域性生态系统示范工程，防沙治沙等重大科技项目构筑了北京奥运的重要绿色生态屏障。成功培育出能够在8月份盛开的花木700多种，能够全面满足奥运会用花的要求。大气污染预报、预测和预警技术等研究项目，为2008年北京奥运会“蓝天工程”提供了技术保障。

三、成果推广及产业化

◎ 实施“十城千辆”工程

新能源汽车经过了北京奥运会的历练，即将进入规模化产业发展阶段。实施“十城千辆”工程，旨在以科技创新和产业振兴政策支持自主创新，以财政政策鼓励在公交、出租、公务、环卫和邮政等公共服务领域率先推广使用节能与新能源汽车。计划用4年时间示范各类新能源汽车6万辆，扩大销售100亿元以上，进而带动新能源汽车产业发展，使新能源汽车产业总产值达到300亿元。建立国家与地方协同推进的组织协调机制，出台国家和地方的产业化扶持政策，加速节能与新能源汽车企业发展，为顺利实现节能与新能源汽车大规模产业化和清洁发展奠定基础。

◎ 实施“十城万盏”工程

配合目前国家节能减排行动计划的实施，在更大范围推广应用北京奥运建设中成熟的节能减排新技术成果，在21个城市开展“十城万盏”半导体照明应用工程试点工作。计划用3年时间，在试点城市推广使用600万盏LED功能性照明和景观照明产品，直接拉动内需150亿元，年节电10亿度。到2015年，半导体照明进入30%的通用照明市场，年节电1 400亿度，半导体产业规模达到5 000亿元，出口300亿美元，创造100万人以上就业，成为世界半导体照明产业三强。

◎ 实施“金太阳”工程

开展城市百万盏（十城十万盏）太阳能照明应用示范和城市百万屋顶计划，组织开展农牧用户太阳能产品成套技术推广，组织实施兆瓦级沙漠光伏电站示范等。力争5年内将太阳能发电的成本降低到初步具备与火电等传统能源竞争的能力；到2015年实现装机容量250万千瓦，国内光伏市场形成年产值200亿元，创造9万个就业岗位。2015年主动式供热采暖建筑面积达到300万平方米，被动式采暖太阳房的建筑面积达到600万平方米，到2020年建立若干个5万千瓦光热电站。

第二节
抗震救灾

2008年，按照党中央、国务院关于抗震救灾的一系列决策部署，科技战线积极行动、快速应对、主动出击，全力开展科技抗震救灾工作，最大限度地发挥科技在抗震救灾中的重要作用。

一、科技抗震救灾

◎ 充分利用遥感技术

高精度遥感遥测技术为中央及时、准确掌握灾情提供有效支撑，率先对唐家山堰塞湖次生地质灾害提出预警，为采取应对措施争取了宝贵时间。宽带无线交互多媒体系统的成功应用，为救援方案提供了现场信息，尤其是在唐家山堰塞湖抢险工程中发挥了巨大作用。国家遥感中心共获取近千景国内外卫星遥感影像和航空遥感影像，解译、制作了40余幅近500余份灾区灾情影像分析图，3种系列共27册灾区遥感监测影像图集，同时上报灾情分析报告，为国务院抗震救灾总指挥部进行决策提供了科学依据。将灾区遥感监测影像及分析处理结果及时提供给有关部门和地方，随时提供遥感信息和技术服务。

◎ 迅速组织跨部门跨领域专家

紧急召开地震灾情和科技应对措施分析会，科技部联合多部门联合组成抗震救灾专家组，借鉴唐山地震经验，提出服务汶川地震的建议。专家组先后派出4个工作小组分赴四川、陕西、甘肃地震灾区进行实地考察，协助国家汶川地震专家委员会开展灾害评估工作。专家组每天定时召开会议，开展对地震灾情和抗震救灾的综合分析，提出抗震救灾和灾后恢复重建的政策建议和技术对策，及时报送国务院抗震救灾总指挥部，在制定相关政策时发挥了重要作用。

◎ 积极组织对口支援

紧急安排科技抗震救灾应急经费。从科技经费中紧急安排500万元，直接支援四川地震灾区和技术支撑工作。在国家科技计划中安排3 000万元，用于支持地震灾区的科技抗震救灾应急项目。先后在安县花荄镇中学、北川中学、彭州市小渔洞镇建成3 000多平方米简易教室和住房，为北川中学捐建了网络多媒体教室。选择7个重灾县，组织部分省（区、市）科技部门支持其恢复科技基础条件和能力，为20多个重灾区县市科技局捐赠了32台吉普车。选派得力干部驻川协助开展抗震救灾与恢复重建科技工作。动员各地方科技管理部门、创新型企业开展捐赠和对口支援。

◎ 筛选组织实用高新技术产品和装备

紧急组织了五批共计74种抗震救灾物资支援灾区，主要包括救灾中急需的药品、医疗装备、照明设备、净水器、通信设备、汽车、钢结构装配式快速建成建筑、农村简易房、生态厕所和农业生产恢复急需的良种、相关农用物资等高科技产品。并应民政部要求，将55类的抗震救灾高科技产品列入政府采购序列。其中，便携式太阳能光伏电源、卫星移动通信设备、警用数字集群通信系统、网络教室设备等一批高新技术产品为抗震救灾中的能源供应、救援指挥、运输保障提供了有力的科技支撑。为灾区组织了部分救灾中急需的动物疫苗、净水剂、净水器等6类高科技产品。

◎ **积极应用国家科技计划成果**

国家863计划最新成果宽带无线交互多媒体系统，被成功应用于前线指挥部与各救灾现场之间的应急通信与现场指挥，并将唐家山堰塞湖视频图像实时传送抗震救灾总指挥部。科技支撑计划“区域协同医疗服务示范工程”在灾区首次开展了远程放射影像诊断，“科学仪器设备研制与开发”为灾区提供了近2 000台/套快速检测仪器设备、试剂盒超过60万套，科技支撑计划村镇建设领域和现代农业领域的创新技术成果在农村抗震住房建设示范和农业生产应急恢复等方面发挥了积极作用。国家重点实验室、基础条件平台数据共享工程发挥各自优势，在震灾评估、灾区心理干预、地质灾害防治等领域开展了卓有成效的工作。国家科技图书文献中心整合4万篇相关科技文献，开通“抗震救灾科技文献专题”网站，围绕地质、地震、卫生防疫、建筑、灾后重建、水利水库和心理援助等重点提供专门服务，为科学有效开展抗震救灾工作提供重要科技文献支撑。

◎ **编写实用技术手册和宣传资料**

编制了《卫生防疫与心理援助》、《食品营养与安全》、《安全饮水与供水》、《建筑安全诊断与重建》、《地震安全诊断与重建》、《地震次生灾害应急实用技术》、《抗震救灾公共卫生技术手册》、《抗震救灾食品安全技术手册》、《农村地震灾区灾后恢复重建技术及产品手册》、《抗震救灾应急分析测试技术手册》、《震后卫生防病知识问答》等一批手册，提出了《科技服务农村地震灾后恢复重建工作方案》，设计了《重建家园的建筑知识》科普挂图、《汶川大地震灾后恢复重建常识系列》折页宣传材料，为灾区抗震救灾和恢复生产提供帮助。

◎ **开展技术咨询和援助等综合服务**

组织专家先后分三批赴地震灾区一线，开展了水源和饮用水、帐篷和活动板房室内空气质量、食品安全、土壤安全、放射性等大量检测分析服务，为灾区环保部门、卫生部门等提供技术培训、仪器捐赠、技术解决方案等紧急援助；研制并发布国家标准《水质组胺等五种生物多胺的测定——高效液相色谱法》；为农村毁损房屋恢复重建规划的编制提供技术咨询、为农民建设永久性住房提供设计，完成24种不同户型的房屋设计。

◎ **开展在后快速需求调查**

为了充分了解灾区居民的生活状况及政策需求，为重建规划和相关政策制订提供基础数据支持，2008年7月，科技部委托中国科学技术发展战略研究院在四川省地震灾区对灾区居民进行了一次快速需求调查，样本覆盖了成都、德阳、绵阳和广元市的26个受灾县（市、区）。该调查是“灾后快速需求调查”方法在中国首次大规模、大范围的实践，对震后重建具有重要的政策价值。

二、科技支撑灾后恢复重建

◎ 加强技术集成和示范

紧急启动科技抗震救灾专项行动，开展地震巨灾灾情综合评估，土地承载力的评估及灾后土地利用、灾区次生灾害隐患排查、灾区重建科学选址、灾区建筑废弃物资源化利用、灾后恢复重建数据应急获取与信息平台建设等科技快速响应内容；开展巨灾机理和预测研究、全国自然灾害风险等级综合评估、防灾减灾响应现场指挥技术系统研发后续科研工作。搭建汶川灾后恢复重建综合检测分析前端平台，形成稳定的、长期性的检测服务基地，积极开展非常规检测、不明危险物等复杂疑难问题的检测分析。

◎ 组织开展科技支撑灾后新农村建设工作

组织专家制定灾后新农村建设科技试点方案，为居民住房建设、产业发展、生态恢复和保障人民生活等多个方面提供技术支撑。组织专家制定了农村灾后科技培训方案，启动了地震灾后新农村建设技术集成与示范项目，集成农民生活、农业生产和农村生态恢复重建的先进科学技术，并在灾区示范推广。向社会征集“低成本抗震农村住宅”科技示范方案，为灾区提供“技术先进、设计合理、成本低廉、安全适用”住宅设计方案，节能抗震型农村生态住宅体系在汶川地震灾区重建中得到应用示范，示范建筑总面积为7 000m^2。

图 5-2　都江堰抗震示范房

◎ 实施科技支撑专项行动

启动了抗震救灾恢复重建科技支撑专项行动，围绕灾情综合评估、资源循环利用、绿色节能抗震建筑、地震灾后新农村建设等几个方面紧急安排了7个重大科技项目，以解决恢复重建中的重大科技问题。

◎ 国家科技计划加大支持

迅速启动科技应急机制，围绕汶川地震恢复重建科技快速响应、地震灾区建筑垃圾资源化与抗震节能房屋建设科技示范、灾后新农村建设技术集成与示范、地震发生机理与次生灾害防治等，帮助灾区迅速恢复重建，在国家科技支撑计划、973 计划及 863 计划等相关计划中共安排了 11 个重大项目，支持经费约 3.5 亿元。

第三节 抗击冰雪灾害

为应对南方地区低温雨雪冰冻灾害，科技部积极动员和组织全国科技力量，发挥科技作用，积极开展抗灾救灾及灾后重建工作。

一、积极应对启动科技专项

为加强科技应对低温雨雪冰冻灾害工作，科技部成立了科技应对灾害协调小组，召开了由多部门有关专家参加的科技减灾会商会，开通了与各受灾省、自治区的信息快速联络通道，组建了咨询专家组，及时掌握灾害信息及科技需求，提出充分发挥科技在抗灾救灾、恢复生产与重建中作用的整体工作部署，及时上报国务院。各受灾省（区、市）科技主管部门成立了科技应急领导小组，根据各自特点与科技需求纷纷制定了科技应急工作方案，紧急动员和部署，积极组织科技人员投入到抗灾救灾和灾后重建工作。

紧急调配 2 000 万元专项经费，下拨给 19 个受灾省（区、市）科技主管部门。专项重点支持近期抗灾救灾、灾后恢复生产与重建技术的筛选、集成与推广应用，为冰雪监测与灾后天气形势研判，地质灾害等诱发灾害评估与治理，灾后道路维护与保养，越冬作物保育等灾后重建提供切实可行的技术支撑。在农业种养殖预防性和应急性方面安排了主要经济作物减灾避灾关键技术集成与示范等重大项目，启动了极端气候条件下疾病发生规律及诊断防治技术研究等项目。各受灾省（区、市）科技主管部门也紧急安排资金，用于科技救灾工作。针对重大自然灾害防御及公共安全保障需求，全面部署应急技术库建设工作，优先开展公共安全和防灾减灾等社会公益性行业技术库建设，为科技应对突发公共事件和防灾减灾等提供应急技术保障。

二、推广应用成果加强技术指导

灾害天气精细数值预报系统及短期气候集合预测研究等国家重大科技项目的阶段性研究成果，为冰雪灾害预测预报做出了重要贡献；一批智能化工程机械、轨道交通设备和电力设备投入抗灾救灾工作，为恢复灾区道路交通和电力发挥了积极作用。全地面大吨位起重机在灾区各地投入使用，成为处理道路事故的主力机械；电网安全稳定实时预警及协调防御系统为华东电网和江苏电网安全运行提供了保障，在安徽、河南、陕西、山西和广东等电网恢复重建中得到推广应用；变压器核心器件 - 新型抗冰雪复合空心绝缘子经受了灾害考验，将在湖南省全面推广应用，更新所有发生事故或存在隐患的变压器绝缘子部件。

科技部组织各行业相关专家，紧紧围绕灾后重建急迫的技术需求，基于国家科技支撑计划、863 计划等国家科技计划研究成果，编制发布了《南方地区雨雪冰冻灾后重建实用技术手册》，包括灾后恢复生产与重建过程中农业、交通、电力、通信、生活与住宅等方面共计 311 项实用技术。各部门及地方科技主管部门也根据各自需求，组织专家进一步补充和完善灾后重建实用技术手册，及时发布并分送到基层。

科技部门采取各种方式，及时组织专家深入受灾第一线，开展技术指导与服务工作，指导灾后重建。如江西省科技厅组织万名科技人员下基层开展技术服务工作。宁夏 3 000 名农技服务人员在农民大棚度过春节。广东省科技厅专门成立了农业灾害科技应急中心。

各级科技主管部门充分利用各种信息资源，使更多的普通百姓第一次感受到民生科技就在身边。湖北省科技厅充分发挥“湖北农技 110”与农户直接沟通的便捷优势，切实做好农技服务。广西通过科技信息网和移动手机网络，将灾情应对技术短信发往受灾地区的“三农”科技服务网用户和移动用户手中。

第四节
积极应对国际金融危机

按照国务院的部署和要求，切实发挥科技进步和创新的作用，积极应对国际金融危机。

一、依靠科技进步拉动内需

◎ 加快高新技术成果转化

把加强自主品牌、自主知识产权的高技术产品出口摆在更加突出的位置，加大新技术、新产品的示范、应用和规模化推广力度，促进高新技术产业发展与传统产业技术升级，促进节能减排与环境保护，促进社会发展与民生改善；针对当前扩大内需、保持经济平稳增长的科技需求，对近几年来科技计划的实用技术和科技成果进行系统梳理，按工业与高新技术、农业、社会发展三大方面分别编印成册，发送给各有关部门和地方参考使用。

◎ 加快组织实施重大专项

国家科技重大专项已全面启动。集成中央、地方等社会各方面的资源和力量，攻克核心和关键技术，尽快在我国有优势的领域实现战略突破，形成在未来全球竞争格局中有优势的战略产业，培育新的经济增长点。

◎ 调整科技计划项目经费安排

配合中央的投资重点，进一步调整科技计划的安排重点，在农业与农村发展、节能减排与生态环境保护、高新技术产业化、传统产业技术升级、重大民生工程、重大基础设施建设等方面加大科技投入力度，加强核心和关键技术研发以及重大科技成果转化应用，为国家重大建设工程搞好衔接配套，增加建设工程的科技含量。

◎ 加强重大科技设施和条件平台建设

针对涉及当前产业发展、民生改善、生态环境保护的一些关键领域，建设一批国家重大创新基地、产业创新平台和科技基础条件平台，加强科技基础能力建设，提高科技持续创新能力以及长远服务经济社会发展的能力。

二、完善和落实自主创新政策

◎ 加大已有创新政策的落实力度

结合科技的实际情况，抓住机遇，加强与相关部门的协调沟通，加快《规划纲要》配套政策及其实施细则的落实，如企业研发费用税前加计抵扣政策、自主创新产品政府采购政策和首台首购政策等，引导企业提升创新能力应对金融危机。进一步加大对星火、火炬、新产品、农业科技成果转化资金等政策引导类计划的支持力度，加强科技成果转化政策的落实。加快高新技术企业的认定，以及国家自主创新产品的认定工作，鼓励企业加大研发投入，开展研发活动，研究新技术、开发新产品，推动产品更新换代和产业技术升级。

◎ 积极推动科技金融结合

加快构建多层次的资本市场，大力发展创业风险投资，尽快推出创业板，并进一步扩大新三板的试点范围，利用各地技术产权交易构造各地区科技型中小企业股权非公开交易市场；以国家高新区为承贷主体发行企业债券；积极探索成立科技发展银行，运用多种投融资手段促进企业创新创业和成果转化。

◎ 加大对科技型中小企业的支持

充分运用多元化的支持手段和方式，促进中小企业的成长壮大。在财政支持上，通过加大科技型中小企业技术创新基金的投入，加大对创新性强、技术市场前景好的科技型中小企业的支持。在金融扶持上，加大对创业引导基金风险补助、投资保障项目支持，通过对向科技型中小企业进行投资的创业投资机构以及被投资的中小企业进行投资或补贴，扩大中小企业投融资渠道。在管理服务上，加强面向中小企业的技术支撑和服务平台建设，特别是加快轻工纺织等重点行业的技术服务平台建设，加速成果转化和做好技术咨询等服务，保障行业整体的产能和出口平稳增长。

三、科技系统落实中央决策部署

◎ 各地积极调整科技工作思路和重点

各地科技管理部门组织力量及时开展调研工作，摸清实际情况。从服务于当前扩大内需的要求出发，围绕促进产业结构调整和优化升级，在认真筛选已有储备和有效衔接国家项目的基础上，围绕各地优势产业和领域，重点组织实施重大创新和产业化项目。湖南省科技厅围绕自主创新和产业结构调整、节能减排和生态工程建设、农村民生工程等，迅速组织了46个重大项目。江苏省科技厅在本省高新技术优势领域内重点选择了包括光伏、风力发电、重大自主装备，高新技术产业化、重大科技基础设施在内的15个重大科技项目。山东省以技术比较成熟的产业化前期项目为基础，启动实施了一批产业结构调整科技支撑重大专项。广东进一步突出优化产业结构，重点组织实施产业技术创新平台建设、绿色照明、装备制造业、科技服务培育等“十大创新工程”。

◎ 加大支持科技型中小企业

天津市拟进一步加大科技型中小企业技术创新专项资金的支持力度，培育一批具有高附加值、高市场占有率的产品和一批规模化发展的科技型企业。浙江省科技厅组织开展面向企业的“科技帮扶促调活动”，帮助企业开展技术培训、技术咨询和技术诊断，重点支持企业开发具有自主知识产权的新技术、新产品和新工艺，加速推进产品创新。江苏省启动实施“企业科技创新扶持计划”，集成各类资源，上下联动，实施一些“短平快”项目和中小企业创新扶持项目，帮助中小企业尽快提升产品竞争力、开拓产品市场和扩大产业规模。

◎ 加大创新政策的宣传和落实

各级科技管理部门以各种形式进一步积极推动企业研究开发费150%加计抵扣、高新技术企业税收优惠、科技金融等创新政策的宣传和落实工作，降低企业创新成本，引导企业加大研发投入，用足用好现有政策。浙江省科技厅专门成立宣讲团，赴各县市面向企业举办培训班和科技讲座，宣传国家和省级扶持自主创新政策和具体落实办法。浙江拟进一步深入探索兴办科技担保公司、小额科技贷款公司和科技开发银行。

◎ **加快创新平台和科技基础设施建设**

加快建设重点企业研发机构、重点实验室、科技企业孵化器、重点区域科技创新服务中心、科技中介机构等创新基地和服务平台。安徽省针对合肥、芜湖、蚌埠自主创新综合配套改革试验区确定发展的重点产业，建立若干产业共性技术研发平台，整合科技文献信息、大型仪器设备等公共资源，与长三角地区全面对接。

◎ **扩大国内外科技合作**

各地科技管理部门以各种形式主动吸纳国内外先进技术、成果和人才等创新资源，提升产业技术创新水平和企业持续创新能力。浙江省开展与中科院、工程院、清华大学等“两院十校”为重点的全面科技合作，江苏省利用国际产学研合作论坛开展国际产学研合作和跨国技术转移活动，广东省进一步实施百亿引才工程，重点引进国际高端人才与团队，做强高新技术产业。

第六章

节能减排科技进步

2008年，中国单位GDP能耗、二氧化硫、化学需氧量（COD）排放总量分别比2007年降低4.59%、5.95%和4.42%。节能减排科技工作稳步推进，全面部署和重点支持科技研发、应用示范与成果推广，攻克了一批关键、共性技术，推动组建了产业技术创新联盟，加快了相关科技支撑平台建设。

第一节 主要政策及工作进展

一、节能减排政策

2008年8月29日，中国颁布了《中华人民共和国循环经济促进法》，自2009年1月1日起施行。2008年7月23日，国务院公布了《公共机构节能条例》，自2008年10月1日起施行。国务院转发了《国家重点节能技术推广目录（第一批）》，涉及煤炭、电力、钢铁、有色金属、石油石化、化工、建材、机械、纺织等9个行业，共50项高效节能技术。科技部牵头发布了《矿产资源勘探开发技术政策》。国家发改委等部门联合修订完成了《当前国家鼓励发展的环保设备（产品）目录》。住房城乡建设部公布了《关于做好2008年建设领域节能减排工作的实施意见》；颁布了《民用建筑节能条例》，重点加强民用建筑节能管理，降低民用建筑使用过程中的能源消耗。国家开发银行发布了《贯彻落实国务院关于节能减排工作要求的实施意见》和《污染减排贷款工作方案》等配套政策措施，支持国家环保科技产业发展。有色金属行业制定了《有色金属工业节能技术推广专项规划》，重点推广17项重大节能技术。

一些地方政府制定颁布了节能减排相关政策。湖南省颁布了《湖南省节能减排科技支撑行动方案》，围绕长株潭城市群、湘江流域、环洞庭湖地区等重点区域和钢铁、有色冶金、建材、化工、造纸、火电、制革等重点行业，启动实施了5个节能减排科技重大专项。福建省出台了《关于金融支持福建省节能减排的指导意见》，重点对循环经济、节能环保产品的研发和生产、节能减排技术服务体系建设、节能减排项目的建设提供金融支持。天津市实施了《天津滨海新区综合配套改革试验总体方案 3 年实施计划(2008—2010 年)》,提出完善滨海新区技术创新和服务体系，组建节能减排等产学研联盟。辽宁省制定实施了《辽宁省节能减排科技支撑行动方案》。宁波市出台了《环境保护发展科技专项实施方案（2008—2011 年)》。

二、工作进展

2008 年，中国继续加大对节能减排科技工作的支持力度。“十一五”以来，科技部围绕节能降耗与提高能源利用效率、控污减排、探索大规模发展新能源和可再生能源等方面，973 计划累计投入经费 7 亿多元；围绕清洁生产、控污减排、新能源开发、资源综合利用等方面，863 计划开展了前沿技术研究和高技术集成应用，累计安排国拨经费超过 45 亿元；围绕清洁能源与可再生能源利用关键技术研究与示范、重点行业工业节能技术与装备开发、建筑节能关键技术与材料开发、资源综合勘探与开发技术、生态治理与恢复、重点行业清洁生产关键技术与装备开发等方面，国家科技支撑计划开展了关键技术研发和应用示范，累计安排节能减排和新能源相关项目 129 项，国拨经费 47 亿元；围绕生态系统、大气本底与特殊功能、材料腐蚀等国家野外科学研究观测研究站网络，以及气象科学数据共享中心、地球系统科学数据共享网等数据中心（网络）建设等方面，累计投入国拨经费 2.4 亿元；支持 184 个节能减排和新能源领域的国际合作项目，累计投入 2.95 亿元。截至 2008 年底，已认定国家火炬计划特色产业基地 209 家，其中涉及新能源和环境资源领域的有 11 家；共建立国家可持续发展先进示范区 13 个、国家可持续发展实验区 50 个、省级可持续发展实验区 100 多个，遍及全国 85%以上的省、市和自治区。“十一五”以来，国家自然科学基金批准资助节能减排和新能源各类项目 566 项，资助经费约 3.7 亿元。

中国启动实施了奥运科技行动计划，面向节能减排安排了一批技术集成应用和产业化示范项目，应用推广了一批先进适用技术，实现了预期节能减排目标。科技部启动了节能与新能源汽车“十城千辆”、太阳能利用“金太阳工程”、半导体照明“十城万盏”等技术示范与推广工程；组织实施了“科技节能减排专项”，重点开展社区、企业、村镇的节能减排综合科技示范和中小城市控污减排技术示范；召开了“第一届中美环保科技合作研讨会”、“气候变化与科技创新国际论坛”和“东亚峰会气候变化适应能力建设研讨会”。

2008 年，国家发改委等 14 部委启动了主题为“依法节能，全民行动”的全国节能宣传周活动，宣传贯彻《节约能源法》，普及节能法律法规；宣传本地区落实国务院《节能减排综合性工作方案》

图 6-1　蓝天下的北京城

以及进一步加强节能减排监督管理的有关情况。全国科普日期间，中国科协围绕“节约能源资源、保护生态环境、保障安全健康”主题，组织开展了 3 500 多项科普活动，宣传节能减排的科学知识和方法。国资委面向中央企业发布了《中央企业节能减排统计监测报表》，加强节能减排统计监测管理工作。农业部继续实施循环农业促进行动，研究发布了《农业部关于落实 2008 年节能减排工作安排的实施意见》，在全国组织开展了“节能减排农村行”活动，开展了农业污染源普查和太湖、巢湖等重点流域农业面源污染防治技术试点示范，启动实施了农业生态补偿试点，建立了一批农业面源污染综合防治示范区，新增户用沼气 500 多万户。环境保护部发布了造纸等 13 项含有特别限制的排放标准，针对钢铁、有色、农药、轻工等减排重点行业，发布了 17 项排放标准和 6 项清洁生产标准。国家开发银行设立专项贷款，重点支持太湖、巢湖、滇池治理等大型环保项目和钢铁、水泥、有色金属冶炼等传统产业技术改造和节能减排项目。

一些重点行业加强了节能减排科技工作。化工行业编辑了《石油和化学工业重点行业循环经济支撑技术》和《中国石油和化学工业污染减排支撑技术汇编》，编报了《行业资源综合利用技术攻关重点》。钢铁行业组建了可循环钢铁流程技术创新战略联盟，提高了高、焦、转炉煤气的利用量，损失率逐年降低，特别是转炉煤气回收量和企业自发电比例明显提高，其中，焦炉废塑料配入量最高达到 4%，优化配入量为 2%，已接近目前国外焦炉废塑料配入量上限；转炉煤气回收量达到 $100m^3/t$ 钢，达到国际先进水平；实现了连铸坯 2.2m/min 的高拉速和 800℃的热送直装，接近国际先进水平。有色金属行业制定了《有色金属行业重点用能企业能效水平对标工作方案》，编写了《有色金属行业重点用能企业能效对标活动指南》。2008 年铝锭综合交流电耗降到 14 323 千瓦时 / 吨，比 2007 年下降了 118 千瓦时 / 吨，节电 16 亿千瓦时。铜、镁、铅、锌等金属的单位产品冶炼综合能耗都有显著下降，全行业节能近 100 万吨标准煤。

一些地方政府通过多种形式，加大了对节能减排科技工作的支持力度。广东省启动实施了“节能减排与可再生能源”重大科技专项，研发推广重大节能新产品 22 个，创造直接经济效益达 29 亿元，预计每年可节约标准煤超过 280 万吨，减排二氧化碳和二氧化硫分别达 740 多万吨和 5 万多吨，直接回收工业有机废气 8 000 多吨。云南省设立“建设创新型云南行动计划”财政专项资金，重点实施节能减排科技创新工程等“八大工程”，全年技术节能超过 100 万吨标准煤，全省规模以上工业企业单位增加值能耗下降 8%以上。青海省在省级科技项目中加大了节能减排项目的投入力度，节能减排专项中投入资金达到了全省科技经费的 10%以上。湖南省启动实施了 6 个科技重大专项和 5 个节能减排科技重大专项。天津市实施了 7 个科技示范工程项目，促进资源节约、环境保护、节能减排等领域重大科技成果的转化。贵州省安排节能减排科技项目 31 项，加大了对环境污染防控技术的研发和推广应用的支持力度。河南省实施节能减排科技工程，首批选择 30 家企业作为节能减排科技创新示范企业。海南省实施节能减排科技行动，开展工业降耗减排、道路和景观照明、风光互补应用等方面研究，取得了初步成效。浙江省制定了《自主创新能力提升行动计划（2008—2012 年）》，明确提出将提升节能减排领域的创新能力作为工作重点之一。陕西省举办了以“科技节能降耗、展示减排成效、发展循环经济、建设生态陕西”为主题的首届节能减排博览会。上海市组织了“节能减排、生态文明”科普展。青岛市组织开展了节能减排宣传专题活动和“节能减排大型科普展”等一系列社区科普活动。北京、重庆、辽宁、河南、天津、浙江等地针对当地污染严重的特色行业发布了地方排放标准，削减了污染负荷。山东省大力支持节能减排监测、执法和标准体系建设，构建起自动监测、监察网络体系，实现了对重点工业、生活污染点源的实时监控，针对南水北调工程发布了全国第一个流域性水污染物排放标准。

第二节
研发进展

一、重大基础科学研究

研制出二氧化碳超重力法捕集纯化技术及装置，现已完成超重力法二氧化碳捕集纯化技术实验验证，适合油田油井分散、驱油过程间歇操作、二氧化碳气源（包括注汽锅炉烟气、油田伴生气等）气量波动大等特点。如果该技术在全国推广，可减排二氧化碳约 4 000 万吨 / 年，增产原油约 1 100 万吨 / 年。

开展了绿色二次电池新体系相关基础研究及应用。在研究电池失效机制的基础上，对失效锂离子与镍氢电池的电极材料进行回收再生，采用超声波振荡方法，使电池在非破坏状态下达到容量再生，实现了电池的循环再利用。通过生物淋滤技术将废旧电池中贵金属溶出，再借助选择性液膜萃取回收溶出的贵金属，实现资源的回收利用。从理论上指导了高功率动力电池的制备，其理论和技术成果已开始应用于混合动力汽车用镍氢与锂离子动力电池的开发，采用该技术的混合动力汽车可节油 20%～30%，并较大幅度降低汽车尾气污染物的排放。

二、关键、共性技术攻关

在高效燃煤发电等技术开发方面，掌握了超临界锅炉及成套装备核心技术，研制出 600MW 超临界锅炉，开发了具有自主知识产权的大型超临界锅炉系列产品设计平台，促进了清洁燃烧；形成具有自主知识产权的 1 000MW 超超临界褐煤锅炉关键技术，研制出 W 型火焰炉二次风下倾高效燃烧技术并在 300MW 锅炉上实现应用，研制了煤直接液化关键设备高压煤浆泵、高压差减压阀，实现部分应用。

在新能源技术开发利用方面，研制并实现了 XE72-2MW 直驱型永磁风力发电机组产业化，已批量生产；开发了整板型管板式光伏热水建筑一体化模块，研制出太阳能辅助土壤源跨临界 CO_2 空调与热泵热水系统；设计和建立了以 R245fa 为循环工质的 2kW 太阳能低温高效热电循环实验系统；研制出具有可连续加料、低耗能特点的 270KG 级铸锭炉；研制出额定输出 1kW 的聚光系统，聚光电池的能量转换效率超过 33%。

成功研制了装配式自保温板—柱—轻钢结构体系节能抗震房屋。与普通建筑相比可节能 50%～65%；经抗震性能试验，抗震设防可达 9 度以上；可大量利用建筑垃圾、粉煤灰、矿渣、

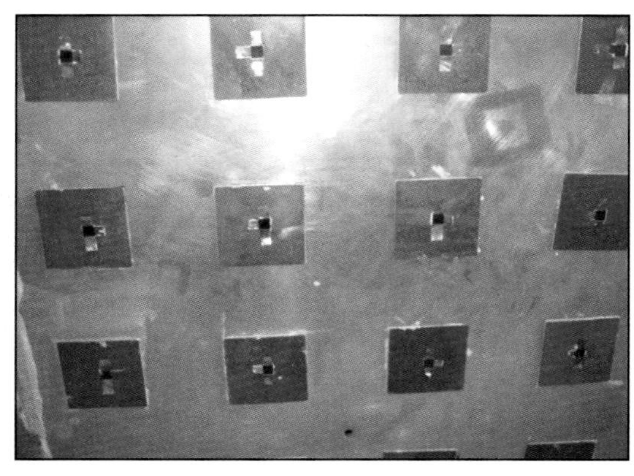

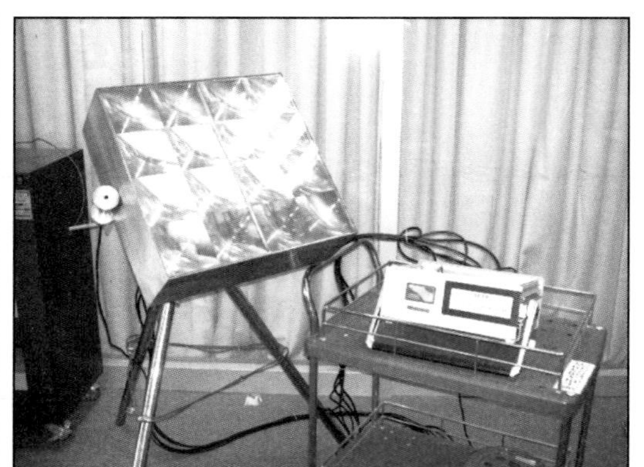

图 6-2　聚光电池、散热板与聚光电池组件

炉渣、煤矸石等固体废弃物，废物利用率可达 30%～70%。

成功研制了 30 万吨 / 年二苯甲烷二异氰酸酯生产过程成套集成新技术。首次应用了高效液膜射流光化反应、超重力混合反应强化、MDI 废盐水深度处理及回收利用、精馏—结晶一体化等核心技术，实现了 MDI 清洁生产，单套装置年产能从 16 万吨提高到 30 万吨，能耗比国外降低 30%，每年节约标煤 9 万吨，减排含胺废盐水 35 万吨，回收工业盐 6.3 万吨，节水 28.7 万吨。

开发了区域电网电压无功优化实时控制技术，形成了电压无功优化控制系统，提高了全网电压质量，母线电压合格率平均达到 99%以上，电能损耗降低 0.5%～1%。

开发了日产 5 000～6 000 吨水泥熟料生产线配套的大型原料立式磨，各项技术指标、磨机性能达到国际同类产品先进水平。

研制了细介质高梯度磁选机和离心选矿新技术，每年可从排放含铁 26%左右的约 60 万吨废弃尾矿中筛选出品位达 62.5%的铁精粉 4 万～5 万吨。

初步形成了 1.5 升轿车缸内直喷汽油机的研制能力。研制出 1.5 升轿车缸内直喷汽油机，废气再循环率 30%以上，起动工况碳氢化合物排放量降低 50%。

掌握了江湖淤泥烧结砖技术和烧结保温空心砌块成套生产技术。分别利用江、湖淤泥和页岩与煤矸石等固体废弃物为主要原料制砖，既节省大量耕地，又减少了二氧化碳等废物排放。

成功研发完成了燃煤电厂双相整流烟气脱硫成套技术、装备与配套工艺，形成双相整流吸收塔方案。编制脱硫技术规范，发布了《燃煤烟气脱硫设备》（GB/T19229.1—2008）国家标准。建立脱硝催化剂制备和性能测试平台，开发脱硝系统物理流动模型和 CFD 模型，在行业内建立 CFD 计算中心，打破了脱硫、脱硝工程模拟国外垄断的局面，形成了烟气脱硝流场模拟方法。

突破了低汞触媒技术，使触媒氯化汞含量由原来的 10%以上降到 6%以下，汞的消耗量和排放量也大幅度下降。

针对工业节水技术需求，油田综合开采节水技术取得显著进展，在油藏深部调剖工艺技术开发中研制出多种调剖剂及调剖剂组合方式，实施后产出液含水降低 3%。

掌握了织物变性涂料连续染色新技术。突破了传统染色以大量水和电解质为介质、常规涂料染色单纯以粘合剂为介质的染色加工模式，实现了无盐、无水洗连续化染色，解决了变性、染色的连续化加工和短流程的产业化问题。节约能源 40%以上，节约用水 50%以上，节约染化料 60%以上，污染物排放减少 95%以上。

掌握了印染废水大通量膜处理及回用技术，开发了具有自主知识产权的曝气生物滤池、动态陶瓷膜、大通量低成本复合纤维膜、多孔纤维膜、保温陶瓷膜、碱减量废水中回收对苯二甲酸和气雾染色技术等。清浊分流技术路线，使轻污染水（COD≤300mg/L）处理达到回用标准，回用率达 70%；混合废水处理技术路线，回用率达 50%。该技术达到国际先进水平，与国外同类技术相比，处理成本大大降低。

针对生活垃圾收集与预处理，成功研制出生活垃圾压缩打包机设备，实现垃圾下脱水、打包、运输一体化，餐厨垃圾收集运输车具有压缩脱水功能、自动上锁密封及环境清洁等功能，实现食物垃圾集中收集和流动收集。

在污水处理与减排方面，初步构建了移动点源污水处理、城市生活污水节能处理技术、冶金废水处理与回用技术等主要类型污水处理成套技术体系，为水环境污染主要点源污水处理与控制提供了技术方案。成功开发了海上溢油遥感监测技术，获取渤海海上溢油雷达图像。开发的无动力滗水器、脉冲式 SBR 法深度脱氮工艺、短程硝化反硝化工艺、反硝化除磷技术、低氧微膨胀技术等在工业应用中成效显著。其中仅短程硝化反硝化技术就达到了 25%的曝气能耗和 40%的外加碳源费用节约量。

水土资源节约与高效利用技术研究取得进展，开发了玻璃纤维增强 PE 复合材料、末级渠道一体化量控设备、低成本小型渠道移动式量水装置等 10 多项节水产品设备材料。农田污染过程阻断关键技术、养殖废水资源化与安全回灌关键技术等农业污染物减排技术取得新突破。保护性耕作与机械节能技术有效降低了农业机械作业中的能量投入和劳动强度，提高生产效率。开发了农田地形及地面灌溉水流监测设备，比常规测量技术效率提高 10 倍以上，灌溉均匀度和田间灌水效率提高 30%以上。

第三节
产业化与示范应用

一、示范工程集成应用

深入实施可再生能源与建筑集成技术应用示范工程，截至 2008 年底，已启动 212 项示范项目，其中，太阳能光热与热泵示范面积 2 437.2 万平方米，太阳能光电示范 3 276.3 千峰瓦，分布在不同的气候分区、地理分区以及不同的经济发展水平地区。

组织开展了 2008 年北京奥运会新能源车辆示范运行工作，595 辆节能与新能源示范汽车累计里程 371.4 万公里、载客达 441.73 万人次、公务车执行任务近 970 车次，混合动力汽车节油率达到 10%～30%，燃料电池和纯电动汽车满足零排放要求。实现了奥林匹克公园中心区交通的“零排放”，中心区域、周边地区和奥林匹克优先线路交通的“低排放”，是奥运史上最大规模的新能源汽车示范运行。

实施了锂离子动力电池产业化示范工程。建成了年产 3 000 万安时的动力锂离子电池生产基地，带动了电动车辆和锂离子电池关键材料两个产业的发展。生产的产品批量进入市场，促进了一批高档电动自行车产业的发展。

在光伏发电领域，建成了甘肃省武威 500kW 并网光伏示范电站，其中部分跟踪型光伏系统。建成了国内最大的浙江义乌并网光伏电站，总容量 1.295MW。建设完成了总容量为 1MW 的上海光伏发电系统，采用了光伏屋顶、光伏幕墙、光伏围栏、光伏遮阳棚等多种类型与建筑结合的形式，总体达到国际先进水平。

图 6-3　国内新能源企业坚持走高起点引进与自主创新的道路，先后研发出具有自主知识产权的玻璃幕墙组件、彩色边框组件等技术

成功研制出发动机退役缸盖再制造加工设备、发动机退役零部件高温分解式热清洁系统、汽车连杆大头孔的半自动电刷镀修复装置、汽车发动机缸体平面的半自动电刷镀修复装置、微小缺陷修补工具箱等新产品、新装置，已经建成了一条年生产能力 1 000 吨的发动机退役零部件再制造中试生产线，形成了可以向全国推广的发动机再制造技术解决方案，资源循环利用率可达 85%以上，同比制造新机床节能 80%以上。

开发了铬盐行业清洁生产集成技术，建成的 1 万吨 / 年铬盐清洁生产示范工程，与传统工艺相比能耗下降 20%，成本下降 17%，首次实现铬渣、含铬粉尘废气的零排放，技术经济指标达国际领先水平；建成千吨级氧化钛清洁生产技术示范工程。

开发了融合干式乙炔发生技术、电石渣上清液闭式循环新工艺，含汞废水处理技术和聚合母液水回收等4项技术的氯碱企业节水技术。在新疆70万吨聚氯乙烯装置中示范应用，实现年节水约800万立方米。

成功开发了薄型陶瓷砖坯釉料配方和成套装备，建立了大规格建筑陶瓷薄板生产示范线，生产的薄型陶瓷砖平均厚度仅为5mm，制定了产品的国家标准和施工规范。

多极耦合分离技术制备高纯电子级磷酸。将关键化学药剂与工艺成套技术系统集成、协同技术、节能降耗成套工艺技术有效结合，以普通磷酸为原料生产出高纯电子级磷酸，已建成年产1.8万吨的生产装置。

搭建了铁路机车动车组关键部件先进制造应用研究示范平台。前期成果用于DF7D机车已使运行里程提高1.5倍。

已在河南、河北等地建成30多个采用单元式结构设计的太阳能辅热沼气示范工程。发酵单元可以实现工厂化生产，设计容积为100 ~ 1 000m^3。平均池容产气率每天为0.80m^3，COD去除率为82.2%，悬浮物去除率为88.8%。

突破了秸秆原料预处理工艺和提高纤维质原料糖化用酶技术，建设了国内首条年产3 000吨秸秆乙醇产业化示范生产线，为秸秆乙醇产业化生产奠定了基础。

开展了大型养殖场沼气工程技术开发及综合利用示范。已在大型畜禽养殖场进行沼气工业化及综合利用示范，示范工厂建筑规模为3 300m^3，日处理鲜牛粪80吨，发酵容积1 600m^3，日产沼气2 400m^3，发电3 200度，无污水和废渣排放。

湖南省的重金属冶炼节能减排关键技术，突破了重金属冶炼废水深度处理生物制剂、高效铁基复合型水处理剂、含汞污酸生物制剂深度处理等关键技术，建成了1万吨/年高效铁基复合型水处理剂产品生产线、污酸脱汞用0.5万吨/年生物制剂中试装置。

研制了生活垃圾焚烧炉的烟气净化装置，实现了烟气流场均匀、酸性气体等多污染物高效去除，在保定日处理1 200吨垃圾焚烧发电等多个项目烟气处理中应用；开发了可调料层高度的多列二段往复式垃圾焚烧炉，首次在国内实现大型垃圾焚烧炉国产化；研制了机械－好氧生物处理工艺与设备，在北京市顺义区与菏泽市城市生活垃圾综合处理场工程中应用；开发了生活垃圾生物反应器填埋技术，使填埋场稳定化时间缩短50%以上，妥善解决填埋场渗滤液和填埋气体二次污染问题。

上海市老港生活垃圾填埋气体发电项目正式投入运行。运行工艺和设备生产全过程采用计

图 6-4　上海老港生活垃圾卫生填埋场填埋气回收发电机组

算机控制，达到国际先进水平，是目前亚洲最大的生活垃圾填埋场之一，每年可节约发电用煤 3 700 万吨，输送电力约 1.1 亿度，解决约 10 万户居民的日常用电。

搭建了城市综合节水评估模型与基础信息平台，形成了城市综合节水技术标准体系框架图与体系表；开发了供水厂节水型净水工艺设计与控制、供水厂排泥水安全回用等关键技术，实现水厂的自耗水系数仅 2.2%～3%，建立 2 个每天 15 万 m^3 的供水厂节水技术集成与示范工程。

完成 30 000 吨 / 天热膜耦合海水淡化示范工程方案设计，为水电联产－热膜耦合提供了有益尝试；完成 10 万吨级海水循环冷却示范工程技术方案，正在建设千吨级药剂生产线；取得了大生活用海水利用技术在新型海水净化絮凝剂、高效海水澄清净化技术、大生活用海水人工湿地处理技术等方面阶段成果，人工湿地处理大生活用海水费用较传统降低 20%，百万平方米大生活示范工程建设取得初步进展。

二、成熟技术推广及产业化

2 200 余台油气集输工艺流程中的新型油气混输相变加热炉在长庆油田、大庆油田、胜利油田等 10 多个油田广泛使用，累计新增产值 10.54 亿元，新增利税 2.03 亿元，节资 7 亿多元；年平均减排 CO280 万吨以上，节约燃油（气）1 亿元以上。

在青海推广应用的高炉炼铁固体废弃物综合循环利用，每年可回收粉尘 8 万吨，新增产值 2 000 多万元；明胶生产废水回用关键技术使废水回用率达 70%并循环使用，不可用废水达到国家二级排放标准。

应用了高强度水泥熟料产业化技术。成功获得以提高胶凝矿物含量与活性为主要途径的高强度水泥熟料生产技术，达到国际先进水平。工业应用表明，在不增加任何能耗的情况下，可使熟料强度提高10%以上，实现水泥生产的以质代量。

推广了纳米硅复合薄膜的快速沉积及节能镀膜玻璃产业化关键技术。发明了梯度氧化和多元掺杂并建立闭环控制技术，开发具有自主知识产权的CVD法浮法在线低成本生产阳光控制节能镀膜关键技术，已在国内19条生产线推广。

利用浮法玻璃熔窑烟气余热成功并网发电，形成工程化技术并实施。两条900吨/天浮法玻璃生产线的最大发电功率达5 200千瓦，可供一条浮法线正常生产用电。开发了冷热电三联供与烟气处理相结合的余热发电技术，为国内浮法玻璃生产节能减排起到了示范作用。

不同工况反应分离集成技术应用于化工中间体生产过程，大幅度提高了反应的转化率和选择性，降低了原料和能源消耗，减少了副产物的生成量和排放量，已应用在氯乙酸、苯甲醛等多种化工中间体的十几套生产装置中。

基于吸收式热泵的热电联产新技术使热电联产系统供热能力提高50%以上，每年可节约能耗4 000万吨标准煤，减排二氧化碳10 400万吨、二氧化硫96万吨、氮氧化物28万吨。

应用了地源热泵系统。与常规采暖空调系统相比，节能效果可提高15%～30%。

第七章

基础研究

2008年，中国基础研究工作紧密围绕《规划纲要》确定的战略目标和重点任务，坚持科学发展观，积极探索基础研究引领经济社会发展的作用，进一步加强宏观管理，稳步实施973计划、重大科学计划及国家自然科学基金，加大对国家重点实验室等实验研究基地的稳定支持力度，积极推动科学数据共享和基础性工作专项的实施。

第一节
基础研究投入与产出

“十一五”以来，基础研究经费投入由2006年的155.8亿元增长到2007年的174.5亿元，增长了12.0%。中国基础研究人员全时当量从2006年的13.13万人年增长到2007年的13.81万人年，增长了5.18%。全国R&D人员全时当量由2006年的150.25万人年增长到2007年的173.60万人年，其中基础研究人员的全时当量占7.9%。

近年来，中国基础研究领域发表的论文数量持续快速增长。根据中国科学技术信息研究所的论文统计结果，2007年，《科学引文索引（SCI)》收录的中国论文数为14.04万篇，占世界份额的9.77%，中国内地产出8.91万篇。论文数排序居世界第3位。

按产出论文占世界同领域论文总数的比重统计，1998—2008年，中国材料科学、化学和物理学的论文较多，均占到世界同学科论文比重的10%以上。其中，材料科学产出的论文占世界该学科论文的15.9%，排在美国之后，居世界第2位，其被引用次数排世界第3位。

1998—2008年，中国有9个学科论文被引用数跻身世界前10名行列，分别是材料科学、数学、工程技术、化学、综合类、地学、计算机科学、物理学、社会科学。除综合类、计算机科学、物理学这3个主题学科的被引频次在世界的位置保持不变外，其余18个学科的排位较2006年均有所上升，其中农学和社会科学的世界排位分别上升了7位和6位。

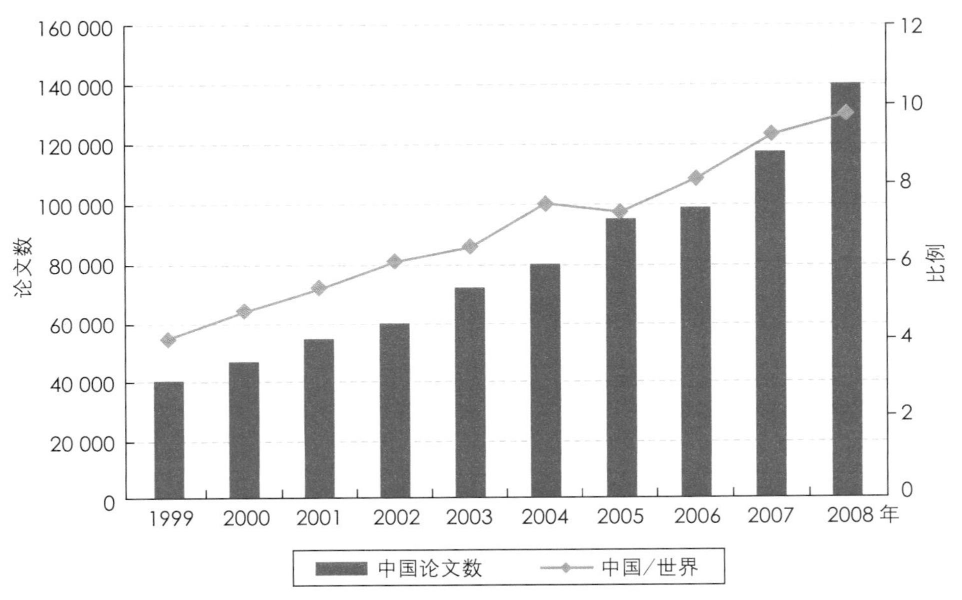

图 7-1　中国 SCI 论文数量与占世界比例的变化趋势

1998—2008 年，中国 SCI 论文篇均被引用次数为 4.61 次，比 2007 年度统计的 3.93 略有增长。从学科分布看，中国各学科的篇均被引用次数均有所增长，其中与世界平均水平较为接近的是数学、工程技术和社会科学。但是，所有学科的 SCI 论文篇均被引用次数均低于世界平均水平。

2007 年，SCI 收录的中国内地论文中，国际合作产生的论文为 2.1 万篇，占中国发表论文总数的 21.9%，与 2006 年持平。中国作者以第一作者身份发表国际合作论文 1.1 万篇，占中国全部国际合著论文的 53.5%；合作伙伴涉及 90 个国家（地区），排名前 6 位的国家是：美国、日本、英国、德国、加拿大和澳大利亚。

第二节
基础科学与科学前沿

2008 年，在物质科学、地学、生物学、天文学等方面开展了探索性研究，取得了一批重要研究成果。

铁基高温超导研究取得系列重要进展。中国科学家对新的超导材料开展了研究，得到了氟掺杂镨氧铁砷化合物的超导转变温度可达 52K，接着又将超导转变温度进一步提升至 55K，这是目前铁基超导材料的最高转变温度。通过在镧氧铁砷材料中用二价金属锶部分替换三价镧，成功将空穴载流子引入系统，并发现该系统（La1-xSrxOFeAs）在 25K 温度具有超导电性，这是国际上首个报道的空穴掺杂型铁基超导材料。

完成了第一个亚洲人的双倍体基因组测序（“炎黄一号”）。使用大规模平行测序的方式，基因组测序结果达到了36倍平均覆盖。将这些短的测序结果同美国国立生物技术信息中心中人的基因组序列进行比对证明结果达到了99.97%覆盖。依据已有的基因组序列，研究人员使用独特的映射读取方式将亚洲人基因组序列进行拼接，保守序列达到92%。分析发现，这一区域内存在大约300万单核苷酸多态性（SNP），其中大约13.6%是现有SNP数据库中不存在的。基因型分析显示这些SNP的鉴定具有高度的精确性和一致性，进一步表明序列组装的高度可靠性。研究人员还针对HapMap CHB和JPT单倍体数据库进行了杂合子相和单倍体预测，将基因组序列同两个已知的个人基因组进行了比对，进行了结构差异鉴定。这些差异被认为具有潜在的生物学意义。上述结果证明下一代测序技术在个人基因组学中具有潜在使用价值。

利用氢原子里德伯态飞行时间谱－交叉分子束仪，对氯加氢的交叉分子束反应进行了精确的实验研究，测量了氯原子激发态和基态与氢分子反应的相对微分截面。实验发现，在低碰撞能下，氯原子自旋－轨道激发态的反应性与基态的相当，这表明玻恩－奥本海默近似在低碰撞能时失效；但当碰撞能增加时，氯原子自旋－轨道激发态的反应性与基态相比变得越来越小，表明玻恩－奥本海默近似在高碰撞能量时有效。该实验结果与中美科学家的理论计算结果非常吻合。

发现Tcrb的D片段中23碱基对长度的重组序列内包含一个转录因子AP-1特异的结合位点，并且c-Fos在Tcrb重组过程中高表达。进一步结果显示c-Fos可以和重组酶RAG相互作用，增强D片段RSS的重组效率，从而促进DJ重组的发生。相反，在体内条件下如果去掉c-Fos则可能降低Tcrb的重组效率，破坏VDJ重组的有序性。

中美等国科学家合作，对8种果蝇年轻基因进行筛选和分析，识别出17个重复片段，它们是在最近1 200万年中通过异位同源重组形成的，其中大多数已具有功能，并进化出多样的表达类型和嵌合结构。这些结果证实，异位同源重组在产生新嵌合基因中起到重要作用。

发现暗物质湮灭的一个可能的证据。中、美、德、俄科学家合作，利用美国南极长周期气球项目的ATIC（Advanced Thin Ionization Calorimeter，先进薄电离量能器）观测高能电子，发现电子能谱在300 ~ 800GeV能量区间与理论结果相比存在一个很强的“超”，分析表明该“超”可能是暗物质粒子湮灭的产物。观测结果与暗物质理论预言的Kaluza-Klein粒子模型（粒子质量620 GeV）吻合得很好，该结果也与反物质探测器PAMELA（Payload for Antimatter Matter Exploration and Light-nuclei Astrophysics,）在10 ~ 100GeV能量区间观测到的“正电子超”吻合得很好。相关研究论文发表在Nature上。该项成果发表后受到了科学界的广泛重视，《Nature》

邀请专家进行了评述，《Science》也专文进行了报道。该项成果被美国物理学会评为2008年十大进展之一，同时也被欧洲物理学评为2008年11月重大进展。

第三节 农业科学

2008年，农业科学领域重点在重要作物的高产优质分子设计育种、粮食高产栽培与资源高效、设施农业和农业生防微生物、优质林木培育、光合作用在农业中的应用、水产养殖中的基础科学问题、畜禽产品有害物质形成机理以及农业生态安全等方面进行了部署。

在水稻功能基因组研究中，克隆了一个对水稻每穗粒数、株高和生育期均有重要作用的多效性基因Ghd7，它编码一个含有CCT结构域的蛋白质，该蛋白不仅参与了开花的调控，而且对水稻的生长、发育和产量性状的形成都有重要作用。同时该基因与水稻品种的生态地理适应性有密切的关系。

系统研究了棉铃虫在Bt棉花和常规棉花田的种群动态，结合对华北地区1992—2006年100个观测点的棉铃虫种群监测数据的模型分析表明：Bt棉花的大规模商业化种植破坏了棉铃虫在华北地区季节性多寄主转换的食物链，压缩了棉铃虫的生态位，不仅有效控制了棉铃虫对棉花的危害，而且高度抑制了棉铃虫在玉米、大豆、花生和蔬菜等其他作物田的发生与危害。这一研究成果明确了中国商业化种植Bt棉花对靶标害虫的生态效应，为阐明转基因抗虫作物对昆虫种群演化的调控机理提供了理论基础，对发展利用Bt植物可持续控制重大害虫区域性灾变的新技术有重要指导意义。

图7-2 "种植Bt棉花有效控制棉铃虫在中国多作物生态系统发生与为害"文章发表在《Science》封面

中国科学家研究发现，控制水稻籼粳

杂种雄性不育及其亲和性的一个座位 Sa 由 2 个相邻的基因（SaM 和 SaF）组成。杂种的籼型和粳型等位基因通过直接的和间接的互作控制携带粳型等位基因的雄配子的选择性败育。部分籼稻品系携带亲和（中性）的单体型，它们与粳稻杂交可以产生亲和性即杂种可育。由于籼稻和粳稻间的杂种（籼粳杂种）具有很强的杂种优势，但其杂种存在不育性，因而成为杂种优势利用的主要障碍。此发现对研究水稻亚种间分化和杂种优势利用具有重要的理论和实践意义。

从理论探索的角度提出了一个新的生物多样性近中性模型，阐述了植物竞争能力的差异如何与生态漂变共同作用于植物群落结构，进一步发展了生态学中性理论，同时较好地回答了若干对中性理论的苛责，把种间出生率与死亡率的权衡关系直接与中性理论结合起来，不仅增加了中性理论的现实意义，并且增强了中性理论的预测能力。

第四节 生命科学

2008 年，生命科学领域在恶性肿瘤、心脑血管疾病和神经精神依赖等重大疾病机制研究，部署了呼吸系统疾病、器官移植等临床相关基础研究及中国特有资源的先导化合物发现与优化研究、丙型肝炎病毒感染与防治以及重要致病性细菌微进化的研究、脏腑相关理论的研究等进行了重点部署，取得一批重要的成果。

中国科学家研究发现细胞质动力蛋白调节因子 Nudel 通过与 Cdc42 竞争结合到 Cdc42GAP 上。因此，Nudel 以剂量依赖的方式可抑制 Cdc42GAP 介导的 Cdc42 的失活。Nudel 和 Cdc42GAP 都表现出位于迁移细胞的前缘。Nudel 的定位需要被 Erk1/2 磷酸化。通过 RNA 干扰技术耗尽 Nudel 或过表达不能磷酸化的突变体可中止 Cdc42 活性和细胞迁移。上述结果揭示出在细胞迁移过程中，Nudel 是 Cdc42 的一个调节因子。在迁移细胞前缘，Nudel 通过阻断 Cdc42GAP 与 Cdc42 结合稳定了 Cdc42 的活性并促进了细胞的迁移。

中国科学家研究发现，三重基序蛋白 TRIM30α（一种 RING 蛋白）可被 TLR（Toll like receptor）激动剂诱导与 TAB2-TAB3-TAK1 衔接蛋白－激酶复合体相互作用，参与了转录因子 NF-κB 活性的调节。TRIM30α 可促进 TAB2/3 的降解，抑制由 TLR 信号诱导的 NF-κB 活性。体内实验显示，过表达 TRIM30α 的转染或转基因小鼠表现出对内毒性休克更高的抗性。通过 RNA 干扰技术敲除 TRIM30α 的信使 RNA 可削弱脂多糖诱导的耐受性。研究还发现，TRIM30α 的表达依赖于 NF-κB 的活性。上述结果表明，TRIM30α 通过使 TAB2/3 降解以一种反馈方式负调节了 TLR 介导的 NF-κB 的活性。

中国科学家发现，CUEDC2 可与 IKKα 和 IKKβ 相互作用，通过降低 IKK 的磷酸化和活性抑制了转录因子 NF-κB 的活性。特别是，CUEDC2 也可与蛋白磷酸酶 -1（PP1）的调节性亚基 GADD34 相互作用。研究还发现，IKK、CUEDC2 和 PP1 存在于同一个复合体中，在肿瘤坏死因子等炎症分子的刺激下，IKK 可从复合体中释放出来。CUEDC2 可通过募集 PP1 到复合体中使 IKK 失活。上述结果表明，CUEDC2 通过募集 PP1 起到了使 IKK 脱磷酸化和失活的衔接蛋白的功能。

研究表明，磷酸酶 SHP-1 通过抑制转录因子 NF-κB 和丝裂原激活蛋白激酶，负调节了 TLR 介导的促炎症细胞因子的生产。同时，SHP-1 可通过直接结合并抑制 IRAK1 激酶的活性，促进由 TLR 和解旋酶 RIG-Ⅰ介导的Ⅰ型干扰素的生产。上述结果表明，在先天免疫反应中，SHP-1 可通过调节促炎症因子和Ⅰ型干扰素生产的平衡来维持免疫反应的动态平衡。

发现介导 D-J 重排的 D 片段 3′ 端 RSS 含有转录因子 c-Fos/AP-1 结合位点，而 c-Fos/ AP-1 在物种间是高度保守的。在小鼠 Tcrb（TCRβ 基因）重排过程中，c-Fos 高水平表达并结合到该位点。c-Fos 招募 RAG 并促进 RAG 结合到 D 片段 3′ 端 RSS，增强 D-J 的重排并同时抑制 V-D 的重排，保证了 D-J 重排的优先性。此外还发现，c-Fos/AP-1 的这种调控功能依赖于 c-Fos 与 RAG 的结合作用而不需要 c-Fos 的转录调控作用。新发现的机制在动物体内得到了验证。上述研究揭示了 c-Fos/AP-1 调节 Tcrb 重排顺序性的分子机制，为深入了解基因重排的调控具有重要意义。

中美科学家合作，利用基因编码的、定位于线粒体的可用于实时测量的荧光蛋白作为特异性超氧指示剂，观察到了单个线粒体超氧阴离子信号的瞬时爆发现象，并将其命名为超氧炫，这是首次在活体细胞中观测到局部、间歇性、量子化超氧阴离子的产生。研究发现，超氧炫为线粒体膜通透性转运孔道（mPTP）开放所触发，与线粒体电子传递链活性密切相关。此外，还发现心肌细胞在缺氧再给氧过程中发生大量超氧炫现象，该过程可以被心脏保护药物腺苷所抑制。超氧炫可作为氧应激相关疾病的一个有价值的生物标志。

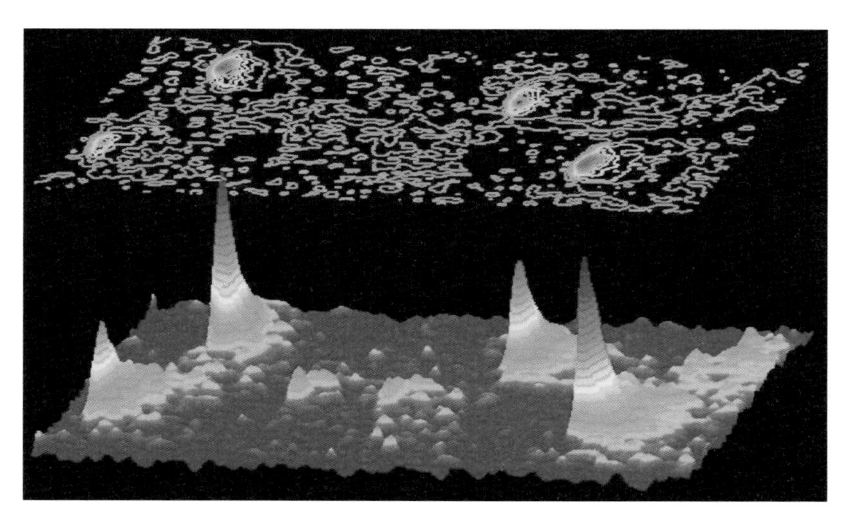

图 7-3 在线粒体中监测到的钙火花（Calcium Sparks）

第五节 资源环境科学

2008 年，资源环境科学领域重点围绕三江特提斯造山与成矿、中国陆地生态系统服务功能与生态安全、中国近海碳收支及生态效应、干旱区绿洲化和荒漠化过程、东亚能量和水分循环变异及其对中国极端气候的影响、台风登陆前后异常变化及机理研究、持久性有机污染物等方面进行了重点部署。

在东亚季风研究方面，对采集于湖北神农架洞穴内的石笋进行了精确同位素测试，建立了高精度 U/Th 年龄控制的 22.4 万年来高分辨率洞穴石笋同位素气候序列。结果表明，亚洲夏季风强度变化具有强烈的岁差旋回特征，在误差范围内与北半球 65° N 处 7 月 21 日太阳辐射曲线在强度和时间上基本一致，支持了季风变化直接响应于太阳辐射的假说。研究发现，叠加在最后两个冰期旋回中的千年尺度气候振荡频率具有相似性，与全球冰盖消长密切相关，证实了相关数值模拟结果。基于洞穴石笋记录的亚洲季风千年尺度事件定年准确，可以作为全球对比的标准。

建立了新的冰川变化模型，初步解决了由单条冰川向流域推广的两大关键科学问题，计算结果能方便地与中国冰川编目相结合，以便于区域尺度的推广运用；积雪参数化方案取得明显改进；获得一批关键性冰冻圈数据。

阐明了青藏高原冰川－径流－湖泊对全球变暖的响应及其相互作用关系，发现在现代全球变暖的影响下，青藏高原冰川正发生全面和加速退缩，特别是在印度季风主导的海洋性气候区，冰川退缩幅度最大，冰川退缩对高原湖泊过程也产生了重要影响；系统分析了近 50 年来高原多年冻土的变化特征；通过青藏高原冰芯中高分辨率黑碳含量的分析显示，过去 50 年来元素碳在

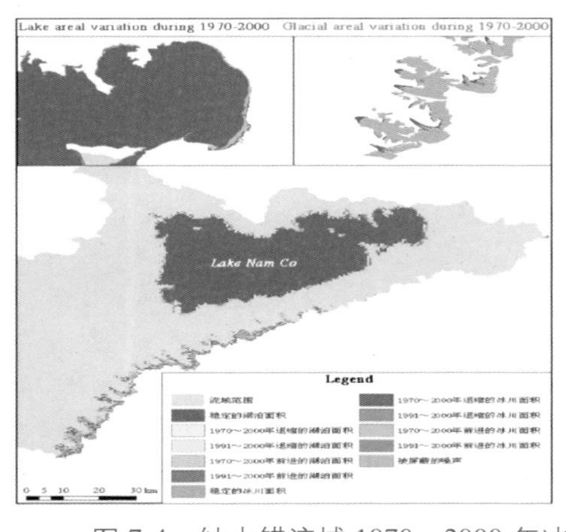

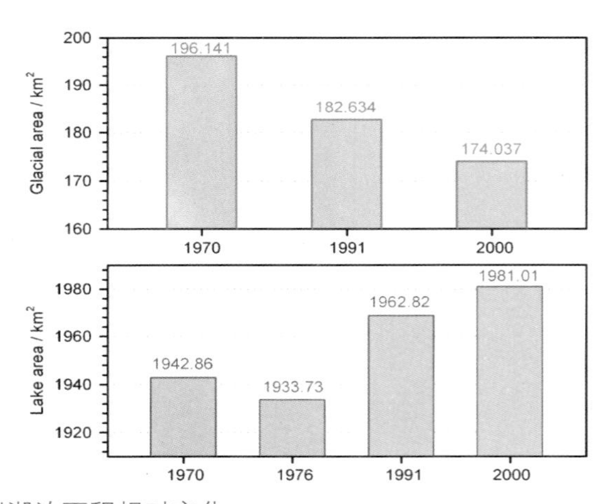

图 7-4　纳木错流域 1970—2000 年冰川湖泊面积相对变化

青藏高原雪冰中的沉降呈现明显的季节变化，并且各个季节的含量自1955年以来均呈快速的增长趋势，这与南亚地区大气碳质气溶胶含量的季节变化及增长是一致的。

高分辨率恢复了青藏高原中部各拉丹东冰芯中过去70年细菌数量的年际变化及雪中细菌的季节变化特征。该项成果发表在《Global Biogeochemical Cycles》上。

在亚印太交汇区的补充海气观测上取得重要进展，成功布放和组织了吕宋岛以东海域潜标及断面观测，是中国深海大洋调查的重要进展；南海海洋观测全面展开，获得了包括18° N断面观测在内的重要观测数据，为认识南海季风爆发过程有重要价值，同时也为亚洲季风年国际计划做出重要贡献。在亚洲季风爆发过程及亚洲季风变率方面取得若干创新性成果，提出了海陆热力差异调节海气过程影响夏季副热带LOSECOD环流分布机理、季风不同变量爆发（撤退）的关系、晚春初夏西太副高压南撤过程及其与亚洲季风爆发的关联、海洋在亚洲夏季风中的调制作用、大暖池区海气相互作用对亚洲季风强度和进程的重要影响等；进一步完善了耦合气候模式，模拟性能显著提高。

围绕副热带北太平洋与中国近海构成的大洋－边缘海动力系统中能量与物质交换过程，在黑潮源地首次实施了多点同步深海潜标阵列强化观测；建立了海－气耦合系统中风诱导的副热带环流调整的动力学框架，拓展了传统的风应力诱导的行星波调整理论，首次将副热带环流，西边界流热量输送、中纬度海－气耦合、副热带－热带经向环流圈、热带－中纬度大气遥相关有机结合起来。

通过对20世纪80年代以来黄、东海上千个站位的叶绿素和初级生产力资料分析，确定了用于生态划区的浮游植物生物量和初级生产力的特征参数，进行了浮游植物生物量和初级生产力的划区。

系统研究了北京奥运期间大气成分变化特征，研究表明天气状况对二次气溶胶浓度的影响明显；在各种气溶胶组分中，浓度最高的是有机物，其次是硫酸盐、硝酸盐、铵盐和黑炭；初步建立了中国化学天气预报系统。

初步厘清了中亚造山带的地球动力学演化与成矿框架，划分了巨型跨境构造－成矿带，确认中亚造山带经历了增生（前寒武纪古块体裂解、古亚洲洋形成与多块体陆壳增生）、体制转换（块体汇聚与大规模岩浆活动）以及改造（陆内造山与盆山耦合）等长期发展演化阶段；理清了中亚造山带的部分古陆块的属性与亲缘，解剖了古老块体经过多期构造变形历史，获得了古陆块年代学和前寒武纪多期构造－热事件证据，取得了多块体聚合－裂解过程证据，初步确定了前寒武陆块及优势金属矿产的成因类型及分布与矿源层分布。

第六节
能源科学

2008年，能源科学领域主要在火山岩油气藏与南海深水盆地油气资源形成与分布规律、天然气水合物富集规律与开采、高丰度煤层气富集机制及提高开采效率、分布式发电供能系统、大型燃煤发电机组过程节能、大规模化工冶金过程节能、太阳能化学及生物转化与利用、新型二次电池及相关能源材料等方面进行了重点部署。

在矿藏成藏理论方面，发展了叠合盆地的多项表征技术，为重点区带多源供烃机理提供了依据；初步揭示叠合盆地“多源生烃－多期成藏－晚期定型”的基本成藏模式与机理；初步建立了高陡构造及深埋薄互层油藏的地质－地球物理的实验模型及其数学反演模式，弄清了研究区油藏复合成藏的基本类型；初步总结叠合盆地富油气区带的“要素复合，过程叠加，相势耦合”的基本规律，为进一步圈定有利区奠定了基础。

在提高石油采收率方面，初步建立了中国CO_2提高采收率的潜力评价方法和筛选标准、CO_2埋存的经济影响因素和潜力计算方法，并建立了初步软件和数据库；建立完善了油藏条件下，油气体系传质和相态特征及检测方法，研究加深了吉林油田典型油藏的混相条件、动态过程中油气体系传质、CO_2混相与非混相提高采收率机理研究。针对中国特定油藏条件的CO_2提高采收率技术进入矿场试验，在实施的试验区提高石油采收率5%～10%。

在大规模高效气流床煤气化技术的基础研究方面，为工业装置的优化设计和平稳运行提供了理论指导，促进了新型水煤浆气化装置的迅速推广。

通过对燃烧源可吸入颗粒物排放特征和动力学特性的研究，提出了利用电、热、声、磁等外加场作用控制颗粒物排放的新思路，形成了一批以“电袋一体化除尘技术”为代表的原创性

图7-5　CO_2埋存与CO_2驱油的防腐、集输等设施

可吸入颗粒物控制技术，可吸入颗粒物的脱除效率达到99%以上，有效降低了控制成本。

在微晶/非晶硅薄膜太阳电池的研究中发现，生长速率8.5Å/s时，单结微晶硅薄膜太阳电池效率达到8.1%，非晶硅/微晶硅叠层太阳电池的效率达到11.1%（小面积）。在染料敏化太阳电池方面，固态电池的效率达到6.3%（小面积），液态电池有效面积为11cm^{2}的效率达到8.2%。对硅薄膜电池建立了描述微晶硅生长机理的物理模型、模拟计算及试验相图。沉积速率到10～15Å/s时，能得到良好质量的微晶硅膜；采用两步法得到了质优的绒面ZnO膜；建立了平方米级甚高频－等离子体增强化学气相沉积电极系统，并基本达到实用水平。在染料敏化电池方面，研究了环境友好电解质和纳米微粒复合的新型电解质体系；研究了纳米TiO_2晶体的成核速率和晶体生长速率，得到较佳的过程控制；研究了新型硬碳材料制备碳对电极及进行了银电极的刻槽设计。

图7-6　集成型非晶硅/微晶硅叠层薄膜电池

第七节
信息科学

2008年，信息科学领域重点在新型光电子器件与技术、微传感器芯片系统和系统级封装、光传送网的新体系、认知无线网络、新一代互联网体系和协议理论研究、复杂控制系统的理论与技术、基于网络的复杂软件可信度和服务质量的基础理论与方法及基于视觉特性的视频编码理论和虚拟现实理论与方法研究等方面进行了重点部署。

在光子晶体全光开关方面取得重要进展，提出一种通过激发态电荷转移同时实现材料的超快速时间响应和近共振增强非线性光学效应的新方法，获得具有大三阶非线性光学系数和超快时间响应的聚苯乙烯 / 香豆素染料复合材料。

首次提出同轴腔双电子注回旋管原理，研制成功千瓦级峰值功率、0.22THz 回旋管原型器件，有望对解决 ITER 计划需要的连续波兆瓦级太赫兹辐射源的急迫要求做出重要贡献。

在微纳加工技术制备微纳生物医学传感器方面，建立了无掩膜光刻方法并发展原位的无掩膜光刻方法，制备出了间隔为 0.5μm 的纳米电极对并实现了 5 × 10 的电极对阵列。电极的厚度可薄至 30nm 以下，实现了纳米材料与金属电极的良好接触，接触电阻小于 100Ω。为研制高通量超灵敏的生物医学传感器打下了基础。

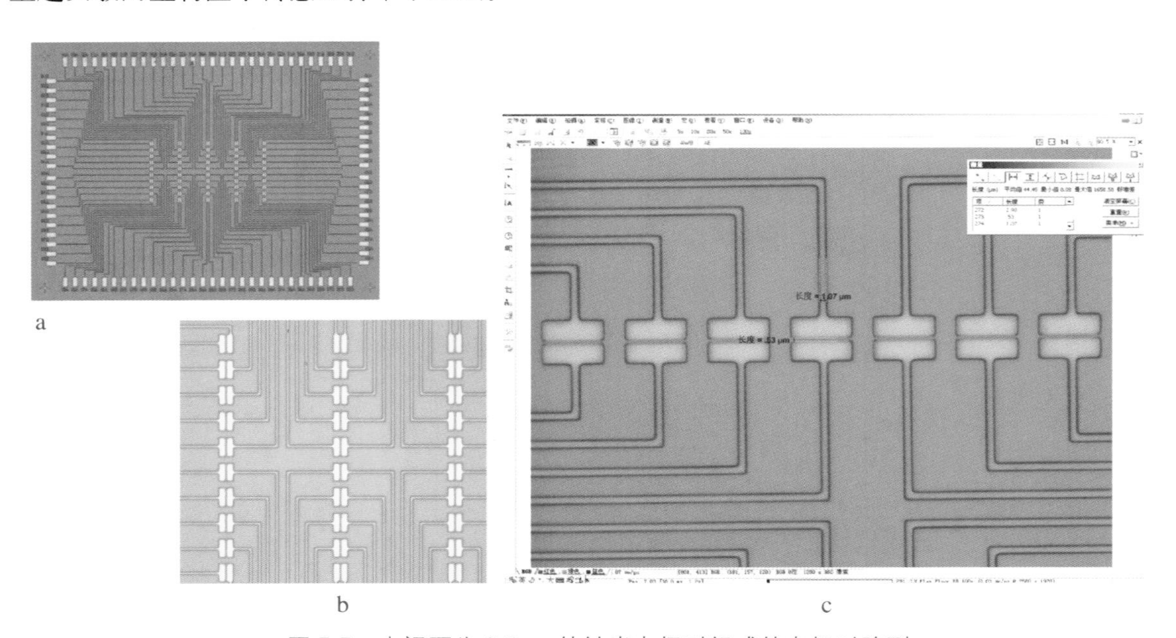

图 7-7 由间隔为 0.5μm 的纳米电极对组成的电极对阵列

a. 5 × 10 电极对阵列全图；b. 其中的 3 × 10 的电极对阵列；c. 测量电极对间距的示意图，电极对的间距都在 0.5μm 左右，具有较高的一致性

第八节 材料科学

2008 年，材料科学领域主要围绕节能降耗与环境友好的建筑材料、信息功能陶瓷、有机 / 高分子光电转化材料、新结构高性能多孔催化材料以及面向应用过程的膜材料基础研究方面进行了部署，并对材料结构、性能表征新技术与新设施的基础研究进行了重点支持。

在深入研究 $KBe_2BO_3F_2$（KBBF）晶体生长规律和相图的基础上，开发出相应的 KBBF-PCT 器件，在国际首台真空紫外激光角分辨光电子能谱仪上开展超导研究，观察到 Bi2212 超导体单晶在超导态时的一种新的电子同其他准粒子的耦合模式，有可能精确地测定高温超导体在超导态时各向异性的超导能隙。该系列成果显示出中国研制的非线性光学材料和器件已可用于凝聚态物理的最前沿科学研究。

首次成功地将惠更斯原理用于光学超晶格倍频波聚焦的设计。该方法突破了传统倒格矢匹配的思路，具有更强的相位匹配能力，可以实现一般的复杂波之间的匹配。当基频光在光学超晶格中传播时，将其波前上的每一点既看作是基频光的次波源，也看作是倍频波的波源。通过适当的设计光学超晶格的微结构，可以使一块光学超晶格材料同时完成多个功能。该方法巧妙地将倍频、偏转与聚焦集于一身，为光学器件紧凑化和小型化提供了独特的思路。

发展了以质谱法（MS）、放电等离子烧结（SPS）和原位相分离为核心技术的热电材料制备新方法，获得了新颖低维结构和纳米复合结构的块体热电材料，初步实现了微结构对电热输运的协同调控。 建立了 $CoSb_3$ 的填充理论，发现了新型碱金属填充 $CoSb_3$ 热电材料和系列 A-T-M 型新热电化合物。发明了中温 $CoSb_3$ 热电器件制造新技术，建立了太阳能热电—光电复合发电实证系统。

以氧化物半导体为基础调控异质结（$SrTiO_3/\alpha\text{-}Fe_2O_3$ 等）、固溶体（($SrTiO_3$) 1-x（$LaTiO_2N$）x 等）结构参数，实现了光催化材料的能带调控。理论设计和实验结果基本相符，有几种材料在可见光 420nm 的量子转化效率达到 4% ~ 6%。与德国、日本科学家合作发现了一种非金属聚合物催化材料具有优良的可见光光催化性能。该材料是由三嗪结构单元组成的、具有石墨相结构片状 $g\text{-}C_3N_4$ 聚合物，在牺牲剂存在条件下，以可见光催化分解水。与其他导电聚合物半导体相比，这种氮化碳材料具有很好的化学和热稳定性，容易制备。

建立了铬、铝、钛亚熔盐高效清洁反应 / 分离新系统的热力学基础，揭示了亚熔盐非常规介质强化动力学过程机制，实现了铬铁矿 / 铝土矿 / 钛资源的低温常压转化，目标组分 Cr/Al/Ti 的实验室转化率达到 98%。 建立了可测定难选褐铁矿还原本征动力学的程序和方法，初步构建了还原动力学数学模型，得到了半工业试验的验证，回收率达到 94%，尾矿含铁量降低到 4%左右。

开展了电磁场对镁合金凝固行为影响的研究，完成了镁合金双频电磁半连铸成型系统设计与制造，获得了细化晶粒、抑制偏析与热裂及改善表面质量的效果。并在大直径（500mm）镁合金铸坯生产中获得初步应用。研究了初始晶粒取向、温度及应变速率对镁合金单向压缩变形行为的影响，初步探明了孪生和滑移两种微观机制相互竞争是镁合金的主要变形机制，为研制大尺寸、薄壁、中空镁合金型材及薄板提供了技术支撑。

研制成电子能量漂移仅为0.2eV的电子能量损失谱仪、超高真空低温最高机械稳定性的扫描隧道显微镜/分子束外延系统（STM/MBE）等一批具有自主知识产权的国际先进的新装置；发展了电子能量损失谱的幻角测量技术和分析方法、能量高分辨的非弹性隧道谱探测单个自旋量子态的新技术等一些重要的新分析技术和方法；发展了纳米超薄膜、一维纳米线（包括金属、半导体）的原位可控生长的新技术或新方法。

研制出具有自主知识产权的海水淡化反渗透膜材料，建成了反渗透膜材料中试生产线；反渗透膜元件在现场得到应用。研制出高通量、高截留聚氯乙烯（PVC）合金超滤膜材料，实现了抗污染中空纤维超滤膜大规模生产和应用。研制出PVA聚离子渗透汽化复合膜，提高了宏观分离性能；建立了分离膜基团数据库，为分离膜材料的模拟设计和表征奠定了基础。

超晶格纳米线生长机理研究取得突出进展。以小周期交替排布的Bi/BiSb超晶格纳米线为主要研究对象，利用自主设计的电化学设备。观测到3种生长模式（平面生长模式、斜面生长模式及曲面生长模式），用纳米受限体系的热力学、动力学分析了3种模式各自生长的条件，发现在电化学沉积过程中，如果热力学占主导地位则纳米线呈平面生长模式，如果动力学占主导地位则会导致非平面生长模式。在电化学沉积参数发生涨落的条件下，非平面生长模式可以转变为平面生长模式；反之亦然。这项工作的重要意义在于揭示了纳米受限体系晶体生长热力学和动力学不同于传统的宏观体系，有自身的特点。非平衡生长以及非平衡和平衡生长交替转变可以导致不同生长模式的出现，这对进一步理解纳米尺度下晶体生长的规律和机理具有指导意义。

制备出多种实用的碳纳米管薄膜扬声器。这种扬声器仅有几十纳米厚，具有透明度高，耐

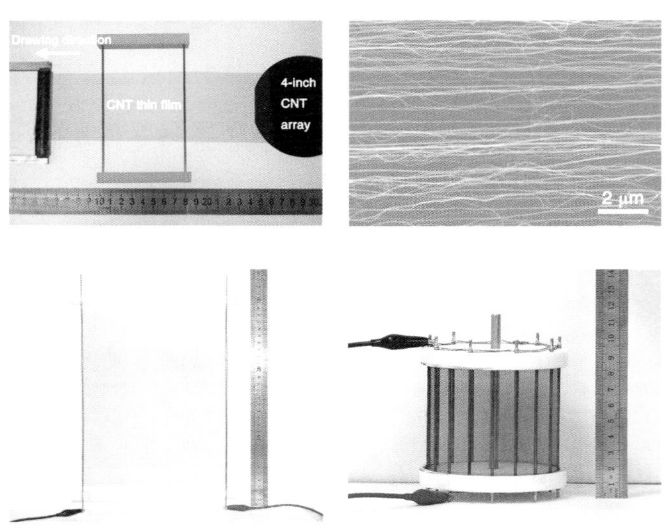

图7-8　碳纳米管扬声器制作过程及两种典型的扬声器

弯折，可拉伸，无磁等优点，并且可以任意裁剪成各种形状，悬空或铺在任意形状的绝缘基底上，例如墙壁、房顶、柱子、窗户、旗帜、衣服等，面积可以任意大。这种结构和制备工艺非常简单的薄膜扬声器，将改变传统音响声学的设计思路，在传统的扬声器产业中开辟出新的方向。该科研成果已申请了国际和国内专利。

针对铝电解阴极涂层电化学功能与高温力学性能协同难题，通过树脂共混合纤维增强，由常温固化、“原位”碳化，制备了高强度、高润湿性（高 TiB_2）阴极。延长槽寿命 200 天，降低吨铝能耗 400 度。针对金属陶瓷开裂失效及“连锁腐蚀”失效难题，采用金属陶瓷内氧化、低温活化烧结致密化和扩散焊接技术，制备成功能梯度金属陶瓷阳极。在 4 000A 电解槽上试验，超过国外同类试验的时间。

第九节
科技基础性工作

科技基础性工作专项主要支持科学考察与调查、科技资料整编和基础标准与规范三个方面的工作。2008 年，科技基础性工作专项共安排项目 28 个，包括 10 个重点项目和 18 个一般项目。

一批重要项目进展顺利并取得阶段性成果：

开展了对俄、蒙等中高纬度地区综合科学考察，考察范围跨越北纬 48° ~ 65° 的俄、蒙中高纬度地区。许多地区是中国科学家以前难以到达、生态环境独特、全球变化区域响应强烈的地区，考察成果将对全球变化研究和东北亚区域合作具有重大战略意义。

中国冰川资源及其变化调查项目基本完成其他区域第一次冰川编目冰川边界数字化；建立了基于 1:5 万和 1:10 万数字高程模型的第一次冰川编目冰川地理位置、对应于全球陆地冰空间观测计划的地理编码、冰川长度、宽度、海拔高度等属性数据集；完善了基于合成孔径雷达干涉测量冰川表面高程和运动速度提取算法，对计划中的帕米尔高原公格尔山地区、托木尔峰地区和博格达峰地区不同规模代表性冰川进行了野外考察等。

通过对 1 000 个县土壤图件的加工处理，深入分析中国不同地区分县完成的成图与编汇标准不一致的 1:5 万土壤调查图件，借鉴国内外高精度基础地理信息数据模型，最终确定了中国 1:5 万高精度数字土壤模型。

第十节
重大科学研究计划

“十一五”期间，中国在基础研究领域设立了蛋白质研究、纳米研究、量子调控研究、生殖与发育研究 4 个重大科学研究计划。

一、蛋白质研究

2008 年，蛋白质研究在蛋白质组学、蛋白质组功能、蛋白质与转录组、蛋白质与代谢组、计算与系统生物学等关键领域进行了全面部署。并着力加强了对蛋白质研究新技术新方法创新及重大疾病相关的蛋白质研究方向的重点部署。

在蛋白质组研究方面，利用 X 射线晶体学方法获得了 NT-3 与 p75NTR 胞外区复合物的 2.6Å 分辨率三维解析结构。研究结果揭示了神经营养因子 3 与 p75NTR 的特异性结合方式，使人们得以更加深入地了解神经营养因子与受体相互作用的机制，同时也为以神经营养因子为标靶的药物开发提供了重要的结构基础。

解析了 PA 与 PB1 氨基端多肽蛋白复合体的 2.9Å 分辨率晶体结构。该结构清晰显示了 PA 与 PB1 多肽相互作用模式，发现该作用位点的氨基酸残基在流感病毒中高度保守，这为广谱抗流感（包括人流感和禽流感）药物研究提供了一个理想的靶蛋白。研究成果填补了对禽流感病毒聚合酶结构领域研究的空白，为研究禽流感病毒的复制机制，以及设计抗流感病毒的药物提供了真实可用的模型。

图 7-9 禽流感病毒聚合酶复合物的晶体结构

对人肝脏亚细胞器蛋白质表达谱数据进行分析，累计确定了 3 269 对人肝脏蛋白质相互作用，部分进行验证，对重要蛋白质相互作用功能及其机制进行了深入研究，发现一类全新的 NF-κB/RelA 活性调节子。首次揭示了 CKIP-1 是 Smurf-1 的特异激活因子，它靶向 Smurf-1 底物结合结构域 WW 的连接区，增强 Smurf-1 E3 活性，增加 E3 与底物的亲和力，这是国际上首次揭示 Smurf-1 WW 连接区具有调节性生物学功能。

发现微管结合蛋白 EB1 可以与有丝分裂激酶 Aurora-B 相互作用，通过阻止膦酸酯酶 PP2A 对 Aurora-B 的抑制，促进 Aurora-B 的活性。这是 EB1 调节激酶活性的首次报道，为理解 Aurora-B 激活的机制以及 EB1 在细胞增殖和肿瘤发生中的作用提供了崭新的思路。

二、纳米研究

2008 年，纳米研究主要围绕纳米材料与纳米技术在环境保护领域中的应用、纳米材料在能源领域中的应用、面向生物医学应用的纳米材料、器件和系统、纳米技术改善药物功效、新型纳米加工技术、纳米器件原理和应用、新型纳米结构表征技术和纳米科技若干前沿科学问题进行了重点部署。

在纳米尺度亚光波长结构的设计、光学性质、器件的制备和应用方面，初步形成一个集先进的纳米加工技术、光学设计和检验为一体的纳米光学器件研发平台；设计了多种金属和介质亚光波长器件，深入研究了这些结构的光学性质和物理原理；针对项目研究目标，开发了非硅衬底深刻蚀等新的加工工艺，成功地制作了多种亚光波长器件；设计、制作了 10 多种 X 射线衍射光学元件，在重大科学工程中得到了初步应用。

在纳米尺度可逆相变机理、存储过程的有效操作和器件纳米尺寸效应等方面，研制出可能用于相变随机存储器（PCRAM）的新型相变及过渡层或加热电极材料，如 SiSb、GeN 基等；成功建立了相变材料微观结构原位表征方法，并搭建相变材料超快相变动力学装置；建成了 8 英寸 PCRAM 专用工艺平台，并对材料制备、抛光、刻蚀等关键加工工艺进行了优化；针对芯片研制所需的各单项工艺及其相互集成的技术进行了优化，初步完成了芯片研制的整个工艺路线。

在导向性纳米载药系统构建及其在脑部疾病治疗与诊断中的应用基础研究方面，在纳米载体材料合成和导向分子筛选基础上，构建了多种具有脑靶向功能的纳米载药系统；在所建立的体外导向性评价细胞模型和脑部疾病动物病理模型上，对这些纳米载药系统的脑靶向效果和机理

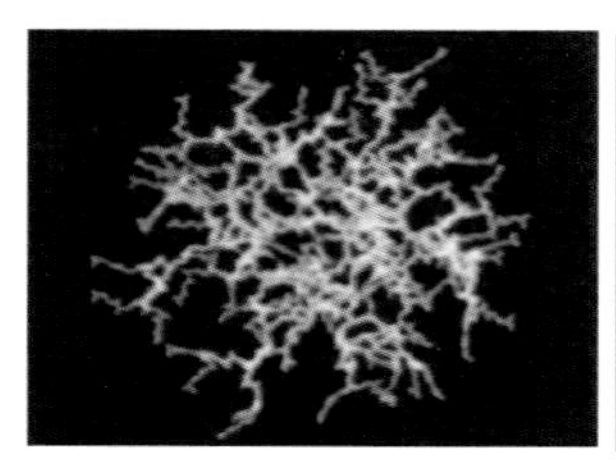

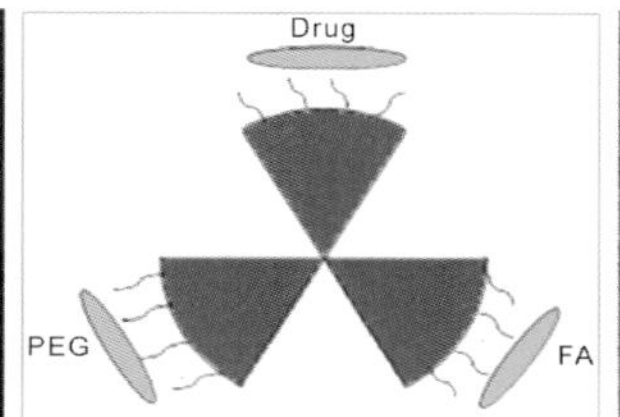

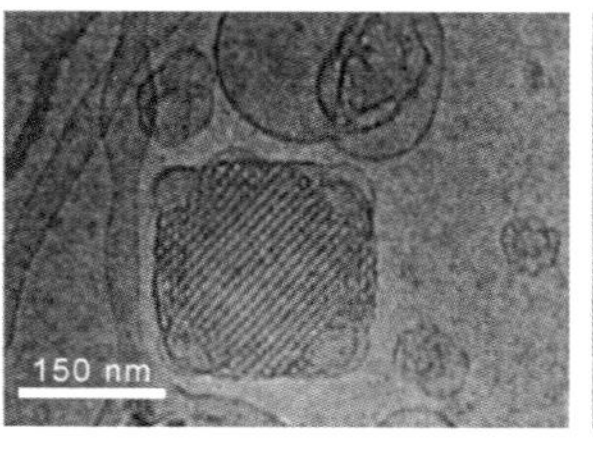

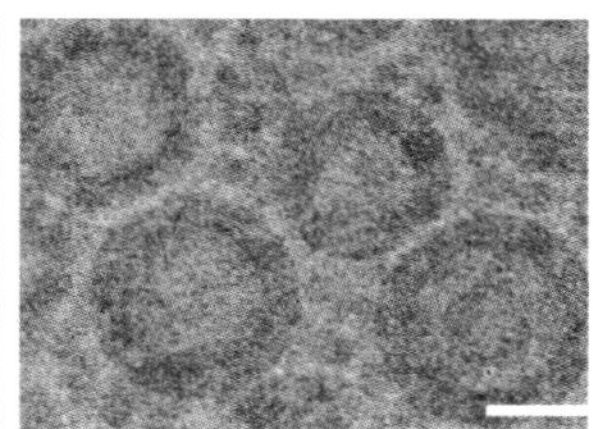

图 7-10　新型纳米载药系统

进行了较系统的研究；初步研制了多种用于治疗和诊断脑胶质瘤、老年性痴呆和帕金森病的纳米载药系统；有一种基于鼻腔给药的纳米药物已获得国家食品药品管理局的临床批件，另有一种纳米药物基本完成临床前研究。

在新型微纳光学检测与操纵方法及其在生物纳米结构、功能研究中的应用方面，围绕斜入射光反射差（OIRD）技术和装置，以及三维多光镊系统，开展了生物大分子相互作用机制及应用的研究，提出和初步建立了具有自主知识产权和技术特点、适用于生命科学无标记检测的斜入射光反射差法及相应的实验装置；通过对蛋白质、核酸等生物大分子相互作用芯片的无标记检测，证明了用光反射差法无标记、高通量探测某些生物大分子相互作用是可行的；应用光反射差系统，在国际上率先开展了附睾中 miRNA 的生物功能及作用机制的研究；开发了三维多光镊系统，实现了对聚苯乙烯小球的独立三维操控，为开展生物大分子间相互作用力和动力学过程的研究提供了新的技术支撑。

在生物单分子和单细胞的原位实时纳米检测与表征方法方面，以肿瘤细胞和心肌细胞为研究对象，将光学、电化学、力学等若干种检测技术结合扫描探针显微术和纳米颗粒探针等，从单细胞、亚细胞到单分子多个层次，围绕发展生物单分子和单细胞的原位实时纳米检测与表征方法，开展了广泛研究，建立了可用于研究受体的激活、信号复合物的形成和内吞等的活细胞单分子研究方法，为细胞信号转导机制的研究提供了新的依据；建立了活细胞纳米力学性质检测新的表征方法和测算模型，确定了反映单细胞与基质相互作用力信号响应特性的力学表征指标；制备具备高表面增强拉曼光谱（SERS）活性的基底和纳米颗粒，发展了多种纳米电化学分析方法，以及适合于单细胞研究的增强拉曼光谱和电化学联用系统；设计并实现了多种基于手性光信号，顺磁信号等新信号机制的生物－纳米颗粒复合探针等。

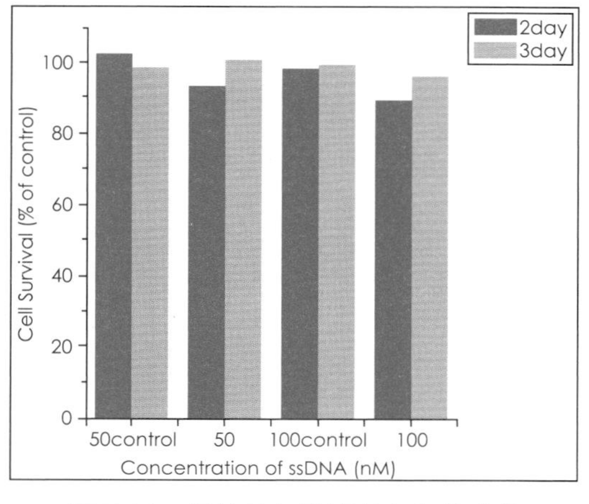

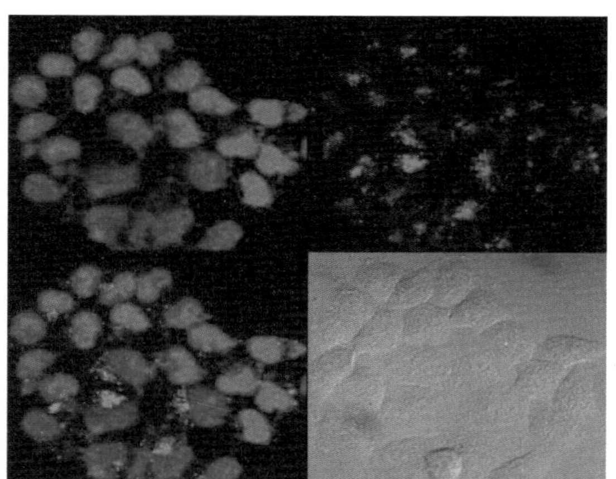

图 7-11　探针的细胞毒性与细胞定位

三、量子调控研究

2008 年，量子调控研究重点在基于物质新有序状态的量子调控、磁性微结构电子态的调控、微纳结构和器件中的量子调控、单原子 / 单分子尺度的精确量子表征检测及其在量子调控中的应用、关联系统的多重量子序共存、竞争与调控的研究以及量子信息基本逻辑单元和关键器件等方面进行了针对性的部署，为探索新的量子现象，发展量子信息学、关联电子学、量子通信、小量子体系及人工带隙系统进一步奠定理论、技术和人才基础。

在量子通信研究方面，利用冷原子量子存储技术，国际上首次实现了具有存储和读出功能的纠缠交换，建立了由 300m 光纤连接的两个冷原子系综之间的量子纠缠。这种量子纠缠可以被读出并转化为光子纠缠以进行进一步的传输和量子操作。这项实验实现了长程量子通信中亟须的量子中继器，从而向未来广域量子通信网络的实现迈出坚实一步。

在量子有序现象及其多场调控研究方面，揭示了一系列新的量子序效应－反钙钛矿结构中的量子序问题，在 Au/$SrTiO_3$ 体系中成功获得具有多个不同稳定电阻态的电致电阻效应，为高密度信息存储奠定了基础；提出把密度泛函理论与 Gutzwiller 方法相结合，实现了无人为参数定量计算。该方法属国际首创，在多项实际材料（如 $NaCoO_2$ 系统，FeAs 系统）的计算中，计算精度和计算速度均有良好表现。

在分子水平上设计和合成一系列功能配 / 聚合物、QCA 模型分子和开放骨架多孔材料，对电荷的转移进行调控；设计了新的多重发射－透射红外测量装置，测得光谱具有高的信噪比，相关论文被《A European Journal of Chemical Physics and Physical Chemistry》（《欧洲化学物理与物理化学杂志》）选作封面文章发表；利用具有强吸电子基团的配体和稀土离子配位，同时引入一个手性基团，获得一类新的分子基铁电体。粉末样品和膜都显示具有铁电性质，由于其成膜分子排列有序性比粉末物质高，铁电性质测试结果表明剩余极化率提高了两个数量级，这是首次报道的配合物铁电体薄膜，为分子基铁电体的研究和应用提供了新的思路。

四、发育与生殖研究

发育与生殖研究在诱导多能干细胞（iPS）的创制与重编程机制，内胚层组织、神经系统和动物肌肉及脂肪组织发育调控机制，影响男性生育异常的环境和遗传因素以及发育与生殖小分子化合物和天然产物研究方面进行了重点部署。

在 iPS 研究方面，建立并鉴定了具有三胚层分化潜力的大鼠 iPS 系，第一次原则性地证明了诱导多能干细胞技术可以用于为大鼠、猪、牛、羊等难以建立胚胎干细胞系的物种建立多能干细胞系，此外还建立了无选择 iPS 体系、猴 iPS 系以及脑膜高效 iPS 体系。

在脂肪细胞的发育分化方面，发现 LOX 不但在干细胞定向为前脂肪细胞中起重要作用，而且是干细胞定向为骨细胞和脂肪细胞的一个重要开关。LOX 的表达可以诱导干细胞定向为前脂肪细胞，LOX 敲除后干细胞将不能定向为前脂肪细胞，而是定向为骨细胞。

首次发现 Oct4B mRNA 存在选择性起始翻译现象，可以翻译形成不同的蛋白异构体，在干细胞的增殖、分化、应激反应、凋亡等多个生物学过程中发挥着重要的作用，并发现了 Oct4 磷酸化修饰与干细胞的自我更新密切相关；同时鉴定出 Nanog 的结构功能域，发现其重要的功能域为 W-repeat 及 CD_2 domain，并对调控干细胞自我更新和细胞重编程的机制进行了研究，对于了解 Oct4 和 Nanog 为中心的干细胞自我更新调控网络具有重要意义。

在微小 RNA 在若干重要器官发育中的网络调控机理及其功能方面，利用小鼠和斑马鱼等模式动物平台，较系统深入地分析了多种 miRNA 在神经系统发育、心血管发育、造血干细胞分化过程中的功能进行了较深入的功能研究。重点发现了 miR-144-Klfd 网络可选择性调节 α- 珠蛋白的合成，对理解地中海贫血和血红蛋白疾病的发病机制和临床诊断提供新的线索。

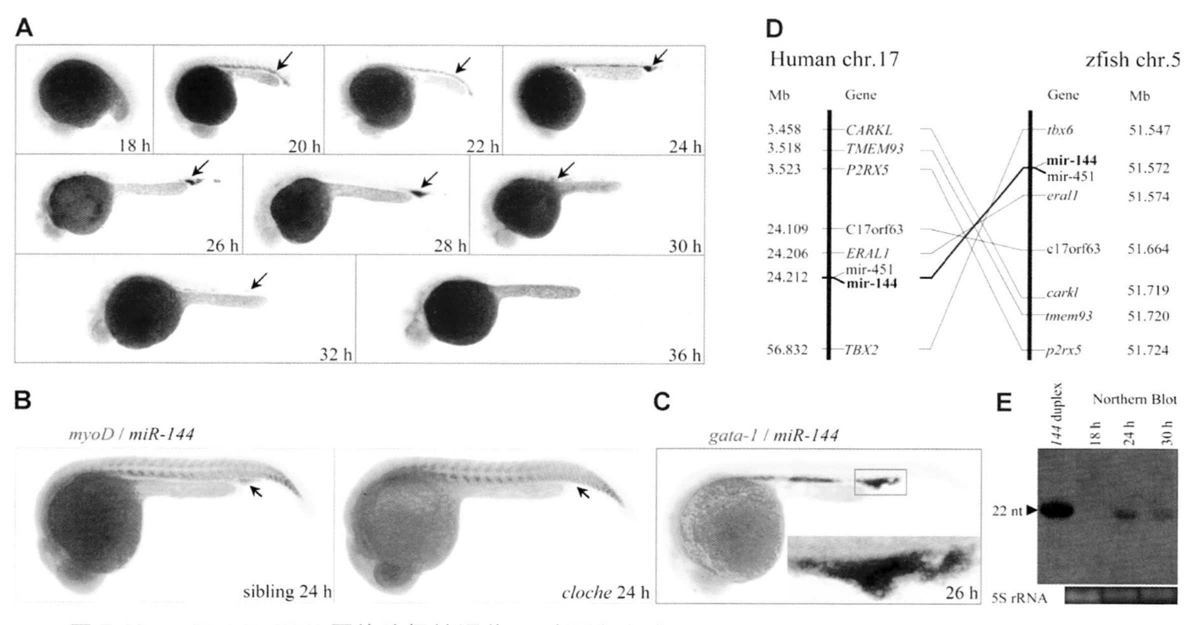

图 7-12　miR-144 -Klfd 网络选择性调节 α- 珠蛋白合成

在卵巢寿命及卵子发育相关基因研究方面，发现 FIGLA 基因敲除的雌鼠不孕，无始基卵泡；通过对 100 名中国汉族卵巢早衰（POF）患者进行筛查发现了该基因在两个位点上的缺失突变导致卵巢早衰。另外，发现基因 NOBOX 敲除后的小鼠表现为卵巢早衰，对 96 名美国 POF 患者筛查发现一个氨基酸位置的错义突变，而 200 名汉族 POF 筛查未发现突变。该研究有助于认识卵巢寿命及卵子发育。

第八章

前沿技术

2008 年，前沿技术研究进一步凝练目标、加强集成；围绕节能减排、新农村建设、装备制造业升级、抗震救灾、应对国际金融危机等经济社会发展中的热点、难点等重大需求，积极加强部署和研发。突破了一批核心关键技术，取得了一批具有自主知识产权的重大成果，在战略必争领域抢占一席之地，使我国在优势领域继续保持领先地位，并为战略性产业的培育奠定了重要基础。

第一节 信息技术

一、高性能计算技术

2008 年，中国完成了百万亿次高性能计算机曙光 5000A 系统和深腾 7000 系统的研发。

曙光 5000A 采用了多核 CPU 的星群体系结构，能够兼容运行大量的商业应用；采用了低功耗 CPU 和高密度刀片设计，在降低系统功耗的同时提高了计算的密度、节省了空间；刀片机箱内置高性能的 InfiniBand 交换模块，提升了系统效率，增强了系统的可靠性并降低了成本；封闭

图 8-1　曙光 5000A 系统

式水冷机柜的设计极大地提高了系统的冷却效率，降低了环境噪音。这些技术的运用，使曙光5000A达到了高性能、高密度、高可靠、低功耗、低成本、易管理等目标。

深腾7000采用异构的Cluster体系结构，结点为基于EM64T和IA64的2-way、16-way以及192-way多种异构服务器，通过InfiniBand和Gb Ethernet两套机群域网实现结点间互连，通过SAN实现I/O结点与光纤盘阵之间互连，所有硬件统一集成在联想机群基础架构中，并通过联想机群系统软件及应用支撑环境和工具等，对外提供单一系统映像，支持大规模的科学工程计算、网络信息服务和数据库应用，可全面满足大型计算中心类用户的多样化需求。

2008年，新版中国国家网格软件系统CNGrid GOS v3.1研发成功，在中国国家网格服务环境部署。该系统提供用户、安全、数据和管理等服务，有效集成了中国国家网格各结点的各类资源，提高了网格服务环境的易用性和系统的稳定性。目前，该系统的计算资源立足于国产曙光、联想、浪潮等高性能计算机，依托自主开发的一批高性能计算应用软件与商业应用软件，实现了分布在全国各地10个结点的计算资源、存储资源、软件和应用资源的整合，形成了具有45万亿次以上聚合浮点计算能力、490TB存储能力的网格环境。

二、通信技术

在可信路由模型、协议及网络控制技术，认知网络技术，新型宽带天线技术，极低谱密度无线传输技术，身份与位置分离的新型路由技术，多层多域光网络技术，高速A/D、D/A转换与芯片开发技术和100G光以太网关键技术等自组织网络与通信技术未来发展趋势的研究方向上部署了一批体现前瞻性、前沿性的研究与开发，为下一代高可信网络发展和新一代无线通信产业提供专利、标准等自主知识产权的储备和关键技术支撑。

在自组织网络、传感器网络、网络路由可扩展、光互联、光存储、分布式光网络、分布式无线组网系统、新型射频与天线技术等研究方向上形成了一批具有原创性的前沿技术成果，为通信技术的未来发展和引领通信产业新的增长点奠定了核心技术基础。同时有20余项技术提案写入正式国际标准，提高了通信产业参与国际竞争的能力。

三、信息安全技术

根据国际信息安全技术发展态势，结合信息安全技术实际应用需求，重点研究复杂系统下的安全存储、网络生存与灾难备份、主动实时防护、网络信任保障、网络安全事件应急处置、防范有害信息传播、网络舆论传播、网络与信息系统等级保护、软件与系统安全性缺陷、数字版权保护、面向分布式系统的安全防御、网络脆弱性分析、逆向分析、恶意代码应急响应、计算与应用环境下的密码技术等。通过对信息安全关键技术的自主创新和重点攻关研究，为国家信息安全保障体系建设提供技术支撑，全面提升国家信息网络基础设施和重点信息系统的安全保障水平。

2008 年，在一体化安全管理技术方面，创新性地集成了网络处理器和通用处理器平台，实现了基于 NP 和 AP 联动的原型系统；研发的联想网御万兆安全网关产品，数据处理能力达到 20Gbps，每秒新建连接数 22 万，并发连接 500 万以上 ；虚拟专网（VPN）吞吐性能达到 500Mbps。在网络监控与安全管理技术方面，提出了一个重大网络安全事件及时发现和有效监测方法、一个国家网络安全监测体系模型；研究了针对中国特定互联网安全危机实施控制措施的关键技术。阶段性成果分布式蜜网系统、流监测系统已在国家中心和全国 31 个省份中心进行了部署。在主动防御系统方面，重点研究自适应的主动防御系统体系结构、多种采集方式相结合的网络安全数据精确采集技术、面向多源异构网络安全数据的数据融合技术、多维度多层次的数据分析和风险评估技术、基于博弈理论的网络安全主动防御技术等关键技术；研制的大规模网络安全风险评估的主动防御系统于 2008 年 5 月部署于北京奥组委数字大厦，针对奥运会网络的外围接入端进行网络安全的安全保障，在奥运网的安全保障中发挥了重要作用。

四、虚拟现实技术

基于 DMD+ 螺旋屏和基于彩色 LED 体动态寻址的三维显示装置，系统体元素都超过了 5 000 万个 ；建立了大规模可共享的三维几何模型库，并提供分级、内容可控的共享方案，模型总类别在 500 类以上，开始探索在游戏领域的应用；完成了具有自主知识产权的支持城市环境规划设计、评估与分析决策的虚拟现实集成环境；完成支持 GB 级场景数据、几百种三维模型物体和上万个行动描述的分布式虚拟场景综合集成开发环境；完成能支持移动节点和多种设备接入、具有千兆级复杂度数据表示与绘制能力的人可参与和协调的分布式虚拟环境；基于多层液晶屏和可变焦电润湿透镜的两种三维显示方案初见端倪；人机交互设备方面，研制成功触觉交互技术与设备，支持虚拟膝关节镜手术、牙科手术等仿真训练；研制成功定点头部跟踪设备，其精度可满足飞行器仿真系统等的应用。

第二节
生物和医药技术

一、基因操作和蛋白质工程技术

◎ 系统性红斑狼疮相关 microRNA 的鉴定及功能研究

建立了高通量、灵敏的人和鼠的 microRNA 表达谱研究平台，发现了一组 miRNA 在系统性红斑狼疮中异常表达，其中包括 miR-146a，miR-98，miR-125a。功能研究发现狼疮中 miR-146a 低表达是干扰素通路异常激活的原因之一。这一研究有望发现新的临床标记和药物靶点，为利用调节网络设计药物或基因治疗提供新的思路。

◎ 汉族人银屑病易感基因的鉴定和功能研究

实施了多中心、多单位大样本量的中国汉族人银屑病易感基因的全基因组关联分析。实验结果证实了 LCE、IL12B 和 MHC3 个基因上存在汉族人的银屑病的易感基因位点，其中 LCE 基因是本次实验首次发现的汉族人银屑病新的易感基因，编码的角质膜蛋白与银屑病发病机制密切相关，为银屑病发病机制的深入了解及银屑病的治疗诊断提供新的契机。

◎ 水稻高产基因发掘与鉴定和高产新种质创制设计

通过筛选突变体库，得到一个影响水稻灌浆和千粒重的突变体，发现并鉴定了相应的基因是促进水稻灌浆，增加千粒重的关键基因，为水稻高产分子设计育种提供了一种新的选择。该研究结果已经发表于《自然·遗传学》杂志。

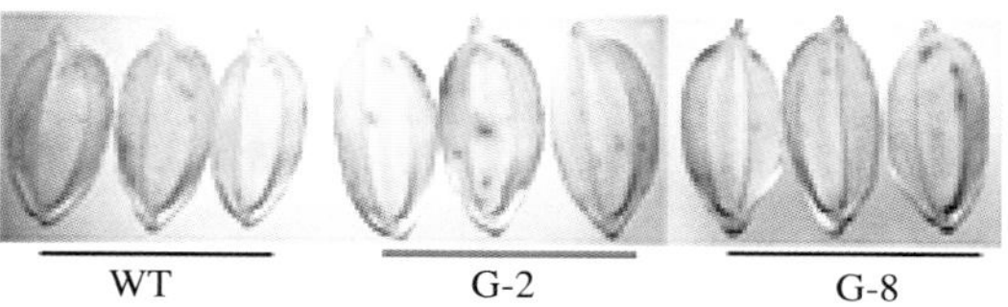

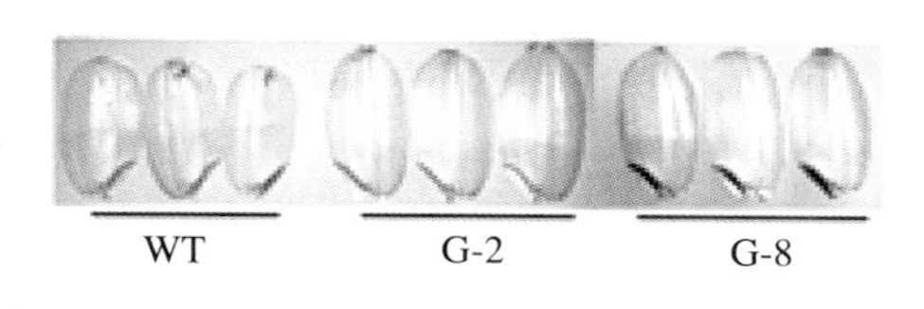

上图：正常的谷米与发育不良的谷米比较。发育不良的稻米除影响产量外，品质也不好。
下图：转基因水稻品系（G2和 G8）与对照品种（WT）比较，谷粒与米粒都变大，产量增加。

图 8-2　带有 GIF1 基因的水稻稻谷饱满，米质优良（上图）；在现有品种中转入 GIF1 基因后的谷粒变大，产量增加（下图）

二、疫苗与抗体工程

◎ 幽门螺杆菌疫苗

口服幽门螺杆菌疫苗为国际上第一个开展Ⅲ期临床研究，也是世界上最早完成Ⅲ期临床试验的原创性幽门螺杆菌疫苗。该项目已获得国家发明专利8项，是一项具有完全自主知识产权的新药。胃病疫苗研制成功，攻克了国际医学难题。

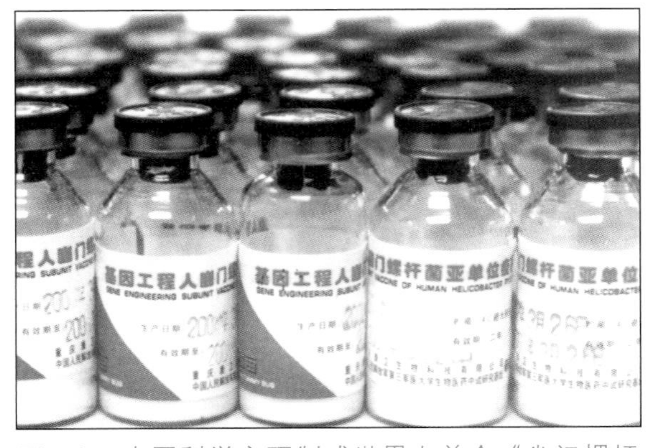

图 8-3　中国科学家研制成世界上首个“幽门螺杆菌疫苗”产品

◎ 双价霍乱 O1/O139 灭活疫苗

双价霍乱 O1/O139 灭活疫苗是主要针对霍乱优势菌株的预防性疫苗。这种胶囊剂型的多价口服疫苗，可以同时预防不同型别的霍乱传染性疾病。该疫苗具有使用范围广、副反应小、免疫接种方便、预防效果明显的特点。目前双价霍乱 O1/O139 灭活疫苗已按期完成临床Ⅰ、Ⅱ期的观察工作。

◎ 伤寒结合疫苗

伤寒 Vi 多糖蛋白质结合疫苗已基本完成疫苗实验室研制工作，完善了相应的生产工艺、质量控制标准和方法，建立了临床样品的检测方法。并与江苏疾病控制中心一起，开始了伤寒 Vi 结合疫苗的Ⅱ/Ⅲ期临床试验，Ⅰ期已顺利结束，Ⅱ/Ⅲ期已完成免疫接种，安全性良好，免疫原性和效力正在观测中。完成了疫苗全程免疫后6个月，一年血清样本的采集。

◎ 痢疾结合疫苗

痢疾疫苗的研发一直是全球疫苗研究的热点之一。中国科学家研制的针对两种最主要细菌性痢疾流行血清型的痢疾结合疫苗已完成Ⅰ、Ⅱ期临床试验，均显示出良好的免疫原性。

三、干细胞与组织工程

◎ 人类胚胎干细胞库

人胚胎干细胞（hESCs）是替代医学中最重要的种子细胞之一。建立国家级人类胚胎干细胞库在临床应用、遗传资源保存、提升国家干细胞资源管理能力等方面有重要的意义。目前英国、美国、韩国和日本等国家都已经或正在筹建人胚胎干细胞库。中国人类胚胎干细胞(hESC)库建设，在政府的大力支持下取得了很大进展。其中，中南大学建立的人胚胎干细胞库，目前已保存有多个不同种类的 hESCs 系共计 172 株；新完成 20 株 hESC 系鉴定；初步建立了干细胞的质量控制管理系统。

◎ 肝脏疾病的干细胞治疗技术

利用胚胎干细胞或成体干细胞作为种子细胞，有望用于肝病的多种形式的干细胞移植治疗。建立了人胚胎干细胞和成体干细胞高效诱导分化为肝脏细胞的关键技术，探索了自体干细胞与供者肝脏混合移植的新途径，建立了人脂肪干细胞在多孔聚乳酸－羟基乙酸支架上向肝细胞分化的条件，可在体外构建出三维结构的肝样组织。

◎ 血液系统疾病等重大疾病的干细胞治疗技术与产品

骨髓原始间充质干细胞，具有免疫调节作用，使得不完全配型也可以移植，极大地拓宽了患者的适用范围。骨髓原始间充质干细胞具有的造血支持作用，可显著提高移植成功率。新药骨髓原始间充质干细胞新药已经顺利完成 I 期临床试验研究，结果显示其具有良好的安全可控性。

◎ 人工生物心脏瓣膜

新型防钙化生物瓣膜的已获得国家正式生产批号，并建立了生产基地、标准化车间和一条生产线，正在临床应用研究和随访。开发和研制了无支架牛心包带瓣管道、无支架牛颈静脉管道、无支架猪瓣三种新型防钙化无支架瓣膜产品。

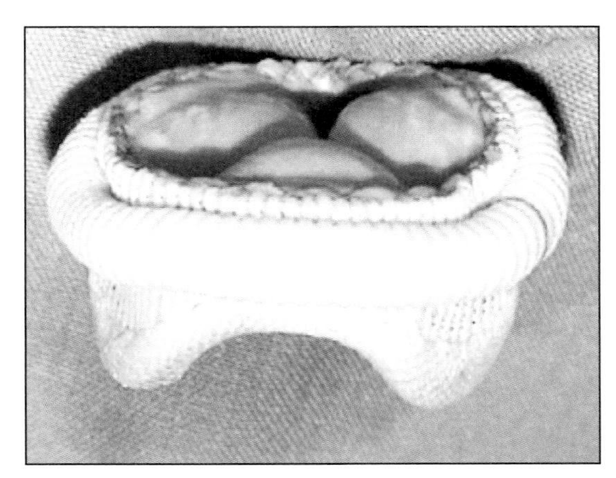

图 8-4　中国研制的新型防钙化生物心脏瓣膜

四、药物分子设计技术

构建成功 OLC1 的转基因小鼠及基因敲除小鼠，并建立了药靶 OLC1 的体内实验动物模型。采用 siRNA 方法抑制 OLC1 的作用，在动物体内有较好的效果，表明该模型可较好地用于筛选阳性化合物的功能研究。

已构建 pGEX-PDCD10、pGEX-MST4、pET32a-PDCD10 和 pET32a-MST4 质粒。大肠杆菌表达 PDCD10 和 MST4 蛋白，并对其进行 GST 纯化。重组 PDCD10 和 MST4 蛋白的生物学活性检测。利用重组 PDCD10 和 MST4 已初步建立体外 PDCD10 抑制剂筛选方法。对筛选方法进行了优化，并且可检测阳性化合物。

建立了 α- 淀粉酶 / 糖苷酶抑制药物的高通量筛选模型，对 3 000 余株土壤放线菌的代谢产物进行了广泛筛选，并得到数株能够产生 α- 淀粉酶 / 糖苷酶抑制剂的天然菌株，最终选择了一株天蓝黄链霉菌作为出发菌株，对其产生的 α- 淀粉酶抑制剂进行了系统分析。

五、发酵工程技术

头孢菌素C发酵工艺研究取得重大突破，糖代油的新生产工艺在工业规模试验已达到发酵单位40 000 U/ml，提高了30%以上。红霉素的发酵单位达到了8 000 U/ml，提高了23%。

成功构建了第二代高效表达果胶酶的基因工程菌株，建成成果转化示范基地4个、开发新产品3个。其中高效节能清洁型苎麻生物脱胶技术示范工程正常运行20个月，累计加工苎麻6 000多吨，脱胶工艺过程所添加化学试剂比化学脱胶工艺减少92.5%，每吨精干麻节省原煤70%、降低水耗62.5%；脱胶制成率提高5%～9%，精梳梳成率提高4%～8%。

第三节 新材料技术

一、智能材料设计与先进制备技术

研发了Al_2O_3基陶瓷以及新型稀土铝酸盐透明陶瓷的超重力熔铸制备工艺。研制的装置能实现超重力系数达5 000 ～ 10 000g；能进行高速旋转情况下的反应诱发、信号采集及过程控制；解决了超重力场中快速获得金属/陶瓷混合熔体，以及快速实现金属/陶瓷/气孔三相彻底分离的关键技术；实现了将透明陶瓷样品的制备周期缩短到30分钟以内，有望解决大尺寸透明陶瓷材料的低成本制备问题。

二、高温超导和高效能源材料技术

◎ 磷酸铁锂正极材料

400V/360Ah磷酸铁锂动力电池组已应用于奥运纯电动大巴，电池组每次充电可运行150公里。这是磷酸铁锂正极材料全球首次应用于纯电动大巴。

图8-5　采用磷酸铁锂正极材料的奥运电动大巴

磷酸铁锂（$LiFePO_4$）是近年发展起来的一种新型正极材料，因具有安全性能好、循环寿命长、原材料来源广泛（锂、铁、磷）、价格便宜、无环境污染等优点，是新一代动力锂离子电池首选正极材料。成功解决了磷酸铁锂材料改性和规模生产方面的难题，自主设计建成了300吨/年的磷酸铁锂生产线，在国内率先实现了磷酸铁锂的规模生产，并有多项发明专利获得授权。

◎ ITER 用 Nb_3Sn 超导线材

国际热核聚变实验堆（International Thermonuclear Experimental Reactor，ITER）计划是当今世界最大的多边国际科技合作项目，中国负责提供实验堆所需的部分高性能 Nb_3Sn 超导线材。通过优化线材结构设计和线材加工工艺，中国成功制备出了性能满足 ITER 要求、长度在 2 500 ~ 5 000m 的 Nb_3Sn 超导线，实现批量化生产。

图 8-6　ITER 用高性能 Nb_3Sn 超导线材

◎ 移动通信用高温超导滤波器系统

攻克了超导滤波器系统的小型化和长期工作稳定性等系统集成关键技术，使用国产超导薄膜成功制备了高性能超导滤波系统，在北京建成了包括8个CDMA移动通信基站、使用48路超导滤波器系统的达到商用水平的高温超导应用小区，并实现了长期稳定运行。高温超导应用小区的建成为北京20多万居民提供了高水平的移动通信服务，并为超导滤波器技术的规模应用和产业化奠定了技术基础。

三、纳米材料与器件技术

◎ 基于纳米材料的绿色制版技术

基于感光成像的激光照排技术存在成本高、耗时长和环境污染问题。基于微/纳结构亲/疏水可控转换原理的打印制版技术，直接打印形成具有相反浸润性（超亲油/亲水）的图文区和非

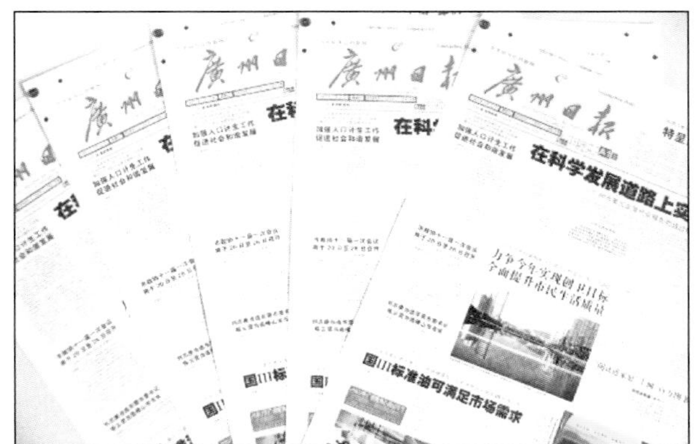

广州日报

国Ⅲ标准油可满足市场需求

图 8-7　绿色制版试印的样品

图文区，彻底克服了目前制版过程的环境污染问题，简化了制版工艺，降低了成本。

◎ C-RAM 芯片关键技术研究

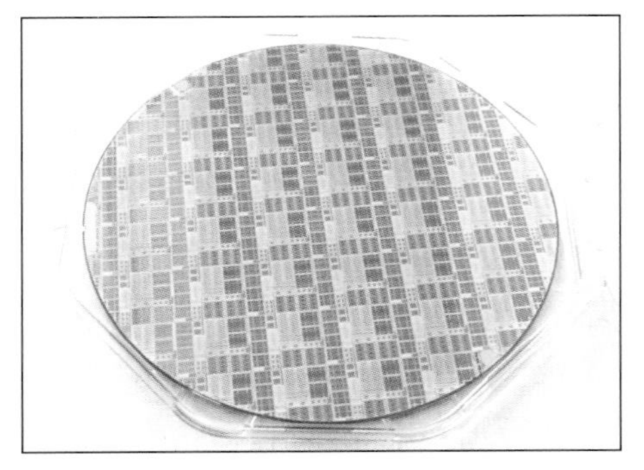

图 8-8　8 英寸 C-RAM 芯片流片样品

硫系化合物随机储存器（C-RAM）具有高速、低功耗、高密度、非易失性、成本低、寿命长等特点，是目前在研的最具市场竞争力的下一代新型半导体存储技术。新型半导体存储器 C-RAM 芯片技术，在新材料开发、芯片设计、芯片集成工艺、芯片测试等方面均取得较好成果。目前已完全打通了整个芯片工艺路线，研制出我国第一款 16kb 和 1Mb 的 C-RAM 测试芯片，芯片中器件单元重复擦写次数达到 1×10^6 次以上，器件单元的典型操作电压为 2V 左右，写时间最小为 15ns（纳秒），擦时间小于 200ns，读取时间小于 50ns，105℃环境中芯片数据保存时间为 10 年。

四、光电信息与特种功能材料技术

◎ 大容量超薄层多层陶瓷电容器用高性能纳米晶瓷料

多层陶瓷电容器(MLCC)是用量最大的基础无源器件,并向高比容、小型化/微型化方向发展。采用化学掺杂法精细控制陶瓷的“芯－壳”结构，研发出具有国际领先水平的高介电常数的温度稳定型纳米晶 $BaTiO_3$ 基瓷料，晶粒尺寸≤150nm。

◎ 基于低温共烧陶瓷技术的片式射频电子器件

通过微波介质材料、低温共烧技术、精细加工工艺和三维电磁场高频设计技术，实现了将大量无源器件集成于一个模块之中。研发出多种可以取代国外先进元器件厂商同类产品的高端电子元器件，在手机、蓝牙设备等移动通信和便携电子产品中获得广泛应用。

五、高性能结构材料技术

◎ 高乙烯基聚丁二烯橡胶制备关键技术研究

首次实现了高乙烯基聚丁二烯橡胶的大规模中试，对生胶和硫化胶进行了全面物理和力学性能表征，形成了高乙烯基聚丁二烯橡胶的混炼和加工技术，证明该胶种具有与进口溶聚丁苯橡胶相比拟的力学和动态力学性能，是具有工业开发前途的高性能大品种乘用车轮胎胎面胶。

◎ 海洋石油平台用高强度、厚规格钢板

高品质海洋平台用钢宽厚板的生产和应用是我国海洋资源开发的重要保证。高强度、高韧性宽厚板的广泛应用可降低海洋平台结构重量、确保海洋工程的安全。E36 ～ 40 级宽厚板通过了

9 国船级社认证并形成批量供货能力，在 4300 宽厚板生产线试制成功 40mm 厚 F40 ~ 50 级产品，为攻克 60mm 以上厚 F50 级宽厚板摸索出了可行的技术路线。

第四节 先进制造技术

一、（智能）机器人技术

智能机器人在机构、感知、控制、驱动等方面都取得一定的进展，尤其在仿生方面成果显著。

完成了全柔性扑翼式仿生机器人第二代样机的水下性能推进试验。测得了扑翼参数对于推进速度的影响，制作了不同柔度分布的三组胸鳍，并分析了柔度分布对推进效率的影响。

图 8-9　刚性胸鳍样机

完成了微型智能飞行机器人研制及测控技术研究。利用多流场传感器组合检测翼表流场信息，实现了多飞行参数测量的集成系统，完成了微型智能飞行器的稳定控制技术研究，设计了基于 QFT 与 PID 组合的飞行控制算法以及气动角主动控制，利用自研的微型自动驾驶仪，成功实现了飞行器的稳定控制。

大型飞机运输工装夹具研制成功。按照空客 A320 飞机运输夹具质量标准和 BV 标准控制产品质量，攻克了大型曲面定位、加工、超长件焊接、热处理、装配等技术难题，开发出机头、机身、机翼、垂直尾翼、水平尾翼、发动机等各部件的运输夹具并通过 BV 公司检验，完成首架空客 A320 飞机大部件运输任务。

开发出可自主起降的悬翼无人机。研制完成 40kg 级无人直升机系统，实现了增稳起飞、自主降落、自主空中悬停，地面站动态航迹点设定，航迹点全自主跟踪。

二、先进制造与加工技术

逐步形成了面向行业应用的 MES 解决方案和相关产品。已实施 MES 的典型企业共有 15 家，包括：西航公司、中国重汽商用车公司等。若干关键技术取得较大突破，提高了企业的车间设备利用率，缩短了制造周期，制品库存大幅减少，降低了制造成本，取得了较好的经济效益，并得到应用企业的认可。

建立了测量工业现场射频环境及工业无线模块及无线产品的测试平台。研制了工业无线网络（WIA）关键设备，包括 WIA 网关、WIA 适配器等。开发了多种工业无线仪表原型，包括无线温度变送器、无线压力变送器、无线气体传感器等。

国产 PLM 软件支持东方汽轮机有限公司震后重建。该系统软件于 2008 年 3 月开始在东方汽轮机有限公司上线应用。

三、极端制造技术

MEMS 设计工具与技术。提出了可支持任意流程设计的 MEMS 设计工具架构和集成设计方法，开发了宏建模、版图到系统级等 6 个数据自动传递接口用于连接任意两个设计层级，实现了 MEMS 的任意流程设计，开发出 MEMS 设计工具和设计工具原型系统，并进行了小批量的示范应用。

新型微纳器件。研制出自呼吸式 MEMS 直接甲醇燃料电池，单体电池最大功率密度达到 30mW/cm^2，超过了原定目标，单体电池运行 600 多小时，电池功率密度衰减小于约 23%。

人体介入医疗微系统。开发国际上惟一的远程可控的胶囊内镜系统，具有使用方便、安全可靠、操作灵活、功能升级方便等优点。在英国、意大利、瑞典等国家和地区的上千家医院用于临床。

危险化学品安全监测与跟踪网络化微系统。研制出压力液位传感器、加速度传感器、倾角传感器和温湿度传感器，其中压力液位传感器、加速度传感器实现了小批量生产，压力液位传感器实现了小批量应用。危险化学品安全监测与跟踪网络化微系统已在多家危险化学品运输公司进行了 100 多套系统产品的小批量装车，初步完成了相关标准规范的调研和草案的起草。

四、寿命预测与可靠性技术

◎ 发电机组寿命和广义可靠性设计与分析技术

掌握了超临界 600MW 机组高温部件寿命设计的核心技术，开发并应用了超临界 600MW 机组主机、辅机与系统可靠性设计的关键技术，研究制定并实际应用了超临界 600MW 机组寿命和可靠性设计与评定的 4 个技术规范。研究成果在 15 家制造企业推广应用，国产 600MW 超临界机组的等效可用系数达到 92%，达到国际领先水平。实现了超临界 600MW 机组的自主化设计、自主化制造与批量化生产，实现了中国煤电成套设备从亚临界参数到超临界参数的升级换代。

◎ 大型场馆健康监测与安全分析技术

在国际上首次在大跨度空间结构上大规模采用新型光纤光栅应变及温度传感器监测结构的应力场和温度场分布，并验证了系统的可靠性；在国内外首次对ETFE膜结构的风速、风压和振动进行了同步监测，通过对监测数据的分析，揭示了屋盖结构的流场分布、ETFE膜气枕的风压与其振动的相关性、ETFE膜的阻尼比和自振频率等的特点。

第五节 先进能源技术

一、氢能与燃料电池技术

分布式制氢方面已完成了关键催化剂、反应器及相关部件的研发，可提供5～10kW的氢源系统样机，同时和质子交换膜燃料电池（PEMFC）联试。高压储氢容器及装备已完成了70L、40MPa高压氢瓶，达到国际同类产品的水平，同时研制成功70MPa高压氢瓶样机。

二、洁净煤技术

◎ 整体煤气化联合循环技术

整体煤气化联合循环（IGCC）技术是中国未来燃煤发电的主要方向之一，目前在天津滨海

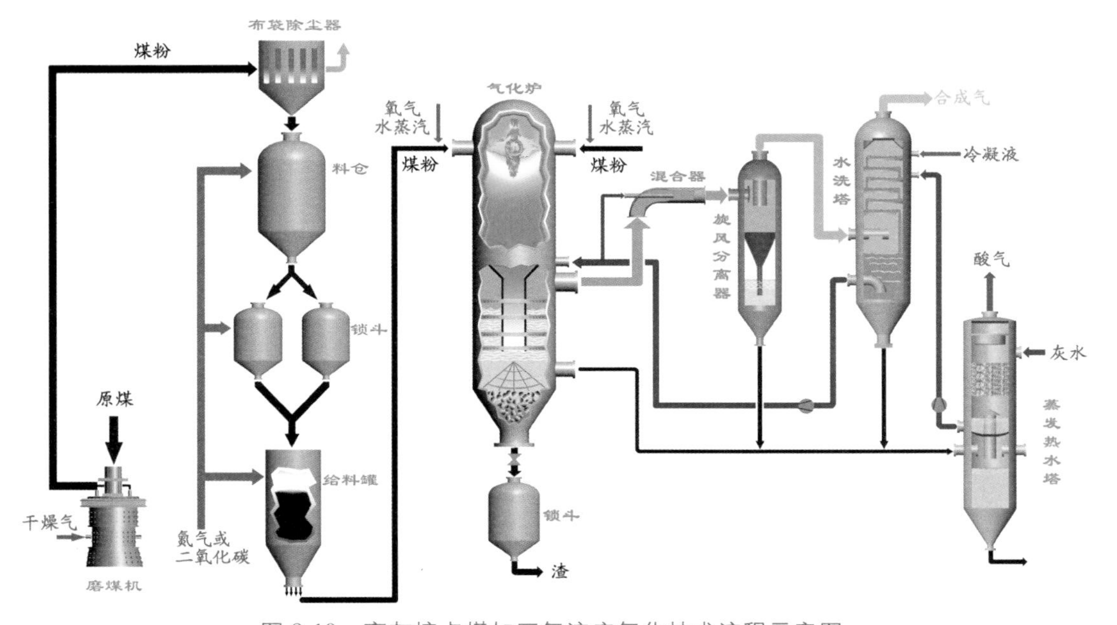

图 8-10　高灰熔点煤加压气流床气化技术流程示意图

新区的华能绿色煤电工程 250MW 级 IGCC 示范电站项目已获得国家发改委批准进行前期工作。华电杭州半山电厂和广东东莞投资建设的 250MW 级 IGCC 示范电站项目也已完成电厂设计和相关工作。

◎ 燃煤电厂 CO_2 捕集及利用技术

建成 3 000 吨 / 年 CO_2 捕集试验示范装置，于 2008 年 7 月投入商业运行，已形成自主知识产权的燃煤电厂 CO_2 捕集技术。

三、可再生能源技术

◎ 风力发电技术

已初步掌握具有自主知识产权的 1 ～ 2MW 双馈式变速恒频风电机组系列机型的设计技术，现有国内订单约 400 台，并已完成 10 项技术成果转让；1.5MW 直驱永磁风电机组已实现大批量生产；已形成全国最大的齿轮箱生产基地，可为 1.5 ～ 3MW 风电机组批量配备齿轮箱；自主研发的 1.5 ～ 2MW 风电机组叶片已实现批量供货。自主研发的风电机组变流器首次实现国内整机厂家批量采购。

◎ 太阳能光伏发电技术

在建筑一体化光伏技术方面，完成了国内规模最大的义乌 1.295MWp 并网光伏电站建设；在聚光光伏方面，完成了南京浦口国家高新区 0.2MW 电站建设和四川西昌 1MW 光伏电站设计；在荒漠集中光伏技术方面，完成了甘肃武威 0.5MW 荒漠电站建设并实现并网发电，完成西藏羊八井兆瓦级光伏电站的设计；在光伏关键设备方面，已研制成功 100kVA、250kVA、500kVA 并网光伏电站逆变器，单轴、双轴等多种跟踪系统。

◎ 太阳能光热发电技术

在北京延庆县八达岭镇完成 1MW 太阳能热发电电站的设计，采用 125m^3 六边形定日镜，跟踪精度高于毫弧度，达到世界先进水平；已完成吸热器、电站控制网络和蓄热监控系统的设计，并获得北京市供电局并网发电许可，是国内首家获得正式并网发电资质的太阳能热电站。

◎ 特高压输变电技术

全面完成过电压与绝缘配合、无功补偿、电磁环境等多项 1 000kV 交流输变电工程的关键技术研究，达到国际先进水平；在世界上首次完成了 6 英寸大容量晶闸管的研制，解决了制约 640 万千瓦（±800kV）直流工程建设中最大的难题。

第六节 海洋技术

一、海洋环境监测技术

◎ 海洋环境立体监测技术系统

福建示范区海上立体实时监测网、风暴潮和赤潮等预警系统以及网站 PDA 等应用系统已开始准业务运行，为福建省海洋灾害监测和预警提供了 2 年的信息支持和服务。风暴潮漫滩预警辅助决策系统在 2007 年和 2008 年影响福建省的 10 次台风期间，制作了 41 期较具特色的防台风暴潮会商材料，为指挥决策提供了科学依据。

◎ 北极冰下自主 / 遥控海洋环境监测系统

自主研制的 ARV 是一种集自治水下机器人（AUV）和遥控水下机器人（ROV）技术特点于一身的新概念水下机器人，具有开放式、模块化、可重构的体系结构和多种控制方式，系统可以在 0 ～ 100m 水深工作，冰下巡航半径 3km。2008 年 7 月参加了中国第三次北极科学考察，在北纬 84.6° 获得了冰底形态并测量了浮冰厚度、冰下温度、盐度、深度及有关光学参数，实现了冰下水平剖面的自动位置控制和近距离观察、测量，垂直剖面的升沉运动控制以及北极冰下海冰物理特征和水文、光学特性的协同观测。

图 8-11　ARV 吊放作业现场

二、海洋油气开发技术

◎ 深水高精度地震勘探系统

深水高精度地震勘探系统项目已研究完成一套具有完全自主知识产权的 4 缆压电陶瓷检波器拖缆地震采集系统，一套适用于高精度地震信号处理的海量数据并行处理开发及应用平台和数据处理、解释系统。该系统各组成部分已经在南海通过多次海试考验，完成了 4 000m 长度电缆采集系统的海试工作，采集了 750km 二维高密度地震资料。该地震采集设备的整体性能、

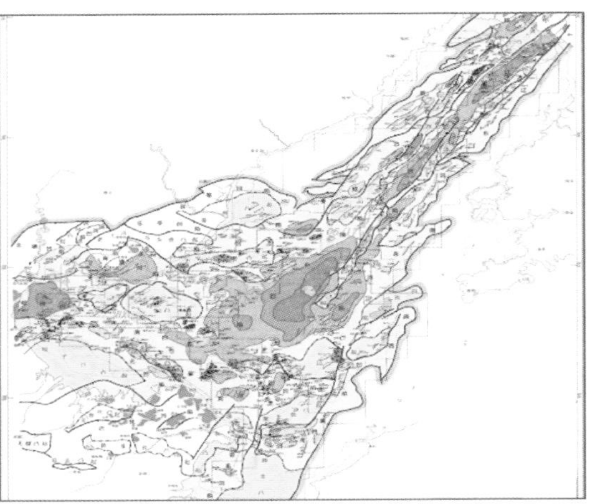

图 8-12　1 000m 长度电缆采集设备海试情况图

系统稳定性均达到当前国际先进水平，基本达到实用化程度。

◎ 3 000m 深水半潜式钻井平台

3 000m 深水半潜式钻井平台，是世界上最先进的第六代超深水半潜式钻井平台，也是中国建造的技术最先进、难度最大的海洋工程项目。通过引进消化吸收再创新的过程，中国取得了船型设计的知识产权、国产高强度 R5 级锚链的研制和应用、南海恶劣海况条件下高效安全作业、DPS3 动力定位和锚泊定位组合、超高强度钢材焊接技术、建造精度控制技术等 10 项创新成果，全部应用于半潜式平台的建造中。

三、深海探测与作业技术

◎ 钻获天然气水合物样品的后续研究

在南海北部神狐海域首次钻获天然气水合物实物样品后，中国科学家就天然气水合物的勘探开发技术，天然气水合物样品低温扫描及样品处理技术，天然气水合物钻获区的地理、海底地形、区域地质、海底沉积物性质等问题进行了深入研究。

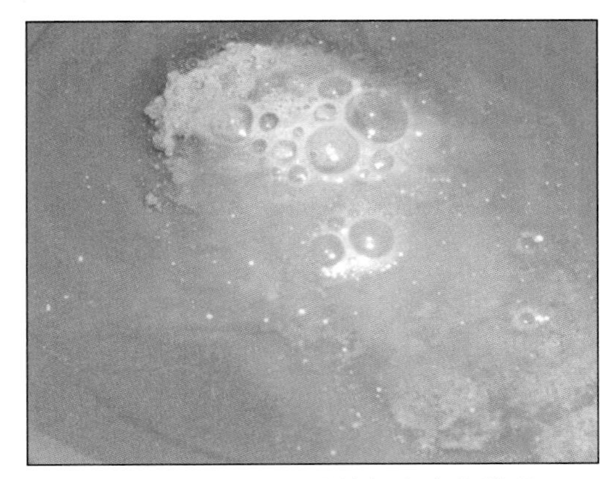

图 8-13　天然气水合物样品

◎ 合成孔径声呐系统

合成孔径声呐系统的研发突破了总体设计、实时多子阵的快速成像、运动补偿、自聚焦、宽带基阵设计等一系列关键技术，取得了一批具有独立知识产权的技术成果，相继研制出湖试样机和海试样机及其改进的应用型工程样机。在 2008 年的湖试中不仅准确地探测到沉底和半掩埋的水下目标，而且获得了丰富的水下地形地貌声学图像数据。

◎ **深水多波束测深系统**

该系统可在 20 ~ 11 000m 深海域对海底地形、地貌进行探测，在海洋科学研究、海洋开发等方面具有重大应用前景。目前该系统已完成总体设计，突破了水下声基阵、声呐主机设计等多项关键技术，进入了系统加工制作阶段。

四、海洋生物资源开发利用技术

◎ **注射用海参多糖提前完成Ⅲ期临床研究**

注射用海参多糖是具有自主知识产权的含多糖类海洋新药，用于缺血性脑中风的急性期和恢复期治疗。该药已提前完成Ⅲ期临床试验，根据临床统计，试验药物量效关系明确，没有不良反应发生，除脱落病例外用药依从性均好。目前，投资 5 200 万元符合 GMP 要求年生产能力为 1 000 万只的现代化冻干粉针剂生产线正在建设中。

◎ **鱿鱼加工关键技术**

攻克了冷冻鱼糜的技术、鱿鱼丝加工过程中甲醛产生机理及其控制技术，开发了鱿鱼卵富 DHA 卵磷脂产品。同时，就全鱿鱼利用的节能减排技术展开了相关研究，完成了鱿鱼加工废弃物低盐鱼酱油速酿工艺和鱿鱼墨多糖及黑色素研究，提高了鱿鱼的利用率。鱿鱼加工关键技术的产业化率达到 30%以上。

第七节
资源环境技术

一、矿产资源高效勘察与开发利用技术

大深度金属矿精细勘探技术装备研制进展显著，研制了中国第一套具有自主知识产权的 2 000m 深孔全液压动力头地质钻机系统，完成了深孔全液压岩心钻机、配套泥浆泵、高精度钻探参数检测系统及钻井液制备固控系统关键部件试制；研制了分布式无缆地震仪科研样机，设计完成金属矿地震数据处理软件的框架，完成系统软件系统的需求分析等设计。

固体矿产安全开采及高效选冶技术研究已初显成效，针对深井开采岩爆、瓦斯和突水等灾害，形成了一批新技术、关键装置、计算机模型和软件产品；完成了遥控铲运机的设计和控制系统开发，搭建了具有独创性的铲运机视频定位智能控制平台；选冶过程测控关键技术与设备已经开始

替代进口产品，并已在多家企业应用，结束了中国大型选冶在线测试设备依赖进口的历史。

二、复杂油气资源勘探开发技术

在复杂油气资源勘探开发技术方面，自主研制成功12 000m钻机、CGDS-I近钻头地质导向钻井系统、CT38连续管作业机等具有自主知识产权的创新成果已顺利投入产业化实施；具备自主知识产权的微电阻率井周成像测井仪器、多频阵列感应成像仪器测井装备与工具等研究成果均已成功投入现场应用。

先进钻井技术与装备取得重大突破，研制成功的中国首台12 000m钻机、气体钻井配套装备与工具、全过程欠平衡钻井配套装备与工具等研究成果均已成功投入现场应用，并达到预期的效果。研发出具有自主知识产权的12 000m特深井石油钻机，共突破了6 000HP绞车等9项重大关键技术，形成了9项专利技术。这台超大功率钻机实现了国产化，打破了西方对高端石油装备的垄断，多项技术走在世界前列。

复杂油气资源勘探技术与装备研发取得重大进展，研制成功多频阵列感应成像、微电阻率井周成像和方位声波成像等3种测井仪器，初步建成了7条专用生产线，首次实现国产测井装备成像化，完成近200多口井的现场应用，为复杂岩性油气藏储层评价和油气识别提供了先进武器；形成了面向油藏开发的高精度三维地震采集与处理配套技术，获得了高品质地震资料，提高了复杂油藏的描述精度。

三、环境污染控制与治理新技术

在重点城市群大气复合污染防治技术与示范、机动车污染控制、燃煤烟气污染控制和污染土壤修复等技术方面取得重要进展，形成了一批污染控制新技术与设备，多项新技术和设备投入应用，部分创新产品进入环保市场。

重点城市群大气复合污染综合防治技术与集成示范取得重要进展，有力推动了珠三角大气复合污染防治工作。10余项监测仪器样机研制成功，这些监测仪器样机已经在北京奥运和珠三角综合技术示范中初步得到验证。

研发了一批大气污染控制技术与设备，部分设备已初步占领市场。成功开发了一批新型机动车尾气净化器产品、燃煤锅炉烟气排放控制技术与装备和室内典型空气污染净化设备，部分产品设备在国内市场上的占有率逐步提高，摩托车尾气净化器和燃煤电站烟气脱硫成套设备出口东南亚。

在金属矿区及周边重金属污染土壤联合修复技术与示范方面，建立了4个植物－物化联合修复技术示范工程，初步构建了蜈蚣草－经济作物间作的植物阻隔修复模式和东南景天－玉米套种的植物阻隔修复模式，为重金属污染农田安全利用提供了技术支持。

危险废物集中处理处置技术系统初步形成，建立了包括900多种工业危废物的物化特性数据库，获得了典型工业危废热解过程气体释放特性，运用FLUENT软件，对回转窑焚系统进行了数值模拟，建立系统的几何模型，对连续式回转窑热解反应器进行优化。

在饮用水水质安全保障方面，重点研究了饮用水除铁、除锰、除氟、除硝酸盐、除溴酸盐及病源微生物的原理、技术和方法。在污水处理、回用及污泥处置方面，从典型的低温菌中纯化了有机污染物的降解酶，完成低温菌处理污水的中试。

四、环境监测与风险评价技术

重大环境污染事件应急技术系统研究开发与应用示范全面展开。在上海示范区，结合特大城市人口高度密集，产业群集聚、环境风险类型多、高风险区域分布广泛等特点，开展了上海市及典型区域——闵行区重点环境风险源排查、识别、分级和风险评估，明确重点区域环境风险源分布，设立了18个二级分指标，构建了企业环境污染事故应急预案完备性评估指标体系。

开发了一批具有自主知识产权的环境监测仪器，有效提升了中国环境监测仪器的技术水平。在水质和大气连续自动监测技术方面，已经开发了多套水质和大气质量连续自动环境监测技术系统与设备。

针对水环境中经常出现的病毒和致病菌，建立了富集和纯化方法、病原微生物检测技术和水环境致病菌快速检测技术。针对水中、底泥中全氟化合物提取和分析进行研究；获得水中极性有毒有机污染物的被动采样技术；获得有机磷农药、重金属通用结构抗体和多克隆抗体的环境污染事故快速诊断试剂盒。

第八节
现代农业技术

一、农业生物技术

绘制了世界上第一张家蚕基因组精细图谱，家蚕功能基因组研究保持国际领先。通过国际合作，把所有家蚕序列和图谱信息进行了统一拼接、组装和注释，使家蚕基因组精细图谱基因的覆盖率达 99.6%，大部分基因片段和基因定位到了家蚕染色体上，为识别、筛选具有重要价值的功能基因奠定了坚实基础，对推动家蚕产业具有十分重要的作用。

申嗪霉素的生物合成与应用研究取得重大进展。研究了申嗪霉素生成的基因调控网络以及合成途径中的关键酶，在此基础上构建高产的基因工程菌株，获得产业化用的高产菌株，结合发酵工艺优化技术，发酵单位提高到每升 3g 以上，与野生型菌株相比，效价提高了 15 倍，使申嗪霉素的中试成本进一步下降。

搭建了一批新型转基因技术平台，突破了制约新型生物反应器制作的关键技术，获得了一批转基因动植物。

二、数字农业与精准作业技术

在数字农业技术方面，建立了日光温室内环境因子的动态变化模拟模型、温室主要作物生长模拟模型、生长和产量影响模拟模型，建立了光、温、水和养分影响的草地植物光合产物分配模型，发展了耦合碳氮循环的草地生态系统过程模型。

建立了主要作物、果树形态与功能可视化建模的本体数据库，研发了植物三维信息获取系统，完善了基于过程的稻麦植株器官、个体与群体三维形态结构及空间构型建成的模拟模型。

建立了家禽、奶牛环境应激、健康状况特征性声频与视频信息数据库及智能化在线监测系统，开发出奶牛电子标识装置、奶牛体况自动评定系统、奶牛自动化体型外貌线性评定系统，建立了比较成熟的奶牛数字化精准养殖技术体系。

研制了水质信息采集与远程监控、疾病预警、精料投喂决策、水产品安全质量监管、水产品生产管理决策支持等软件系统，初步建立了数字化水产养殖技术体系。

在精准农业技术方面，完成了土壤和作物信息获取设备的关键技术的开发，相关技术及产品在示范区推广应用。其中车载土壤水分与压实复合传感器系统的信息耦合处理关键技术，突破了国际上土壤水分和压实无法进行在线实时测定的技术难题，实现了测定过程的控制、测试信息显示和存储技术融合。

光纤式农田土壤有机质含量检测系统，解决了土壤有机质测定复杂，无法进行现场测定的难题，实现了便携式测定土壤有机质的技术突破。

针对农业生产病害发生难于实时快速监测的技术难题，发明了病害检测系统，实现了病虫害发病状况的传感器快速监测测定。

三、现代食品工程技术

完成了中国第一个具有自主知识产权的益生乳酸菌 L.casei zhang 的全基因组测序，首次获得高活性益生乳酸菌。首次对益生乳酸菌 L.casei zhang 菌株基因组学和蛋白组学进行了较系统的研究，第一次获得乳酸菌全基因组图谱。

创立生物微囊高密度培养技术体系，在肉类发酵剂制造核心技术领域获得突破，打破了国外发酵剂一统天下的局面。在优良肉品发酵剂筛选、菌种高密度培养、发酵剂抗热、抗冷冻诱导与活力保持以及产品产业化关键技术等方面取得突破。

推动了我国非热食品加工技术装备水平的快速提升。开发出具有完全自主知识产权、国际先进水平的低能耗、高效率、连续式、智能化和工业化适合多种物料的非热加工技术和设备。

获得了一批针对化学农药和重金属的抗体探针，初步建立了基于分子识别的化学污染物快速在线检测技术体系。在有机磷、氨基甲酸酯、拟除虫菊酯农药通用半抗原分子设计与合成，人工抗原合成和鉴定，通用结构抗体制备和检测产品研发等方面取得了阶段性成果。

四、先进农业设施装备技术

基于重量法开发的联合收割机产量分布信息获取技术解决了国产小型联合收割机由于结构重量轻，联合收获测产困难的难题。

大型智能化变量喷药机开发技术实现了国产大型农药喷洒机智能化控制。田间试验表明，这

图 8-14　农民正用先进的小麦免耕播种机进行播种

种喷雾机作业效率高，防治效果好，经济效益高。

推出了一批具有我国自主知识产权的原创性实用产品，包括小麦变量免耕播种机、玉米变量免耕播种机、水稻智能对行插秧机、注入式变比变量喷药机和智能化自动对靶除草机等。

深入研究了浪、波混合网箱数值模拟技术，发现了网衣及锚泊系统的水动力学特性，以此为基础提出了一系列创新设计理论，有效提高了网箱的实际养殖容积和抗台风能力，使我国深水网箱设计能力达到国际先进水平。

五、循环农业技术

开展了菊酯类及磺酰脲类农药降解微生物筛选、降解菌特性、降解代谢途径、降解产品开发等方面的研究，初步建立降解微生物的环境定殖及原位降解生境调控技术，掌握了降解菌特性和降解代谢途径，开发了降解菊酯类农药的微生物降解菌剂。

开展了近海和池塘养殖水体有修复功能的适宜微生物和藻类的筛选、水环境原位修复的微生物制剂、准生产规模生物滤器的设计与制作等方面的研究。

高蓄能甘薯、油菜等能源作物分子育种和杂交育种技术，成功用于新品种选育，有力提升了我国能源作物的育种水平，为非农耕边际性土地开发和生物能源转化提供了品种资源保障。

研究了木质纤维素生物转化过程中关键酶生产和高效水解，新型固定化酶、固载型超强酸碱催化剂法植物油料绿色转化、生物质基高分子材料开发以及农林废弃物低温高产沼气等关键技术，初步开发了燃料乙醇、生物柴油、生物合成甲烷和生物质高分子材料等系列产品。

六、海水高效健康养殖技术

海洋生物的分子育种技术研究取得重要进展，在鱼、虾、贝、藻、参等海洋生物已开发了大量的分子标记，构建多个遗传连锁图谱，克隆了 81 个与生长、发育、免疫相关的功能基因和调控元件。

建立了对虾 BLUP 育种体系，构建了核心种质库，具备了持续育成良种的能力。

实现了海藻养殖良种化，研发了我国原创的大型海藻丝状体克隆系育种技术，完成了 60 余个品系和杂交组合的性状评估。培育出 1 个海带国家水产新品种、3 个优质新品系。

在名贵海水养殖生物繁育技术方面，突破了星鲽亲鱼生殖调控、幼仔鱼发育变态及营养需求等关键技术。

第九节
现代交通技术

一、汽车前沿技术

◎ 国产轿车及商用车正向开发平台

研制出企业级的整车、总成、零部件的正向开发流程，建立了整车碰撞安全开发流程和整车性能品质 NVH 正向设计流程；建立了整车、总成、零部件技术特征三级对标数据库，以及整车轻量化、整车安全性、整车操纵稳定性、悬架特性、材料等方面的对标数据库；研制出整车和总成结构虚拟样机、悬架特性仿真、结构动力学性能仿真与优化、动态载荷模拟、零部件耐久性分析等底盘匹配优化技术。

◎ 1.5 升轿车缸内直喷汽油机（GDI）

研制出 1.5 升轿车缸内直喷汽油机，废气再循环率 30%以上，起动工况碳氢化合物排放量降低 50%，研制出结构优化和振动控制等 GDI 发动机总体设计技术，完成气缸盖、进排气歧管、凸轮轴等 GDI 关键零部件的设计与制造技术。

◎ 国产重型车用柴油机

研制出中国第一款顶置凸轮轴、能承受 220bar 爆发压力的、具有国际先进水平的第一代重型柴油机样机，研制出适合 SCR 技术的欧 4/ 欧 5 燃烧系统以及面向欧 5 以上排放标准的超低排放燃烧系统的设计技术，不同用途发动机的 SCR 系统抗硫控制策略，各类用途 SCR 催化器的发动机台架试验评估方法和流程。

二、智能交通技术

◎ 动态交通信息采集

北京市建成了 1.2 万辆浮动车规模的动态交通信息采集处理和发布系统，系统五环内道路的覆盖率达到 75%，路况信息准确率达到 85%，交通信息服务已通过网站、热线、广播、手机 4 种方式对社会提供服务，动态车载导航试验结果表明可平均缩短约两成的驾车时间，并完成了交通信息服务的标准规范初稿。

◎ 城市交通枢纽信息服务

上海市城市交通枢纽出行信息服务系统示范工程，在浦东机场完成了 30 块显示屏建设，发布中心城区道路交通状态信息、公交及换乘等信息；在人民广场地铁换乘通道设置综合交通查询终端设备，实现了人民广场地铁、地面公交班次、换乘线路等交通信息以及周边其他服务设施等综合信息交换、共享和查询；在吴淞客运码头设置了2套可变信息标志和1套综合交通信息查询终端，发布通往中心城区主要节点快速路交通状态信息；在全市新建1 000块公交电子站牌，在地铁站附近的公交电子站牌可发布实时地铁运营服务信息，实现地铁综合运营信息系统与地面公交运营信息交换、共享。

三、其他交通技术

◎ 道路全断面动态数据采集

公路全断面快速检测车已成功进行了近6万公里路面的检测和路面损坏的自动识别，检测结果用于路面技术状况的评价和养护分析。实现了公路技术状况（路基、路面、桥涵构造物、沿线设施和绿化）及超大规模路面损坏的高精度定位、自动分类和前方图像自动识别。

◎ 轨道全断面动态数据采集

轨道交通基础设施全断面动态测量系统已应用到京津城际铁路、北京地铁5号线、10号线、机场线等设施的综合试验和开通验收。

◎ 抗滑、阻燃、降噪隧道沥青路面结构

隧道内部抗滑、阻燃、降噪多功能隧道沥青路面结构和施工技术指南，已应用于湖北沪蓉西高速公路把水寺隧道（1 375m）和武汉长江隧道（3 600m）。

◎ 交通对象识别与状态获取关键技术和装备

多功能交通车辆智能检测传感器、传感器网络复合节点原型装置和传感器网络原型装置，开发出基于交通传感器网络融合的区域交通状态分析系统和面向不同应用的传感器网络配置与优化系统，具有检测车辆流量、速度、占有率、车型和CAN通信等功能。

◎ 驾驶人安全状态监测及预警

研发出驾驶人疲劳及注意分散状态的实时监测预警技术，已形成原理样机。该技术可自动检测驾驶人的疲劳及注意分散等不安全状态，根据驾驶人的实际状态提供人性化预警信息，实用于实际道路环境和全天候工作。

◎ 道路交通事故多元致因分析

建立了面向技术分析的交通事故致因分析数据库结构及高级管理系统，建立了道路和驾驶员行为特征对道路交通事故影响的分析技术，有助于从人、车、路、环境4个环节综合研究道

路交通事故多元致因，对于完善现有道路交通事故数据库国家标准具有重要意义。

◎ **区域交通系统状态特征提取与集成**

开发出区域交通系统状态特征指标体系、区域交通特征提取技术、区域交通系统状态特征融合技术、区域交通系统状态定量评价方法、区域交通系统状态预报技术等；快速路交通状态判别与自动发布软件在上海市快速路监控中心得到应用；基于车牌识别比对的区间行程时间与行程车速计算软件应用于上海市交警总队的交通信息采集平台。

第十节 地球观测与导航技术

一、地球观测技术

◎ **先进遥感器研制**

初步完成了静止轨道微波辐射计中 50 ～ 60GHz 探测仪设计和天线阵等关键技术；突破了高精度 POS/IMU 原理样机、双通道高速 A/D 原理样机（1.5G 采用速率）等高性能航空合成孔径雷达系统核心技术；形成了极化干涉 SAR 系统设计、多极化宽带有源相控阵天线等极化干涉 SAR 系统关键技术体系，成功地研制出国际上第一套极化干涉合成孔径雷达原理样机。

研制出了性能优良的高频超导 NbN HEB 混频器芯片，为发展 THz 成像系统奠定了基础；突破了基于光速可控的高灵敏度光学干涉仪技术；突破了三维成像 SAR 原理、APC 轨迹优化与高速三维成像等关键技术；成功研制出基于切尔尼－特纳结构的全反射型远紫外成像光谱仪原理样机。

在亚洲首次用紫外激光雷达系统对中层顶区域温度进行遥感测量；研制了我国第一套高分辨率空间外差光谱仪，初步建立了高分辨水汽反演模型等。

◎ **多源遥感数据处理**

突破了多源遥感数据综合处理与服务系统总体设计及原型系统构建，重点研究了非常规航空摄影测量数据的全自动影像匹配及处理技术；实现了基于高性能集群计算的遥感影像区域分解的并行处理框架，达到规模化并行处理能力，应用于四川地震遥感数据处理。

针对高空间分辨率影像处理，建立了影像特征基元多尺度分割及其表达分析方法；实现了系列化面向城市人工地物目标自动识别算法；实现了高分辨率立体航空遥感图像下高精度三维平面提取方法的研究；提出了基于高程微分法的卫星影像核线生成方法，已应用于影像配准及建筑物

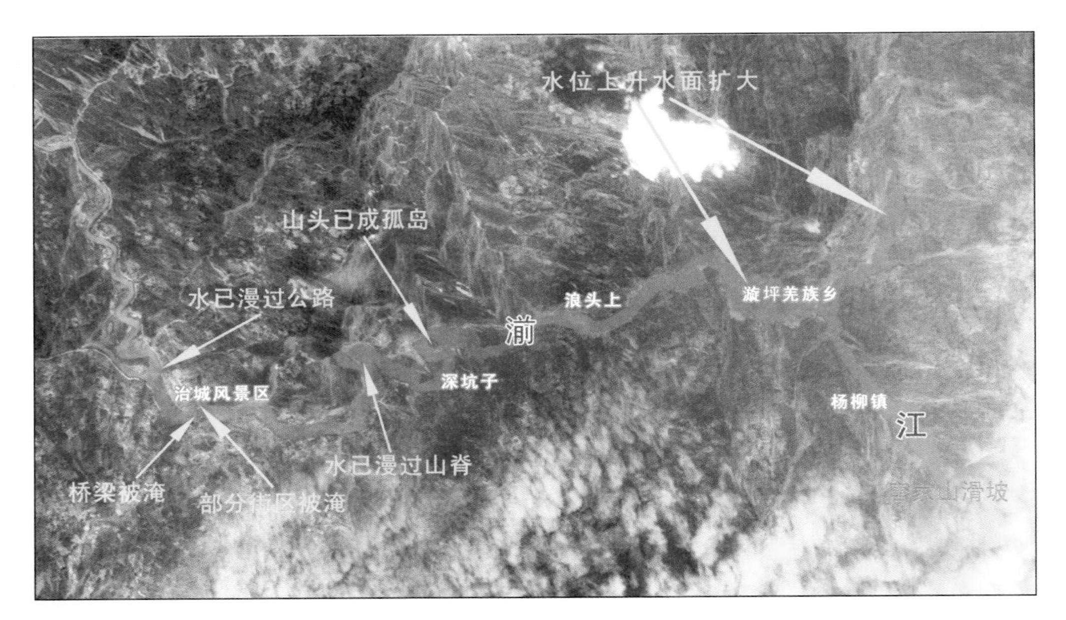

图 8-15　唐家山堰塞湖动态变化卫星影像图

检测和重建研究。

◎ 高动态遥感数据应用

开发了一套通用型卫星遥感辐射精度评价模型，开展了 HY-1B 资料的业务化处理算法和在海洋水质检测方面的试应用，开发了实用的二类水体大气校正模型，海岸海洋环境遥感精准探测应用系统成功应用于 2008 年青岛浒苔海洋污染遥感监测。提出了对高空间分辨率遥感图像进行尺度空间分解和滤波的新方法，构建了高空间分辨率遥感图像精细识别系统基础平台，开展了林业和土地应用示范区数据的收集加工与处理。

二、地球空间信息技术

◎ 网格地理信息系统

新一代网格地理信息系统软件平台与空间数据库管理的核心技术取得突破，开发了基于主流网格计算环境的数据网格原型系统，设计了适应业务需求动态聚合的网格应用域管理模型，自主软件系统基本成型，实现国产 GIS 平台网格化提升的验证。

◎ 高性能空间数据库

设计了具备可扩展能力的、能够综合地理空间实体及其处理方法的新型地理实体空间数据模型，构建了基于 UMD-MA 机制的模型与模块的动态可伸缩结构体系，突破了高效的 Hilbert R 树索引、地理栅格数据分块与压缩存储、可配置的内核级审计、多策略的访问控制。

◎ 其他前沿技术

研发了基于工作流的空间计算服务化工具，发展了支持频繁更新和基于速度分布的移动对象索引技术、面向移动对象的精确预测范围聚集查询处理技术等；突破了汉语语音与移动 GIS 集成关键技术；构建空间数据分析的风险评估技术体系，初步搭建时空数据挖掘辅助风险分析、知识学习及决策支持平台。

三、导航定位技术

◎ 新一代国家空中交通管理系统

突破了基于精确定位的航空协同监视技术、新型管制自动化系统、协同流量管理、基于服务架构的民航公众信息服务平台、基于 CNS 性能的空管安全间隔模型、动态空域规划、航空多传感器组合导航、基于 GNSS 的短期航空气象预报等 15 项核心技术，初步建成了相应的子系统，并在我国民航系统中得到应用。其中，RVSM 的实施和运行验证，使得空域容量提高了 80%，民航空域拥挤和航班延误问题得到缓解。

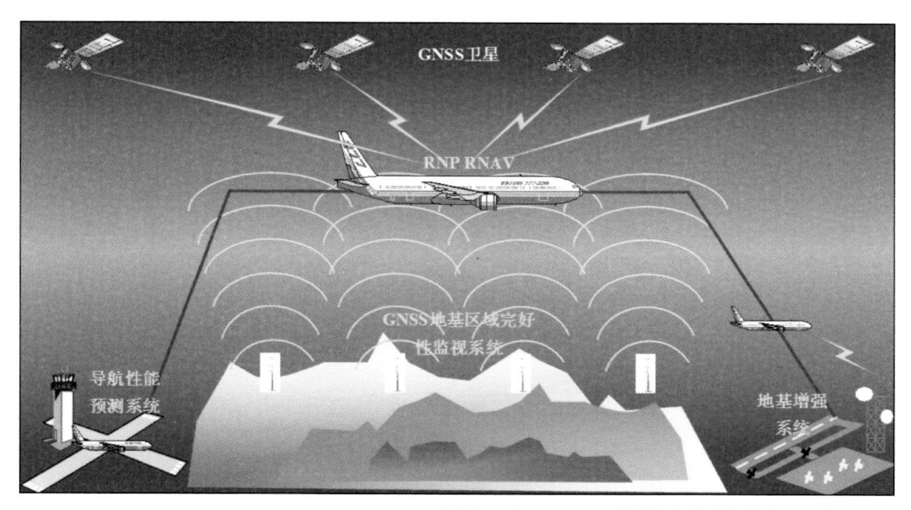

图 8-16　GNSS 地基完好性监视系统

◎ 多模导航接收机与信号处理平台技术

突破了高灵敏度捕获算法、高灵敏度跟踪算法、多径消除算法、抗互相关干扰算法、辅助定位算法、多模 PVT 算法、三星 PVT 算法等关键技术，成功地研制出含 GPS、Galileo、北斗 3 个定位系统的高灵敏度定位接收机的原型样机；开发了基于 GPRS 的智能手机动态导航软件、基于 L 波段的实时交通动态车载导航系统和 C/S 模式网络导航服务系统；突破了动态条件下的多模式卫星导航接收技术和信息融合的关键技术，开发了 GPS、GLONASS、BD2 三模式高动态接收机基带信号处理平台；针对高性能 GNSS 接收机开发和测试的实际需要，设计了高性能导航卫星信号源。

◎ 区域导航定位增强技术

研究了伪距域结合和定位域结合方法、多星座工作方式下的广域增强系统，提出了改进的多星座加权 GIVE 算法；搭建了区域增强仿真模块和广域增强仿真模块，模块已经仿真了中国区域的 GPS、Galileo、Compass 系统；将区域增强算法扩展到多星座工作方式，并且进行了多星座工作方式下的选星算法，提出了多星座系统时差改正方法。

第九章

新农村科技进步

2008年，农村科技工作全面贯彻落实中共十七届三中全会精神和2008年中央一号文件精神，以新农村建设统领农村科技工作，产业科技和民生科技并重，整体推进，重点突破，在农业科技重要领域取得了新的进展。

第一节 科技工作重点和基本安排

一、推进统筹城乡科技发展

根据中共十七届三中全会对科技提出的新要求，研究制定《民生科技行动工作方案》、《科技特派员基层创业工作方案》、《农村信息化建设工作方案》，配合农村信息化建设、国家农业科技园区建设、科技富民强县计划实施等，大力开展“民生科技年”系列活动，推进统筹城乡科技发展。

二、新农村建设农村民生科技工作

启动实施新农村民生科技行动，通过国家科技计划强化了对有关农村民生问题的支持，以生物燃气等能源开发利用、农民健康、农产品质量安全、农村饮水、农村康居工程、农民就业创业培训等为重点，启动了一批农村民生科技项目。强化关键实用技术开发和集成应用，开展农村民生科技示范，推动地方采取切实措施，加强民生科技工作，让科技根植于农民生活，让科技融入农村生活，让科技成果惠及农民，为加强农村民生建设提供强有力的科技支撑。

三、加快农业与农村信息化进程

启动了海南等12个省（区、市）作为首批星火科技12396信息服务试点省份，召开了星火科技“12396”信息服务启动会议，组织起草了《农村科技信息服务管理办法》，明确了12396信息服务工作的职能定位、实施主体、运行机制、监督管理、责任，提出了创建农村科技信息服务品牌的目标。

四、强化农村科技创新与现代农业建设

在全国范围内开展50个现代农业产业技术体系建设，建立了研发中心50个，下设功能研究室231个，建立综合试验站970个。针对农业产业和新农村建设的重大需求，全面推进动植物功能基因、动植物分子育种、数字农业、农业智能化装备、现代食品生物工程、农业生物药物、海水养殖种子工程、现代节水农业、农村民生等方面的技术研究。

五、实施科技工程和重大项目

围绕国家食物安全、农民增收、农村民居、动物疫病防控、生态安全等重大问题，继续组织实施“粮食丰产科技工程”、“超级稻新品种选育与示范项目”、“农林生物质工程”、“农村住宅规划设计与建设标准研究”、“奶业发展重大关键技术研究与示范”、“农产品现代物流技术研究开发与应用”、“农村安全供水集成技术研究与示范”、“节水农业综合技术研究与示范”、“中兽药现代化技术研究与开发”等重点科技工程和重大项目，为提高农业综合生产能力和建设社会主义新农村提供科技支撑。

第二节 农业关键技术与产品

一、农林高效生产

◎ 高产优质育种

开展了玉米单倍体诱导系筛选玉米籽粒和秸秆近红外测定技术模型的优化等技术研究；杂交小麦、优质专用大豆、高产优质专用棉花等作物育种技术研究也取得了进展，形成多项专利技术。解决了我国在畜禽水产大群体规模选育测定、活体快速测定等关键技术问题；建立了我国超细毛羊和绒山羊种质资源BLUP数据库，开展了猪繁殖力、肉质、免疫抗病性状分子标记、繁殖性能选择新技术等研究，建立了鲁西黄牛商品杂交配套系选育、秦川牛超数排卵和胚胎移植育种及BMY牛的快速扩繁技术体系；开展了虾、贝、藻类基础选育群体的遗传多样性研究，形成了

图 9-1 科技支撑保障粮食丰收，图为科研人员正在检查培育新品种的情况

多项专利技术。

◎ **林果花草品种选育**

建立了速生优质新品种的评价和选育技术、杂种优势固定和利用技术及分子育种等技术，获得了早熟禾优良转基因植株。对牡丹、月季、菊花、百合、报春等进行了杂交及远缘杂交实验，形成了牡丹胚培养技术，菊花幼胚拯救关键技术，小报春四倍体诱导及倍性早期鉴定技术，百合种质资源收集、保存、分析与快速繁殖技术等。

◎ **农林植物基因资源发掘与种质创新利用**

选育出高产、优质、多抗、专用农作物新品种 579 个，均通过国家或省级审定。在全国 12 个粮食主产省建立了“粮食丰产科技工程”核心试验区 77.2 万亩、技术示范区 4 082.2 万亩、技术辐射区 33 583.6 万亩，项目区内每亩单产比项目实施前三年平均增产 54.3 公斤，增加经济效益 271.5 亿元。建立畜禽良种繁育基地 30 余个、示范推广基地 20 余个，畜禽品种及创新的繁育技术累计示范 1 200 万头（只）以上。

二、食品加工及现代物流

围绕大宗农产品和畜禽水产品的精深加工、主要粮食作物和鲜活农产品绿色保鲜和安全储运等开展研究，食品加工与现代物流共性关键技术取得重要进展。突破了玉米山梨醇氢解技术，建成世界最大的年产 20 万吨化工醇生产线；攻克了苹果果胶加工关键技术难题，建立了亚洲第一条年产 3 000 吨苹果果胶生产线。解决了功能性食品评价、鉴伪、功能因子高效分离与制备、生物活性稳态化等共性关键技术难点。开展了农产品现代物流技术和相关设备的研究与应用，集成创新了一批新技术、新设备，建立了多条中试生产线、示范生产线和试验基地，开发了一批具有高附加值的重大产品，为农产品物流业实现跨越式发展提供了科技保障。

三、农业防灾减灾

重大动物疫病防控技术及产品研制取得突破性进展。研制了高致病性禽流感、口蹄疫等重大动物疫病的疫苗制品，开发了重要外来病的监测诊断技术，研制成功了我国首台（世界上第二台）毫米波扫描昆虫雷达系统和后台数据处理系统、首台收发分置多普勒昆虫雷达系统以及旋转极化的垂直昆虫雷达系统。实现了天敌昆虫捕食螨的规模化生产与应用，以及天敌微生物白僵菌的生产工艺与应用。

建立了与农业气象灾害相关的多种资料数据库，构建了农业干旱、东北玉米、新疆棉花低温冷害、华南寒害、长江中下游水稻高温热害、小麦晚霜冻害立体的指标体系、监测体系和预测模型。初步建立了量化的重大农业气象灾害对我国农业影响的定量评估、风险评估、综合评估模型。完成了农业重大气象灾害服务产品的交互制作系统；建立了 21 个试验基地，形成一定规模中试生产线 7 个，申请专利 5 个，完成行业标准 1 项，国家标准 1 项，开发新产品、新装置、计算机软件等 10 项，技术集成 7 项，技术研制 8 项，品种筛选 4 个。

四、农林生态环境

◎ 农林生态环境技术研究

完成了景观生态防护林体系规划技术试验示范、水库消落带治理技术与模式试验示范和低山丘陵区水土保持型植被建设技术试验示范研究。确定了与乔灌木种质抗逆相关的关键生理生化指标，初步建立了抗干热、抗干旱、耐盐碱、抗风折乔灌木种质筛选鉴定方法与优化指标的评价体系。繁殖沿海防护林苗木 70 余万株；建设定位观测站 8 个、农林复合系统实验研究基地 9 处。建立了果药、果经、果牧、林药、林牧、林蔬等几大类复合模式。

◎ 农林生态建设与可持续发展

在 16 个省市的 103 个村开展农村清洁工程试点建设。组织开展农业野生植物资源调查，强化了外来入侵生物风险评估和监测预警。节水农艺措施、农业节水工程措施以及沃土工程等资源节约型农业技术研究取得较快发展，农田循环生产技术体系和区域典型模式初步形成，林业生态建设与林业产业发展技术取得重大进展，天然林保育恢复与可持续经营技术得到进一步增强。

五、现代农机装备与农用物资

◎ 现代农业装备与农用物资关键共性技术

完成了农业装备数字化设计、可靠性强化试验技术研究，建立了 4 套平台。开发了 3 个模型库、5 套系统和装置，为全面提升农业装备产业的数字化设计能力和可靠性提供技术支撑。

◎ 农业装备与设施重大产品

完成了 61 种产品的研制，突破了 3 种功率段大马力拖拉机配套的联合耕整地、原茬地精密播种分层施肥联合作业、中耕除草机具的关键技术，形成完整配套，完成了联合收割机 3 种液压驱动通用地盘。开发了自走式亚麻拔麻机、深根中药材联合收获机、鳞茎类种球定向栽植机、棉花异性纤维分离设备等。

◎ 资源高效利用

研制成功秸秆自动捡拾大方捆打捆技术和设备，竹材代木加工复合成型技术和设备；在设施农业方面，重点突破了 4 种传感器技术，基质和土壤消毒技术，温室精确育苗与自动嫁接和移植技术，并形成了较为成熟的装备。突破了农产品内部品质无损检测技术、节能脱水技术，奶品无损检测技术，油脂膨化 / 预榨 / 适温脱溶技术，形成了果品无损检测、新工艺油脂加工、自动控温优质茶生产等成套工艺技术和设备，提高了农产品加工的品质质量和竞争能力。

◎ 试验检测和监测技术

建立了以东方红 300/400 型轮式拖拉机和东方红 1304 型轮式拖拉机为虚拟试验对象的拖拉机整机三维模型。建立了牵引性能虚拟试验系统、动力输出虚拟试验系统、变速箱性能虚拟试验系统、PTO 性能虚拟试验系统；研究了联合收获机底盘、拖拉机负荷变速器运行过程中的健康检测系统。

◎ 现代农业装备与农用物资研制

开展了经济型农林动力机械、仿生智能作业机械、大马力拖拉机复式作业装备、多功能高效联合收获技术装备研制。开发出新型微生物果蔬保鲜剂、绿色储藏专用设备、新型钢结构保温粮仓等。研制出新型气吹式牧草精密播种机、多功能高效牧草种子收获机等 21 项新装备和新产品，提高了草原畜牧业装备的现代化水平和发展能力。

六、生物质综合利用与生物质能源

在生物质高效降解专用微生物筛选、规模化沼气厌氧发酵、生物燃气流态化制备、农林废弃物直燃发电等关键技术取得了重要进展。绿色清洁生物质能源生产工艺获得突破。MCT 沼气规模化干法厌氧发酵技术与装备研究取得了进展。建成年产 5 万吨生物柴油示范生产线和年产 1 万吨纤维燃料乙醇改造生产线；取得了以覆膜开敞槽生物反应器为核心的干法厌氧发酵技术突破；建成 400kW 生物气化发电示范装置，建成山东高唐和黑龙江望奎农林生物质直燃发电厂示范基地 2 个，并成功并网发电。

七、农业节能减排

围绕水肥资源高效利用、土壤免耕节能、畜禽粪便无害化利用技术等方面展开了初步研究，取得了一批关键技术和重要装备。启动“节能减排农村行”活动，开展了太湖、巢湖等重点流域农业面源污染防治技术试点示范，启动实施农业生态补偿试点，建立了一批农业面源污染综合防治示范区。保护性耕作与机械节能技术取得重要进展，有效降低了农业机械作业中的能量投入和劳动强度。开发了玻璃纤维增强 PE 复合材料、末级渠道一体化量控设备、低成本小型渠道移动式量水装置等 10 多项节水产品设备材料。

八、现代海洋农业

◎ 陆基设施养殖系统的研制与应用

改良与研发了多功能蛋白质分离器、多功能固液分离器装置、高效溶氧器等装置，建立了多点多参数在线自动水质监测子系统和虾类、鲆鲽类工程化高效养殖生产系统，在企业示范应用，示范水体达 23 000m^2。

◎ 滩涂池塘健康养殖技术集成与应用

优化了亲体培育、养殖设施、底质优化、饲料（饵料）生产和育苗技术及池塘多品种复合养殖模式。制定“控制对虾养殖质量安全潜在危害与缺陷的良好养殖技术指南”、“对虾养殖质量安全管理技术操作指南”和“对虾养殖场质量安全管理手册”，形成了大规格优质成品对虾无公害养殖保障管理体系。

◎ 浅海生态养殖技术的集成与应用

开发虾夷扇贝半人工海区采苗技术，研制并推广了扇贝底播养殖笼具和网袋式养殖框，建立了贝藻复合养殖系统多种类养殖容量评估模型和具有自主知识产权的大型海藻个体生长预测模型及浅海大型藻类与滤食性贝类的筏间套养生态养殖模式，建立 1 万多亩示范区。浅海贝藻复合养殖模式推广养殖面积约 10 万亩，增加社会效益约 2 亿多元。

◎ 网箱养殖产业技术升级与示范

以 HDPE 材料取代木质材料，成功研制出 3 种新型网箱。制定了“无公害食品红鳍东方鲀”的育苗、养殖和加工技术规范，确立了活鱼运输等系列技术，建立起较完善的河豚鱼网箱养殖产业链和产品质量保证体系。集成整合形成了海水鱼网箱养殖新型技术，累计推广 HDPE 网箱 224 套，钢结构抗风浪网箱 150 只。

◎ 耐盐植物育种和栽培技术集成与应用

收集 48 个产地、480 个种源、66 个无性系的柽柳等耐盐经济林木种质资源。集成了耐盐经济植物新品种 20 个，栽培与利用新技术 37 项，复合经营模式 16 种，完成耐盐经济植物栽培示范基地 23 704 亩，相关品种和技术辐射江苏、山东、福建等 6 省 40 多个市县。

第三节 村镇发展关键技术

一、农村新兴产业发展

◎ 新型乡村经济建筑材料研究与开发

采用固体废弃物和工业尾矿研制出轻质材料加多排孔结构自保温砌块（砖）、孔洞内插高效保温材料自保温砌块（砖）、复合结构自保温砌块（砖）。研制开发的三板一柱轻钢结构抗震节能型乡镇住宅，能满足 10 度设防，目前正在都江堰震区进行示范房屋建设。制订的《既有民用建筑能效评估标准》（DG/TJ08-2036-2008）适用于既有民用建筑和实施节能改造的民用建筑能效评估。

◎ 现代村镇服务业关键技术

研制了面向村镇的天地网大规模同步直播与互动技术以及教育资源天地网服务系统多模式接入技术等。开发了村镇中小企业科技与商务服务平台的概念性验证和平台底层核心功能模块。

二、城镇化发展

◎ 城镇化与村镇建设动态监测关键技术

完成城乡地域统计标准及其指标方面的研究，建立了相应的人口流动监测指标体系，开发了基于 B/S 的流动人口数据采集与监测原型系统和基于 C/S 客户端的流动人口评估分析原型系统等，完成统一的数据规范和数据采集模板和共享平台。

◎ 村镇数字化管理关键技术研究与应用

研究开发了低空遥感影像获取平台、低空数码影像自动匹配与区域网平差和地面旋转多基线遥感平台，提出了旋转多基线摄影方式；建立了居民常见疾病和健康信息咨询知识库，完成了适用于移动导游服务的旅游资源数据设计，开发了应用于移动终端的导游服务应用程序。

◎ 农村新能源开发与节能关键技术

完成了真空管空气集热器和平板型空气集热器中试线的建设与太阳能供热采暖装置的初步设计与样机试制；研制了沼气生物脱硫反应器 1 套，解决了沼气生物脱硫氧难控性与危险性等问题；研制成功多功能秸秆预处理机、秸秆揉搓机、手提式抓卸器等设备；提出了基于 CFD 的微水力水轮机优化设计方法，解决了国内电机制造厂缺乏设计手段的困难；研究发明了一种简易的跟踪太阳方位机电一体化光伏发电装置；开发出户用发电机组设计技术等多项户用发电供电技术和软件及系统。完成了村镇地区地源热泵、地下储能直接冷却、直接蒸发冷却技术地域适应性的评价方法研究；发明了多功能电力监测仪、电力负荷管理终端、基于 ARM 的多功能电力测控终端、配电网无功补偿 RTU 综合装置。

图 9-2　云南利用太阳能沼气集中供气工程

图 9-3　用于主被动结合太阳能空气采暖技术的真空管型空气集热器

◎ 农村生态环境整治与监测关键技术

研发出以民用化真空厕所技术与设备为核心的农村分散式粪便污水卫生收集处理利用技术。推广了轻便、廉价、易使用的农村环境快速采样检测技术。将部分无线传感器技术应用于煤矿井下安全监控；综合化肥减量化施用的环境效应、水稻基肥干深施效果、稻田缓冲带的拦截养分效果、秸秆还田配套技术集成与中试 4 项技术形成农田面源污染控制技术成果在示范区示范推广 2 200 亩；采用水解酸化－人工湿地技术处理农村生活污水，处理效果达到了国家对农村生活污水的要求。

图 9-4 村镇分散式居民生活污水处理与资源化利用技术

◎ 农村土地实时监测技术

研发出单频 GPS/PDA 一体机，初步完成双频 GPS/PDA 一体机的系统设计；攻克了 GPS/SINS 深组合的关键算法，实现 GPS 与全站仪等常规测绘仪器功能集成，初步解决了遮挡环境下地物空间信息获取的难题；完成《土地基础数据库技术规范》（草案）的编制和土地利用变化图斑快速提取技术研究工作。GPS/PDA 单频手持机技术成果形成了导航级、米级、亚米级等系列产品。

三、乡村社区建设

◎ 村镇空间规划与土地利用关键技术

小城镇产业空间集聚过程情景模拟与产业空间优化技术、小城镇产业布局技术得到应用。遥感影像获取、解译、处理和灾区农村灾损调查等技术应用于抗震救灾，村镇空间规划技术被应用于汶川灾后重建规划设计。江苏东海城镇硅产业发展与布局规划已在东海县城镇硅产业整合发展中得到应用；3S 集成技术在土地资源快速调查中的应用方法研究成果已经在土地变更调查、土地利用更新调查、土地勘测定界等方面得到了广泛应用。

◎ 村镇建筑工程灾害防治技术

结合我国村镇现阶段状况，建立了工程防治措施和地质灾害预警预报的技术体系，并开发了相应的应急辅助决策系统；进行了土坯、木、石、砖木等村镇结构形式的抗震性能研究，研制开发了适合村镇消防的灭火毯、灭火装置，建立了防火示范村；开发了村镇地区地下管网设施系统的灾害模拟、灾害预警信息系统。系统地建立了村镇地区灾害分析体系及灾害综合评价体系，编制了多套村镇建筑防灾、减灾技术规程和相关图集与规范。

◎ **小城镇饮用水处理技术研究及设备开发**

研发的复合预氧化药剂已被应用于太湖流域的水污染控制工程。高效复合净水剂已实现了产业化，并通过技术转让获得直接经济效益500万元。研制的膜饮用水处理装置已用于支援四川灾区建设。

◎ **村镇小康住宅关键技术**

针对华东、华南、华中、华北、东北、西南、西北等地的不同地理环境、文化传统、生活习俗、经济发展水平，结合地方政府村镇发展规划，建立了10个左右充分利用先进适用科技成果的示范点。并突破了一批重大共性关键技术，开发了一批重大关键设备、软件、材料和建筑制品。

◎ **农村住宅规划设计与建设标准研究**

针对我国快速城镇化进程中农村住宅、住区发展面临的突出问题，立足技术的实用化集成创新，攻克农村住宅规划、设计、建设的关键技术，开发分类指导的农村住宅设计模块化软件，建立适合国情的农村住宅标准体系，为改善农村人居环境、提高农民生活水平提供强有力的科技支撑。

第四节 农村科技能力建设

一、农业领域国家工程技术中心

截至2008年末，农业领域国家工程技术研究中心（以下简称“工程中心”）总数已达到49个，其中2008年新组建了7个。全年共培训管理、技术人员、工人、农民等49.7万人，培养研究生1 283人，对外开放实验室（试验室）115个，开放设备2 753台（套），开放生产线70条。

2008年工程中心共承担各类国家项目806项，承担地方和企业委托的各类科研项目1 348项，获得科技成果516项，获得专利147项，出版科技著作108部，发表科技论文2 467篇；转化科技成果362项，推广成果913项；建成农作物示范基地467个，示范面积3.2亿亩；建成畜牧繁育基地52个，畜牧出栏规模67万头（只）。2008年工程中心共实现销售收入17.28亿元，技术转让的收入1.95亿元，出口创汇3 100万美元。

二、国家农业科技园区

2008年国家农业科技园区专项共审批了39个项目，国家农业科技园区专项共投入中央财政资金2 000万元，带动了省级及地方财政投入11.3亿元，园区自筹资金14.79亿元，园区内企业内资投入66.14亿元，园区内企业外资投入10.01亿元。年实现产值959.92亿元，净利润总额131.51亿元，出口创汇37.75亿元。根据对山东寿光、河南许昌等6个国家农业园区进行现场审查和调研，下发了《关于开展国家农业科技园区评价验收工作的补充通知》。

图9-5　花农在贵阳国家农业科技园区温室大棚内打理杜鹃花

2008年，国家农业科技园区引进项目441个，自主开发新项目422个，引进新技术617项、新品种1 565个、新设施5 552套，推广新技术698项，推广新品种948个。园区入驻企业总数已达4 302家，其中2008年度园区入驻企业总数为421家，龙头企业总数达到1 222家，占企业总数的30.3%，带动周边农民人均年增收400 ~ 800元，吸纳就业人数累计超过297万人。组织科普讲座与座谈工作4 220次，其中面向农民讲座2 328次。园区开展技术培训2 524次，开办培训班2 759次。

三、星火科技“12396”信息服务

2008年，科技部以星火科技12396为重点，大力推动农村信息化。科技部与工信部进一步合作，出台了《关于推进农村科技信息服务的意见》，以星火科技“12396”作为全国农村科技信息服务的统一号码，同时启动了12个省区市星火科技12396信息服务试点。目前所有试点省区市都

已开通了星火科技 12396 信息服务热线，有效提高了基层信息服务能力。

四、星火产业带

2008 年，国家星火计划共支持星火产业带项目 22 项。已建设了 145 个国家级星火技术密集区和近 300 个区域性支柱产业，建设了 15 个国家级星火产业带。经过近几年的发展，国家级星火产业带建设已取得了明显的成效，星火产业带覆盖企业 10 多万个；星火产业带吸收农村劳动力 2 000 多万人。

第五节 农村科技成果转化与应用

一、农业科技成果转化

2008 年度，农业科技成果转化资金共立项 490 项，其中地方项目 380 项，部门项目 110 项。中央财政投入转化资金 3 亿元，带动地方、企业等投入配套资金 16 亿元，其中地方部门匹配 0.5 亿元，单位自筹 11 亿元，银行贷款 3.5 亿元，其他 1 亿元。

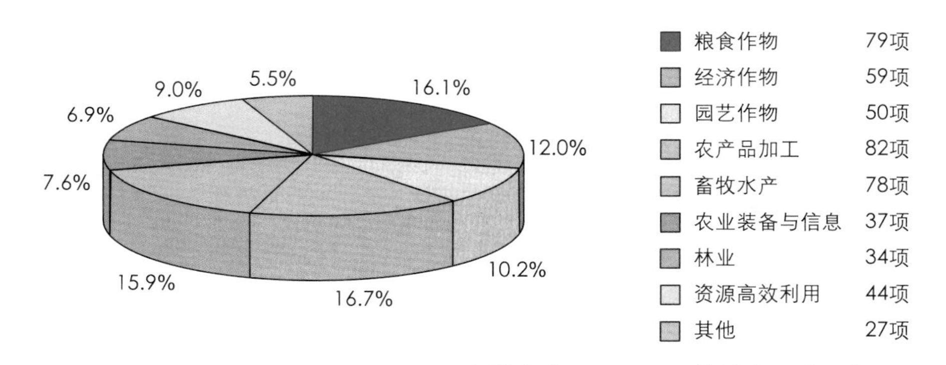

图 9-6 2008 年转化资金立项项目按技术领域分布

2008 年，完成了 2005 年度 453 项立项项目的验收和 2006 年 477 项立项项目的监理工作。2005 年度转化资金项目在执行期内累计实现工业增加值 87.26 亿元，实现产品销售收入 178.91 亿元，技术服务收入 1.25 亿元，净利润总额 35.46 亿元，纳税总额 6.18 亿元。项目执行期内，共开发动植物新品种 574 个、新产品 574 个、新设备 4 353 台（套）、新材料 78 种、新技术（新工艺）496 项；累计获得专利 392 项，其中发明专利 194 项；累计发表论文（报告）2 456 篇；累计举办培训班 21 131 期，培训各类人员 249.77 万人次；共建立试验示范区（基地）9 011 个、中试线 346 条、生产线 475 条；项目实施带动新增就业人员 55 160 人。

二、星火计划实施和先进实用技术示范

2008 年星火计划项目实施各项工作进展顺利，圆满完成星火项目管理、农村信息化、新农村建设科技示范（试点）等年度目标。重点突出了对新农村建设科技示范（试点）、农村科技型企业和品牌产品培育、农村信息化、农村科技服务模式等类项目的支持。共安排国家级星火计划项目 1 645 项（其中 2008 年度 1 491 项，2009 年度 154 项）。立项支持重点项目 374 项，重点项目共安排经费 2 亿元。其中：新农村建设科技示范（试点）61 项，农村科技型企业品牌产品培育 75 项，乡土科技带头人培训 14 项，农村科技服务模式 23 项，星火产业带 22 项，农村信息化 14 项，科技扶贫 20 项，科技特派员制度试点 43 项，农业科技园区 39 项，科技促进三峡移民开发 12 项，科技进步示范市（县、区）5 项，其他 47 项。进入下半年，国际金融危机后，造成大批农民工返乡，对农民增收产生很大影响。为此，星火计划开展了返乡农民工培训、十大涉农重点产业开发、农村中小企业科技创新等工作，积极应对金融危机，千方百计增加农民工就业，提高农民收入。

三、多元化、社会化农村科技服务体系建设

农村科技服务体系建设是星火计划的一项重点工作。目前，共有 20 多个省份在农村科技服务体系发展过程中与所在地区的农业大学、农科院以及研究所建立了合作关系。涌现出了龙头企业带动型、农业科技示范园区模式、农村科技特派员模式和农业专家大院模式等农村科技服务模式。“十五”以来，已在全国 219 个地市建立了 1 048 个农业专家大院，常住专家人数达到 8 073 人，推广技术 5 000 多项，培训农民近 200 万人次，覆盖了 977 个县市、5 786 个乡镇。

四、科技特派员制度

2008 年度，通过相关计划共支持了 31 个省（区、市）、新疆生产建设兵团科技特派员组织实施的 42 个项目，支持经费 2 050 万元。截至 2008 年底，全国已有 31 个省（区、市）、新疆生产建设兵团的 1 640 个县（市、区、旗）开展了科技特派员工作，科技特派员总人数达 72 941 人，科技特派员参与的科技项目直接服务近 800 万农户，辐射带动受益农民总人数达到 3 684 万人。2008 年，科技特派员共引进农林动植物新品种 2.38 万个，推广先进适用新技术 2.49 万项，共组建各种专业协会和经济合作组织 8 942 家，创办各类企业 7 419 家，实现利润达到 95 亿元；培训农民 2 192 万人次，发放各种科普资料 3 863 万份，开展科技特派员工作地区的农村居民人均纯收入 4 979 元。

五、星火科技培训和农村实用科技人才培养

2008 年，科技部通过项目引导，继续实施“百万农民科技培训工程”和星火科技培训“五项工程”，继续加强星火科技培训能力建设。培训农民超过 2 500 万人次。各级各地新增星火科技培训基地和星火培训学校近 1 000 个，制作课件 20 余万个。2008 年，完成农村党员干部现代远程教育专题教材制播和《星火科技 30 分》52 期节目的拍摄、制作、发行和播出等工作，向广大农村宣传介绍了 226 项农村先进实用技术，网站实用技术资源量累计已达到 3 000 多项。

第六节 促进农村发展科技行动

一、新农村建设民生科技促进行动

科技部批复 193 个首批新农村建设科技示范（试点），其中 73 个新农村建设科技示范乡镇（试点）、120 个新农村建设科技示范村（试点）。2008 年星火计划重点项目立项支持 61 个新农村建设科技示范（试点），支持经费 3 130 万元。

二、科技富民强县专项行动计划

2008 年，专项行动投入中央财政资金 3 亿元，带动省级配套资金 2.3 亿元，地市配套资金 1.3 亿元，县（市）配套资金 4.2 亿元和包括单位自筹在内的其他资金 40 亿元。安排了 194 个

图 9-7　云南省盈江县咖啡规范化种植培训现场

县（市、区）实施项目，专项行动实施县（市、区）的总数量达到 592 个，东部 132 个、中部 194 个、西部 266 个。支撑和带动了 364 项种植业，191 项养殖业以及 37 项其他产业的发展。2005—2008 年，592 个试点县（市）共引进、转化、推广先进适用技术 39 778 项，推广面积 3 515.3 万亩，覆盖农民达到了 6 195.8 万人，新增就业 1 650.5 万人。截至 2008 年底，各试点县（市）共建设企业研发机构、科技成果转化示范基地、农民经济技术合作组织等各类科技服务平台 28 649 个，平均每个试点县（市）建设各类科技服务平台 49 个。

三、科技兴县（市）工作

在完成 2007 年全国科技进步考核和示范县（市）中期评估工作的基础上，对科技进步考核工作和科技进步示范县（市）建设工作进行了系统总结，编写了《2005—2006 年度全国县（市）科技进步态势分析报告》，制定了 2007—2008 年度全国县市科技进步考核指标体系，组织编写了《科技兴县（市）工作丛书》。

四、科技促进三峡移民开发工作

在充分调研的基础上开展了三峡库区新型工业化研究。继续安排科技促进三峡移民开发工作资金，通过星火等国家科技计划加大对库区发展和移民开发的支持。项目涉及种植业、养殖业、特色农产品加工、科技培训、信息、制药等多个领域。通过 29 个科技对口支援单位的努力，继续积极引导各地对口支援。

五、科技扶贫

2008 年，科技部积极整合科技资源，引导技术、人才、信息等现代要素向贫困地区聚集，共同推动贫困地区经济发展，积极营造“大扶贫”的工作格局。通过星火计划、农业成果转化资金、中小企业创新资金等科技计划项目对贫困地区实施政策倾斜。积极与国际组织、社会力量联系，组织开展区域间乃至国际间的合作，如 UNDP 科技特派员、UNDP 小额信贷合作项目等，为建立科技扶贫工作长效机制积累有益经验。2008 年，科技部向定点帮扶县选派了第 22 届科技扶贫团，使科技扶贫团人数累计达到 419 人次。此外，还结合各类科技计划的实施，千方百计地把现代化的生产要素导入贵州毕节、黔西南、四川巴中等地区，依靠科技促进相关地区的社会经济可持续发展。

第十章

产业科技进步与高新区发展

第一节　产业科技进步

一、汽车产业
二、钢铁产业
三、装备制造产业
四、船舶产业
五、石化产业
六、纺织产业
七、轻工产业
八、有色金属
九、电子信息

第二节　高新技术产业开发区发展

一、国家高新区的创新发展
二、火炬计划实施 20 周年

第三节　促进高新技术成果转化

一、火炬计划项目
二、重点新产品计划
三、科技型中小企业创新基金
四、特色产业基地
五、高技术产业化专项

2008年，中国汽车、钢铁等产业实现了一批重要技术的突破，推进国家高新区“二次创业”的各项工作全面展开，火炬计划、重点新产品计划、高技术产业化专项等计划（专项）的实施，持续推动中国高新技术成果向产业化方向发展。

第一节 产业科技进步

2008年，中国汽车、钢铁、装备制造、船舶、石化、纺织、轻工、有色金属、电子信息产业取得了一批科技成果，带动了产业技术水平的提高。

一、汽车产业

在传统汽车方面，发动机电喷、尾气净化等节能环保技术得到普及应用，2008年乘用车新车平均燃油消耗量与2002年相比降低15%，汽车尾气排放水平普遍达到了国家Ⅲ和Ⅳ阶段排放标准。

在国家“清洁汽车行动”计划、电动汽车重大专项、863计划节能与新能源汽车重大项目等一系列重大科技计划的支持和带动下，我国节能与新能源汽车在核心技术不断取得突破的同时，产业化进程明显加快，部分产品在充分进行示范运行考核后已规模进入市场。混合动力汽车建立起一批中试基地和产业化生产线，目前共有40多款混合动力车型进入国家新产品公告，实现了一定规模的市场销售；纯电动汽车受到汽车生产企业的重视，相继推出一批装备先进锂离子电池的新型纯电动汽车；燃料电池汽车规模化商业示范运行不断深入；燃气汽车累计有近400个车型（包括底盘）进入公告，年产量超过6万辆（含底盘）。到2008年底，20个示范推广城市燃气汽车保有量达到 40 多万辆，建成加气站 900 多座，实现年替代燃油 300 多万吨，减少二氧化碳排放 200 万吨。

二、钢铁产业

北京奥运会部分主体建设工程大量使用了我国钢铁企业提供的优质钢材，如国家体育场（鸟巢）采用大跨度空间门式桁架，国家游泳中心采用多面体空间钢架结构。

取向硅钢品种与制造技术创新项目取得突破，它以取向硅钢的产品开发、制造技术及产业化相结合，实现了普钢温度下加热、大规模生产高性能取向硅钢等重大突破；研制成功 HRD 高磁性冷轧取向硅钢工艺；获得 Q092C 普通取向硅钢生产技术等 5 项发明专利；在引进的取向硅钢装备技术的基础上，自主开发了 4 大类产品的冶炼、连铸、热轧、冷轧及热处理等工艺与质量控制技术，实现了制造技术的工程化与产业化，产品性能、规模、质量等指标均达到国际领先水平。

按照循环经济的设计理念，建设了国内最大的高炉（5 500m^3），有效提升了国内炼铁技术整体水平。在 7.63m 大型焦炉上采用高温、高压干熄焦技术，有效降低焦化工序能耗；在国际上首次尝试在超大型高炉上采用全干法除尘技术，降低炼铁工序水耗，充分利用高炉煤气的余热余能；在国际上首次在超大型高炉和转炉之间的工序界面采用“一罐制”铁水运输方式，降低铁水温度损失，提高铁水罐的周转率；在国内首次尝试采用铁水脱硫 + 脱磷转炉 + 脱碳转炉 + 钢水快速精炼 + 大板坯高速连铸一体化的洁净钢生产体系，为实现专业化精品板带材生产奠定了坚实的基础。

针对南京大胜关长江大桥所使用 WNQ570 钢板的冶金制造工艺、物理性能、常规力学性能、断裂韧性、疲劳性能、焊接性能等，做了大量试验工作，为该钢种的工程应用提供了有力的数据支撑，为整座大桥的建设提供了全部钢板，质量达到国际领先水平。

在国际上首次采用 C-3000 熔融还原炼铁技术，开创了中国熔融还原炼铁技术实现工业化生产的先河。为克服 C-3000 的工艺技术缺陷，针对 COREX 煤粉喷吹和利用型煤技术开展了前期研究，进行了 COREX 煤气脱硫制富氢煤气的工艺开发。

在鲅鱼圈钢铁工程中积极进行风能的开发与利用，一期建设 3 台 1 250kW 风力发电机组，机组已正式并网发电。

三、装备制造产业

大型全回转起重机的研制成功，可以为大型浮吊服务海上油气田开采、重大海事工程、港口工程、桥梁工程与打捞工程提供技术及装备的支持，不但可以提高工程的起重装卸效率，还能够提高工程的极限施工能力。7 500 吨海上起重装备浮吊为世界起重量最大的全回转浮吊，是我国迈向海洋装备制造强国的重要标志之一。

大型船用曲轴热装及关键冷加工技术开发攻克了曲轴冷加工、热装和刀具材料等方面的技术难题，成功完成了 50 型和 70 型大型船用曲轴的国产化研制，对解决我国“船等机、机等轴”的被动局面，加速实现世界第一造船大国的目标具有重要意义。

全断面隧道掘进机主轴承多层密封结构和自定位快速抓取管片机械手两项发明专利，进一步在科技支撑计划试验样机中推广应用。刀具破岩机理与耐磨试验机的发明专利在岩石切割实验机的设计及制造中逐步推广。在国家科技支撑计划“大型全断面掘进机研制”项目的科研过程中，企业加速消化吸收国外技术，结合沈阳地铁项目全断面掘进机的需求，开始形成完整的自主研发能力，在长江隧道、铁路客运专线隧道工程、北京、沈阳、广州、深圳等城市的地铁建设等重大工程中发挥巨大作用。

研制生产出 15 000 吨、16 000 吨自由锻造水压机和 16 500 吨自由锻造油压机，可锻造 600 吨级特大型钢锭，锻件最大直径 6.8m、最大长度 25m；可实现高刚度、高强度和灵活响应。投产以来成功锻造了世界首支直径 5.75m 的百万千瓦核电蒸发器锥形筒体、压力容器接管段等特大型锻件，改变了我国关键大锻件长期依赖进口的局面。

射频识别技术应用示范进展顺利。完成了 220 万枚危险品气瓶和 100 万枚烟花爆竹电子标签标识工作，带动了长三角区域 2 000 万个危化品气瓶管理科技联动项目推广应用。成功应用于 2008 年北京奥运会电子门票实名制查验系统，奥运会烟花 RFID 安全追溯管理。

四、船舶产业

船舶多态数据采集系统实现了机舱数据采集、国际标准格式输出、设备信息存储等功能，船岸通信控制系统实现了“智能”选择通信路由，船舶航行态势分析系统实现了基于机舱数据的机舱设备故障预测和故障分析，填补了国内远洋船舶监控技术领域的空白，完成了船舶机舱监测报警系统样机开发，并已通过中国船级社的产品认证。

完成了分布式阀门遥控系统研究和原理样机研制，通过中国船级社的产品认证。

研制出大功率智能型船用柴油机 6K80ME-C 首台样机，主要装备于 2500TEU 集装箱船，提高了我国船舶配套工业技术水平和自主创新能力。

完成了综合船桥系统研发实验室一期工程，能够进行船舶运动的控制与仿真，有助于国产

图 10-1　2008 年，中国船舶产业依托科技创新出口态势良好

综合船桥样机的研发和调试。船舶动力自动化公共支撑平台发布行业标准 2 项。

五、石化产业

农药创制工程项目开发的 9 个具有自主知识产权的创制农药累计推广应用 7 000 多万亩次，性能良好。申请发明专利 65 项，其中国际专利 10 项；获得发明专利授权 25 项。

全氟离子膜工程技术研究项目获得专利 14 项，其中发明专利 12 项。

非石油路线制备大宗化学品关键技术开发项目开发了低质煤层气净化富集成套技术，攻克了煤层气脱氧技术难题；开展了百万吨级甲醇制二甲醚大型化工程开发的基础设计，建成了千吨级乙炔羰基合成丙烯酸中试装置，已申请国内专利 60 项、发明专利 58 项；申请国际发明专利 5 项，其中授权 3 项。

高附加值精细化学品合成关键技术开发和专用高性能高分子材料聚合关键技术研究及应用项目，申请 26 项国家发明专利、3 项国际发明专利，其中液膜撞击式喷射反应器改变了传统模式，实现了多股物料毫米级快速混合，提高反应效率 45%以上，节能 30%以上。

广谱杀菌剂农药新品种烯肟菌胺，应用范围涵盖 20 多种作物，用药量仅为传统杀菌剂的 5% ~ 10%，可以广泛替代毒性高、用量大的传统杀菌剂。

研发了拥有中国自主知识产权的第一套地质导向钻井装备，使中国成为掌握该项高端技术的第三个国家。该成套技术与装备已在冀东、辽河和四川等油田 13 口定向井和水平井中成功应用，总体技术达到国际先进水平。

中国自行研制的15万吨/年裂解炉、大型裂解气压缩机组、大型乙烯压缩机组、大型丙烯压缩机组、大型迷宫式压缩机、大型冷箱及20万吨/年双螺杆挤压造粒机组等关键设备得到应用，对于节约建设投资、提高我国重大技术装备的制造能力和技术水平具有重要意义。

百万吨级PTA国产化依托工程，采用了国内自行研发的工艺技术，大型工艺空气压缩机组、大型PTA和CTA干燥机、大型加氢精制反应器、大型氧化反应器、大型真空转毂过滤机、高速进料泵机组等关键设备均由国内设计制造，计划2009年初建成投产。这是迄今为止在同类建设项目中投资最低、建设进度最快、国产化率最高的PTA工程项目。

羰基合成醋酸工艺核心设备——醋酸反应器研制成功，打破了该设备长期依赖进口的局面。自主开发的甲醇合成反应器单套生产能力已达30万吨/年的规模，具备了建设180万吨/年超大型甲醇生产装置的技术基础。第一套完全以国产化技术新建的10万吨/年乳聚丁苯橡胶装置投产，达到了国际先进水平。

六、纺织产业

提出了一种新的增强保护区成纱理论，并利用该理论研制了一套实现顺利纺纱，具有广泛适用性的新型纺纱装置，突破了传统纺纱技术对纤维长度、细度等性能要求，实现了毛纺500公支、棉纺500英支的超高支纺纱。

高档超高支苎麻面料加工关键技术，突破了苎麻纺纱极限，解决了136nm以上超高支苎麻产品工艺难题，完成了100～400nm高档超高支苎麻面料系列产品的开发，降低了纱线毛羽，改善了常规苎麻面料的弹性和抗皱及服用性能，利用该技术开发的136～400nm高档超高支苎麻产品价格是常规产品价格的8～10倍。已建立年产150万米高档超高支苎麻面料示范生产线。

七、轻工产业

农产品品质的无损检测新技术及装备研究开发项目首次开展了三种技术融合进行农产品品质无损检测的研究，研制了一套基于计算机视觉、电子鼻和近红外光谱三项技术融合的水果无损检测系统，研制了采用三个CCD摄像头从不同角度同步拍摄的苹果在线检测输送线。开发了基于逻辑判断识别缺陷、基于统计规律计量尺寸等优化算法，实现了快速检测。

牛胴体质量等级快速无损检测装置，利用计算机视觉判定牛肉大理石花纹等级及生理成熟度等级，利用近红外光谱分析技术预测牛肉嫩度等级，实现了用计算机视觉和近红外光谱技术同时融合检测。

中国载人航天工程“神舟七号”舱外航天服手表项目在高精度多功能机械机心制造、极限工作温度润滑技术、超强防磁、防震及密封技术、检验技术和精密制造等技术上取得重大创新突破，整体技术达到国际先进水平，在神五、神六、神七航天飞行中成功应用。

提出了锂离子电池用低温电解液的创新思路，开发了低温电解液，显著提高了锂离子动力电池的低温特性，为动力电池的开发提供了新的技术支持。新型电解液添加剂等创新技术达到国际领先水平。

LH 系列环保节能节材型电冰箱压缩机项目在解决冰箱压缩机的机械结构优化、吸排气系统、电机效率等关键技术上取得重大突破。项目产品关键性能指标能效系数（COP 值）达到 2.03，体积缩小 20%，重量降低 3.5kg，节约材料 31.8%，达到国际先进水平。该冰箱压缩机已应用于我国主要电冰箱生产企业，实现年节约标准煤 31.87 万吨，减少 CO_2 排放 82.88 万吨。

错流膜过滤取代啤酒硅藻土过滤的研究项目解决了膜过滤清洗、再生技术等错流膜过滤生产工艺中的关键技术难题，优化了纯生啤酒的生产流程，将原来半开放的硅藻土过滤、精过滤、无菌膜过滤系统浓缩为全封闭、全自动化的错流膜过滤系统。

自主研发了橡胶木实木家具木榫结构、砂磨换代、漂白和涂装等独特的工艺技术，实现了利用老橡胶木改性后加工生产成为高档实木家具，国内销售达 7.5 亿元，出口创汇数千万美元，取得显著的经济效益。

八、有色金属

铝电解节能重大关键技术——新型阴极电解槽取得突破性进展，电耗大幅度下降，吨铝节电 1 100 度以上，“双闪”铜冶炼技术开发成功，各项技术指标达到国际先进水平；在世界上首次将奥斯麦特技术用于镍的工业冶炼。氧气底吹新工艺实现了多种有色金属的综合提取，具有原料适应性强，扩产潜力大，金属综合回收率高等优势，成为中小型炼铜和回收金银的最佳工艺选择之一。

图 10-2　电解工人正在维护电解槽

双预热燃烧蓄热炼镁节能技术的应

用使吨镁能耗由 8 吨标准煤下降到 4.45 吨标准煤。国内第一条幅宽 600mm、厚度 0.5 ~ 9mm、单卷重 290kg 的镁合金铸轧－精轧生产线建成。大型镁合金复杂件设计制造技术广泛应用于汽车、摩托车零部件的生产。

九、电子信息

高性能计算机设计开发和产业化迈上新台阶，研制成功浮点计算能力达到每秒 233 万亿次的曙光 5000A 和 145 万亿次的深腾 7000 高效能计算机，分列 2008 年 11 月公布的第 32 届世界高性能计算机排名 TOP500 的第 10 名和第 19 名。

高性能通用 CPU 设计技术与产业化推广取得重要进展。已掌握多核 CPU 和极低功耗芯片设计关键技术，为未来在国产高端服务器和高效能计算机中应用奠定了基础。基于国产 CPU 的低成本计算机在多个行业和领域示范应用。

高可信软件生产工具和集成环境在软件资源库、协同开发平台、软件可信分级模型、软件生产线集成框架等方面取得突破，公共服务平台 Trustie 已提供在线服务，研发了一批软件资源、软件工具和软件生产线原型系统。

中文核心多语言处理技术在中文信息处理领域保持国际领先，在多语言语音识别、语音合成、机器翻译、内容管理、对话管理和系统集成等核心技术方面取得了进展，在教育评测、跨媒体搜索、多语言服务、汉语言文化推广等领域成功应用。

TD-SCDMA 研发与产业化取得了进展，形成了较为完善的技术标准和产业链，开展了大规模网络测试，为科技奥运提供了先进的通讯手段。随着中国 3G 牌照的发放，TD-SCDMA 已进入全面商用和业务应用的全新阶段。

高性能宽带信息网 3Tnet 项目在网络体系结构、核心关键技术、整套标准规范、成套核心设备方面取得整体突破，成功在长三角地区规模应用。以此核心技术为支撑，开展下一代广播电视网建设，开辟了中国网络产业新的增长点。

快速自愈路由协议与组网取得关键技术突破，自愈时间缩短为目前互联网的 1%，实现了接近 100%的故障保护率，提高了网络的抗毁自愈能力；分布式无线组网技术走在世界前列，已成为 4G 核心基础技术；完全自主知识产权的基于分组的光传送与新型可调谐光收发器件，增强了国产设备的竞争力。

地面数字电视传输国家标准开始大规模推广应用，陆续在北京、上海、天津、青岛、秦皇岛、沈阳 6 个奥运城市以及广州、深圳等地开通地面数字电视高清业务和标清业务。自主知识产权的高清晰度数字音视频编码技术研究和标准制定取得新进展，并研制出相应的编解码芯片。数字版权管理技术和数字音视频接口技术的研究和产业化正在稳步推进。

移动多媒体广播电视（CMMB）系统技术已经形成了具有自主知识产权的技术标准体系和端到端的系统设备产业链，已在全国范围内开展大规模技术试验，基于 CMMB 的手机移动电视开展规模应用。

在国家集成电路设计产业化基地建设和推动下，集成电路设计和制造技术稳步推进，集成电路设计最高设计水平达到 65nm，生产线工艺水平推进到 65nm。

在电子商务、现代物流、数字内容、数字医疗、数字旅游、数字社区服务、数字教育服务等现代服务业典型应用领域开展了近 160 余项共性技术和共性服务的集成应用与试验示范，创新了 20 余种新型服务模式；完成了 60 余项国家或行业标准的征求意见稿或送审稿，初步形成了现代服务业共性技术和服务支撑体系架构，为现代服务业创新发展提供了重要的技术和服务支撑。

第二节
高新技术产业开发区发展

2008 年，国家高新区以提升自主创新能力为核心，推进二次创业的各项工作。以实施 20 周年为契机，火炬计划将进一步优化高新技术产业化宏观发展环境，为高新技术企业提供系统支持。

一、国家高新区的创新发展

国家高新区坚持四位一体的发展目标，深入落实《关于促进国家高新区进一步发展、增强自主创新能力的若干意见》，着力推动国家高新区以提升自主创新能力为核心的二次创业的各项重点工作。支持中关村建设国家自主创新示范区，启动省级高新区升级工作，完成对湘潭和泰州高新区升级的指导和报批工作；扎实推进建设世界一流高科技园区行动方案的具体实施，推动重点省市出台相关政策措施，协助重点高新区开展创建全国一流高科技园区战略研究和产业发展规划；根据创新型园区建设指南要求，在各试点城市启动了建设创新型科技园区试点工作。

2008 年，区内企业 5.2 万家，年营业总收入 65 146 亿元，实现净利润 3 301 亿元，实现工业增加值 1.27 万亿元，比 2007 年增长 18.6%，出口 1 957 亿美元，占全国出口总额的 14%。

二、火炬计划实施 20 周年

20 年来，火炬计划取得了巨大成功。一是加速了大批科研成果向现实生产力转化。在电子信息、网络、先进制造、新材料、新能源、生物医药等领域产生了一批具有国内外领先水平和自主知识产权的创新成果，催生了大量高新技术产业。科技型企业和创新集群快速成长，涌现出联想、华为、海尔、用友、方正、尚德等一批高科技龙头企业。二是形成了高新技术产业化发展的体系、机制和环境。在火炬计划推动下，诞生了我国多个第一家高新技术产业化载体，已经建立了 54 个国家高新区和诸多产业基地、生产力促进中心、创新试验城市、技术市场，全国各省都建立了地方创新基金，科技企业孵化器规模和数量居世界前列。三是培育了浓厚的创新创业氛围。科技界、产业界创新创业的积极性被极大地调动起来，一批熟悉市场、竞争意识和创新能力强的经营管理人才脱颖而出，大量留学生携带科技成果回国创业。实践证明，火炬计划的实施，对促进国家科技实力跃升、培育新的经济增长点、提升产业技术水平发挥了引领和带动作用，为中国确立科技大国、经济大国的地位做出了不可替代的贡献。

20 年实践积累了宝贵经验，探索了一条具有中国特色高新技术产业化道路。突出体现在：一是坚持科技与经济紧密结合。始终瞄准经济社会发展的现实需要，推动科技进步和自主创新，促进产业结构升级，提高经济发展的质量。二是坚持市场导向。打破传统计划管理方式，引入市场机制，综合运用市场与计划两种手段，合理有效配置创新资源，充分调动企业和地方的积极性，推动高新技术成果商品化、产业化、国际化。三是坚持政策扶持。加强产业化环境建设，建立完整的政策体系，综合运用财政、金融、税收和人才等多种政策工具，支持高新技术成果转化和科技型企

图 10-3　2008 年 10 月 9 日，纪念国家火炬计划实施 20 周年大会暨全国火炬计划工作会议在京召开

业成长。四是坚持体制创新。借鉴国际先进经验，从技术研发到成果转化、企业孵化、形成产业化的各个环节，大胆创新管理体制和运行模式，建立产学研用结合的技术创新体系。

面向未来，火炬计划将围绕6项任务开展工作：以建设国家高新区为重点，进一步优化高新技术产业化宏观发展环境；进一步实施育苗造林工程，公共服务平台建设，为高新技术企业提供从孵化培育、成长壮大和集群发展阶段系统支持；进一步实施科技金融促进行动，推进我国高新技术产业化投融资体系不断完善；进一步推动技术转移促进行动，推进高新技术成果的转移和扩散；进一步实施科技兴贸促进行动，推动高新技术企业走出去，大幅提升我国高新技术产业的国际竞争力；统筹和集成相关资源，形成支持高新技术产业发展的合力。

第三节
促进高新技术成果转化

2008年，火炬计划、重点新产品计划、科技型中小企业创新基金、高技术产业化专项的实施，持续促进了中国高新技术成果产业化。

一、火炬计划项目

2008年，共受理国家火炬计划项目3 192项。共认定2008—2009年度国家火炬计划项目1 876项。其中产业化示范项目1 664项，产业化环境建设项目212项。

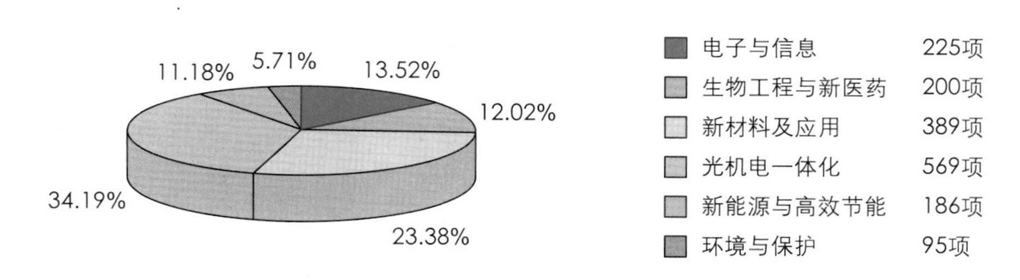

图10-4 火炬计划产业化示范项目领域分布

产业化示范项目承担单位中83.89%是高新技术企业，涵盖电子与信息、生物工程与新医药、新材料及应用、光机电一体化、新能源与高效节能、环境与保护等技术领域。212项产业化环境建设项目主要涉及产品设计、监测、工程中试、关键共性技术开发、信息服务等公共技术服务平台的建设等方面。

2008—2009 年，国家火炬计划项目新增投资 502.35 亿元，其中银行贷款 163.82 亿元。项目达产后，预计年实现工业总产值 2 593 亿元，销售收入 2 558.07 亿元，缴税总额 257.96 亿元，税后利润 374.98 亿元，出口创汇 84.24 亿美元。

二、重点新产品计划

2008 年，认定 2008—2009 年度新产品计划项目 1 645 项，项目总体立项率 68%。项目按技术领域分布为：电子与信息 239 项，占 14.5%，航空航天及交通 125 项，占 7.5%，光机电一体化 483 项，占 29.3%，生物技术 72 项，占 4.4%，新型材料 348 项，占 21.1%，新能源、高效节能 196 项，占 11.9%，环境与资源利用 68 项，占 4.1%，地球、空间及海洋工程 2 项，占 0.1%，医药与医学工程 84 项，占 5.1%，农业 28 项，占 1.7%。1 645 项新产品计划项目中，有 139 项来自于 863 计划、973 计划或国家科技支撑计划，占项目总数的 8.4%；企业自行开发技术 973 项，占项目总数的 59.1%。

项目采用国际或国外先进标准 278 项，占项目总数的 16.8%，采用国家标准、行业标准或企业标准 1 227 项，占项目总数的 74.5%。755 个项目技术申请了发明专利，占项目总数的 45.9%，834 个项目申请了实用新型专利，占项目总数的 50.6%，获得国家级奖励的项目 87 项，占项目总数 5.2%。在技术创新性方面，国内首创项目 1 074 项，占项目总数 65.3%，重大改进项目 375 项，占项目总数 22.8%。

2008 年安排重点项目 321 项，经费总额 1.5 亿元。重点项目突出体现了自主知识产权、节能减排、核心专利、重大创新、国际水平、行业示范以及国际知名品牌等支持重点，并特别加大了对四川等地震灾区和西部经济欠发达地区的支持力度。

三、科技型中小企业创新基金

2008 年，科技型中小企业创新基金项目立项 2 470 项，计划资助金额 14.6 亿元；平均立项率为 37.16%，平均支持强度为 59.2 万元。

从支持方式看，2 470 个立项项目中共有无偿资助项目 2 324 项，计划资助金额 13.7 亿元，占总计划支持金额的 93.9%；贷款贴息项目 146 项，计划资助金额 8 875 万元，占总计划支持金额的 6.1%。

2 470 个立项项目中除 208 项服务机构补助资金项目和 152 项创业投资引导基金项目外，其余 2 110 项创新基金项目涉及的技术领域涵盖电子信息、光机电一体化等七大领域。2 110 个创新基金项目完成后，预计累计实现销售收入 386.93 亿元，实现净利润 72.44 亿元，上缴税金 45.69 亿元，出口创汇 4.87 亿美元，新增就业人数 5.32 万人。

四、特色产业基地

为引导火炬计划特色产业基地认定管理工作向服务于国民经济主要领域、构建区域创新体系和创新集群的方向发展，修订完成了《国家火炬计划特色产业基地认定和管理办法》，通过做实做强特色产业基地，增强科技与经济结合、推动产业集群升级。截至 2008 年底，全国共认定火炬计划特色产业基地 186 个，其中 2008 年新认定 19 个。186 个火炬计划特色产业基地中，共有高新技术企业 4 000 家，占基地内企业 45 727 家总数的 8.7%，共有国家工程技术研究中心 108 家。

五、高技术产业化专项

2008 年，国家发改委组织实施了高性能纤维复合材料、卫星应用、生物育种、生物医药等一批高技术产业化专项。

◎ 高性能纤维复合材料高技术产业化专项

重点支持千吨级高性能碳纤维和聚丙烯腈原丝生产工艺技术，预氧化炉、碳化炉等大型关键设备制造，纺丝油剂、碳纤维上浆剂、预浸料等重要辅助材料，以及高性能树脂基体材料、高性能碳纤维复合材料应用技术等产业化；制定和完善高性能碳纤维生产、产品和应用的相关标准。

重点支持千吨级芳纶－Ⅱ生产工艺技术、关键技术装备，以及高性能芳纶－Ⅱ复合材料关键生产工艺技术等产业化。

重点支持超高强聚乙烯纤维及复合材料生产工艺技术、关键技术装备、表面改性技术等产业化，以及超高强聚乙烯纤维在海洋工程、交通、通讯等领域应用技术产业化。

◎ 卫星应用高技术产业化专项

在卫星通信广播应用领域，重点支持卫星固定通信系统、设备国产化和卫星直播终端产业化内容，包括：C 和 Ku 频段卫星通信自主地面系统产业化；直播星信源识别、数字电影传输与接收技术及系统产业化。

在卫星导航应用领域，开展基于北斗 /GPS/GLONASS/ 伽利略卫星导航系统兼容的终端模块化、小型化、低功耗技术及系统应用开发与产业化，重点促进车载前装、双频测量、高灵敏度、GNSS 与蜂窝电话融合等重大产品产业化。开展导航电子地图增量更新与应用服务及产业化。开展北斗高精度授时在移动通信领域的示范；兼容型卫星导航系统在公路、铁路客货运车辆安全保障、渔业生产安全保障与信息服务、特殊人群与个人监护服务领域的应用示范。

在卫星遥感应用领域，鼓励重点部门和地区推动自主卫星数据在国土资源调查与管理、生态环境遥感监测、城乡规划与管理监测评价、重大自然灾害与应急监测、全球粮食估产与增值服务领域的示范应用；支持低成本、多功能遥感小卫星及微小卫星的研制及其应用。研究制定自主遥感卫星原始数据（0级数据产品）标准，高级遥感数据产品标准，数据模型、格式和交换的接口协议。

◎ 生物育种高技术产业化专项

以高产、优质、多抗、高效、专用农作物新品种的培育与产业化为重点，择优支持超级稻、功能性专用水稻、优质专用小麦、高产多抗玉米、优质专用玉米、抗虫杂交棉、高品质棉、优质专用大豆、双低油菜、双高甘蔗、设施蔬菜等新品种的产业化，促进具有显著特色的农作物良种繁育与产业化示范基地的形成和发展。

以优质、大宗畜禽、水产新品种培育和产业化为重点，择优支持优质良种奶牛、瘦肉型良种猪、节粮型蛋鸡、优质肉鸡和淡水鱼、海水鱼类新品种的开发与产业化，促进优质畜禽水产良种繁育与产业化示范基地的发展。

以生态环境建设、生物能源产业发展的需要为出发点，择优支持抗虫、抗旱、抗逆能力强的防护林、经济林、能源林、速生工业用材林新品种的开发与产业化，形成林木新品种繁育与产业化示范基地等。

◎ 生物医药高技术产业化专项

重点支持防治重大疾病和传染病、疗效显著、使用安全的化学新药产业化。具体包括小分子天然化学药物、合成与半合成化学药物，特别是手性药物及能够进入国际主流医药市场的其他药物。支持药品出口相关重大技术支撑条件建设。

重点支持防治重大疾病和传染病、疗效显著、使用安全的生物技术药物产业化。具体包括重组人源和人源化单克隆抗体、重组蛋白多肽药物、基因治疗药物、重组治疗性疫苗等。

重点支持防治重大、疑难疾病的药理清楚、疗效确切、使用安全、技术含量高、有明显创新性、生产工艺先进、质量稳定可控、具有显著中医药特色与优势的中药新药，特别是中药复方新药产业化，以及中药饮片技术开发和产业化。支持中药标准化相关重大技术支撑条件建设。

第十一章

社会科技进步

2008年，社会发展领域科技进步以人口与健康、城镇化与城市发展、公共安全、防灾减灾、资源利用与生态保护、可持续发展实验区、文物保护等为重点，研发了一批重大科研项目，为提高人民群众生活质量、保障公共安全、促进社会和谐发展提供了有力的科技支撑。

第一节 人口与健康

在避孕节育新技术、重大出生缺陷和遗传病防治研究、心脑肺血管疾病和常见恶性肿瘤防治方面取得了重要进展。农村卫生适宜技术研究与推广继续开展。药品检测的关键技术得到发展，一批新型医疗仪器与设备研制成功。中医药现代化从原材料种植到新药研发，均取得新进展。

一、计划生育与优生优育

含天然孕酮的阴道避孕环进入临床研究阶段。启动了米索前列醇药代动力学实验，有望在抗早孕技术方面成为可供临床应用、减少非意愿妊娠、降低人工流产率的新型催经止孕方法。

完成了国内首例进行性肌营养不良症的种植前遗传学诊断，并在临床上应用。建立了MLPA－微阵列芯片技术，可以检测点突变、片段微小缺失、重复等异常，在遗传病的基因诊断中有很广阔的应用前景。提高了Alport综合征患者基因突变检出率，简化了检测程序，降低了检测费用。编制了孕期社会心理应激因素评定量表，为科学评估社会心理应激与重大出生缺陷的病因关联研究解决了暴露因素的测量问题；提出了儿童脑瘫的筛查程序和判定标准。起草了胎儿染色体异常与开放性神经管缺陷的产前筛查与诊断技术标准。

二、重大疾病防治与基层卫生适宜技术

提高老龄和急危重心血管疾病外科疗效的临床研究首次在国内建立大规模的数据库收集系统，建立了中国心脏外科风险评估模型，为更加准确地评估心脏外科病人整体状况和指导临床医师做出更合理的治疗选择提供了依据。阜外Ⅱ型微型轴流泵采用先进的电脑软件完成了设计优化，以及体外流体力学测试和生物相容性测试，心室辅助泵罗叶泵开始应用于临床。这两种辅助泵的研发使用，填补了国内空白。缺血性卒中急性期病因诊断、临床分型及规范治疗研究建立了中国脑血管病事件医疗服务监测登记RACE平台，为监测评价脑血管病医疗服务质量提供了详实、动态、准确的数据。

早期肺癌筛查方法的研究完成了三个现场建设，对7万人进行了肺癌筛查，建立了较大型的肺癌生物标本库，现场的肺癌早诊率提高10%；应用质谱技术筛选了肺癌筛查的分子标志物，经初步临床验证，有较好的特异性、敏感性和重复性，研究了低剂量CT在肺癌早诊中的作用。高危人群乙肝疫苗接种预防肝癌的随访及评价研究中，发现新生儿接种乙肝疫苗极显著地降低了慢性乙肝的患病率，首次发现青春期出现乙肝病毒感染的重激活过程，对肝癌的免疫预防具有重要指导意义。

“十一五”农村卫生适宜技术研究和推广工作全面开展，一批适宜农村基层的卫生适宜技术在17个省的50余个示范县推广应用。完成了11省、23县、69乡镇各级卫生机构的门诊病人、住院病人、医务人员、出院患者（病例）等实地调查，确定所要推广的技术，并成立了各级组织机构与培训机构。开展了农村卫生适宜技术信息网络研究，各示范省均已完成技术筛选工作，宁夏、山西、河南、江西、黑龙江等地已开展技术推广工作。

三、药品安全关键技术

对常见与重要的24种药品的关键检测技术开展研究，建立或完善了检测方法，制备了相应的国家对照品，建立或修订了安全控制标准，其中6种新修订的标准将在国家2010年版《中国药典》中加以收载。建立了中药材标准信息查询系统。

在中成药中非法添加化学药品检测方法方面，研究建立了系统的检测方法，申报了一批针对违法企业产品的专用和通用补充检验方法，为非法添加药品的监督管理提供了技术依据。

四、新型医疗仪器与设备

电阻抗成像技术动态监测应用研究、脑机接口技术应用研究等取得了进展。脑机接口信号处

理装置研究创新和改进了脑机接口信号处理关键研究（脑电放大器、电极帽）和核心软件，在国际上首次设计实现了两种新的脑机接口方法。

五、中医药现代化

2008 年，继续支持建设了 17 个中药现代化科技产业基地和 7 个中药材规范化种植基地。中药工业发展速度整个医药工业基本保持一致，中药出口创汇又创新高。合计建立了 430 多个中药材生产技术标准操作规程（SOP），相应建立近 500 个中药材 GAP 基地，中药材规范化种植面积已达 2 100 万亩。截至 2008 年 8 月底，已累计有 39 种中药材的 49 个基地通过国家 GAP 认证。伴随着中药材规范化种植（养殖）技术研究的开展和 GAP 认证，所涉及品种的种植面积逐步走向规模化，初步实现了中药材生产过程和质量的标准化。

《国家药用植物种质资源库》开始运行，保存药用植物种质 10 万份、保存期 50 年，是目前全世界收集和保存药用植物种质最多的专业种质库。

第二节 城镇化与城市发展

重点发展了城市区域规划与动态监测、城市功能提升与空间节约利用、建筑节能与绿色建筑、城市信息平台等方面的技术。

一、区域规划与动态监测

继续发展城乡空间布局规划和系统设计技术，在城乡空间识别系统和相应的城乡人口统计口径，城乡基础设施和公共服务设施规划设计、一体化配置与共享技术，城乡规划与人口、资源、环境、经济发展互动模拟预测和动态监测技术，城乡重大自然灾害监测与预防技术等方面取得进展。

二、城市功能提升与空间节约利用

重点围绕城市综合交通、城市公交优先与智能管理、城市轨道交通、城市道路桥梁建设展开技术创新工作。

研究开发了城市热岛效应控制与改善、城市发展和空间形态变化模拟预测、城市土地勘测利用、城市地下空间开发和利用等技术。城市市政基础设施和重要公共建筑的结构技术的研究开发取得进展；城市给排水、燃气关键技术，城市防灾减灾集成技术，重大生产事故预警与救援技术等的研究开发也在顺利实施中。

三、建筑节能与绿色建筑

重点研究了建筑节能技术政策、技术标准、标准体系，以及建筑能效标识系统和建筑节能优化设计技术；发展了可再生能源与建筑一体化应用技术、节能建筑围护结构与部品开发。降低中央空调能耗的关键技术，降低采暖系统能耗的关键技术取得突破。首个兆瓦级太阳能并网建筑示范、大型公共建筑运行能耗实时监测管理等项目取得了重要进展。

研制了绿色建筑结构材料与功能材料和装饰装修材料；发展了建筑垃圾资源化利用、绿色建筑规划设计方法、绿色建筑全生命周期评价技术与方法等。

图 11-1　电驱动热泵式溶液调湿新风机组和余热驱动型溶液调湿新风机组

四、城市生态居住环境质量保障

重点研究开发了室内污染控制标准和环境综合治理技术；研究开发人居适宜性评价与监测技术，居住区噪声、光环境控制技术；城市园林绿化与景观规划、湿地恢复等关键技术也在研发中；同时城市发展的水资源承载力评价、饮用水安全保障关键技术和设备、生活节水技术及器具、城市污水再生利用技术及设备等城市用水与节水技术也是研究的重点内容。

五、城市信息平台

建立了城市建设公共安全应急管理平台及小城镇综合信息管理与服务平台。研究开发城市基础设施信息共享与服务、数字城市管理、城市和风景区遥感监测、数字园林等技术。

第三节 公共安全

生产安全领域的科技发展，以煤矿安全为主要内容，同时还包括针对危险化学品、尾矿库、非煤矿山安全的科研活动以及防护用品的开发研制。食品安全领域的科技发展继续在快速检测方法、全程控制技术等方面取得进展。

一、生产安全

◎ 煤矿安全

预防煤矿瓦斯动力灾害的基础研究初步探明了典型矿区煤矿瓦斯灾害的地质构造作用机理，初步了解了瓦斯在空隙裂隙场内“解吸—流动—汇集”的规律以及被保护煤层的空隙裂隙发育、煤层变形与渗透性变化的时空关系。在煤与瓦斯突出机理研究、煤岩动力灾害演化过程的地球物理响应规律方面获得进展。发现了结构复杂管道的瓦斯爆炸传播特性与直管的瓦斯爆炸传播特性有明显的差别，对瓦斯爆炸过程的影响取决于抑制因素和激励因素的综合作用。

在煤矿瓦斯灾害基础条件测定的关键技术、煤矿重大灾害综合监测预警关键技术、煤与瓦斯突出防治和瓦斯抽放关键技术与装备、瓦斯煤尘爆炸预防及继发性灾害防治关键技术等方面取得新进展。地面钻孔抽采采动影响煤层及采空区瓦斯技术和煤与瓦斯突出预测与防治技术的集成与示范，在多个煤矿取得较好效果。

◎ 危险化学品、尾矿库、职业危害等领域进展及成果

重大危险源区域定量风险评价与安全规划技术在国内 10 多个大型化工园区获得成功应用，为政府部门掌握区域风险，实施化工企业搬迁、选址、园区布局设计等提供了有力的技术支持，有效避免了化工园区在开发建设阶段带来的不利风险。

研究开发了危险化学品重大事故现场应急联动指挥系统。该系统由便携式防爆应急环境监测仪、便携式防爆无线手持摄像仪及接收终端、事故现场应急辅助决策支持软件系统构成，可将事故现场视频、环境信息无线传送到应急指挥中心，通过应急辅助决策支持软件系统对现场信息进行实时处理，为应急救援指挥提供辅助决策支持。

图 11-2 危化品事故现场应急联动指挥系统在演练现场应用

完成了全国尾矿库基础数据普查，建立了包括 7 919 座在役尾矿库基本数据的管理系统；尾矿库安全监测预警系统逐步在大中型尾矿库安全管理中得到实施和应用，该系统对位移监测精度可达毫米量级，浸润线埋深监测精度可达 0.5mm；尾矿库重大隐患排查、灾害综合防治技术在国内许多尾矿库安全评估中得到应用，提高了尾矿库安全评估科学技术水平。

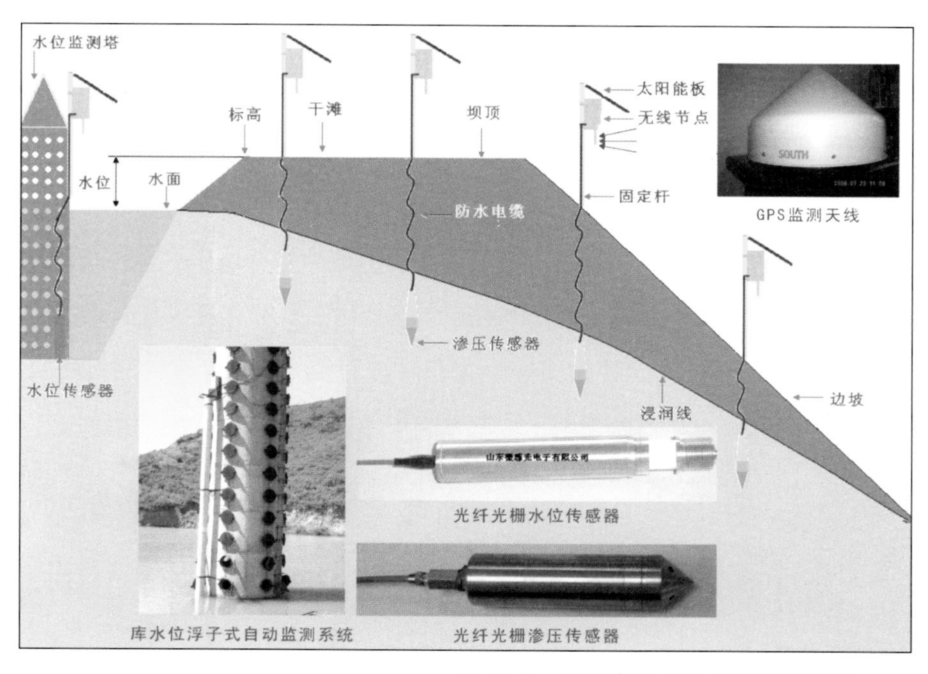

图 11-3 尾矿库安全监测和预警系统

金属非金属矿山动力灾害岩移光纤网络综合监测技术采用激光扫描、光纤光栅传感器、微震定位等技术对井下围岩稳定性进行实时、多参数综合监测。高含硫气田现场监测预警与决策支持技术可实现气井日常安全管理、定量风险评估及区域安全规划、现场有毒气体和音视频数据实时采集及无线传输、事故演化过程快速模拟预测及分级预警通知、事故现场应急辅助决策支持等功能。

建立了国内领先、国际先进的呼吸防护用品（防尘、防毒）检测实验室；制备了复合型低阻、高效、舒适、密封良好的新型呼吸防护用品。

二、食品安全

◎ 食品检测技术

研制了 400 张副溶血性弧菌全基因组 DNA 芯片，建立食品中沙门氏菌和志贺氏菌等 16 种食源性致病菌和诺沃克病毒、肝炎病毒等 2 种病毒的 PCR-DHPLC 检测技术、2 种细菌（致泻大肠埃希氏菌等）分型检测的 MP-DHPLC 快速分型检测技术，完成 5 项检验检疫行业标准。

针对国外生物毒素、农兽药残留标示物禁运标准物质难于获得等问题，建立了 3- 甲基喹噁啉 -2- 羧酸 MQCA 合成工艺和 A 型肉毒神经毒素的纯化制备工艺等，制备了 3- 甲基喹噁啉 -2- 羧酸、A 型肉毒神经毒素、T-2 毒素和黄曲霉素 B_1 等标准物质，纯度满足检测技术需求。

针对包装材料中有害物质，建立了包装材料中烷基酚类抗氧剂物质、氟化有机物（PFOS 和 PFOA）类物质、有机锡类等有机金属物质、邻苯二甲酸二丙烯基酯和邻苯二甲酸等快速测定技术。

◎ 全程控制技术

在粮油蔬果等安全控制技术中，提出了种植过程、贮藏和加工过程的生物毒素（花生黄曲霉素等）的 HACCP 关键控制点；开展了挤压膨化法、氨气熏蒸法、湿磨法和碱化湿磨法降解和去除玉米及玉米制品中伏马菌素研究，初步提出了降解农药残留和生物毒素的最佳剂量；提出了钴－60γ 辐照的技术工艺路线；研究了不同水稻品种幼苗吸收积累镉的差异及生理机制，筛选获得可食部分 Cd 低积累和 Cd 高积累的水稻品种；了解有机磷和有机氯农药在苹果汁加工产业链中分布规律，初步开发了苹果汁中农药降解的钴－60γ 射线辐照对技术、超声波去除技术和超高压去除技术；在粮食储藏中，根据不同生态地区的特点，筛选出低温、气调无污染替代技术。

三、社会安全

围绕社会公共安全领域的关键技术、共性技术和公益技术问题，以信息通信、警用装备、专用仪器等为重点领域，部署和启动了一批重大科研项目。

第四节
防灾减灾

一、全球气候变化与气象灾害

重点研究开发全球环境变化的应对技术；继续将灾害性天气精细数值预报系统及短期气候集合预测、人工影响天气关键技术及装备研发以及农业重大气象灾害监测预警及调控技术等作为研究开发的重点。

◎ 全球环境变化应对技术与示范

在全球气候变化领域，通过比较和订正，得到了中国近 100 年和 50 年温度和降水标准曲线，揭示严冬和干旱极端气候事件发生频率和强度的变化。弄清了中国大气水汽含量变化规律，及其对气候变化可能的反馈作用。建立了具有中国自主知识产权的耦合气候系统模式 BCC_CSM1.0.1 版本，实现了全球大气环流模式 BCC_AGCM2.0.1 与陆面过程模式 CLM3、全球海洋环流模式 POP 和全球海冰动力热力学模式 CISM 的动态耦合。

◎ 灾害天气精细数值预报系统及短期气候集合预测

实现了水平分辨率为 30km 的中尺度预报系统的业务运行。实现了水平分辨率达 2 ~ 3km 的高分辨率数值模拟，建立了 GRAPES_SWIFT 短时临近预报系统，并参与了 B08FDP 奥运示范计划。初步建立了三维变分同化的 GRAPES-GFS 全球中期数值预报系统；建立了 GRAPES 全球切线性模式和伴随模式。研究提出了梅雨锋暴雨初始误差增长及中尺度可预报性限制的动力机制；初步建立了短期气候多模式超集集合预测系统及其业务运控、产品应用和检验的集成平台。

◎ 人工影响天气关键技术及装备

研制了暖云催化剂检测试验设备并改进了消雾播撒装置；对北京大雾过程进行数值模拟研究，开展了多种信息处理分析技术方法和部分软件编制，并直接应用于北京奥运会及残奥会开闭幕式保障工作。

◎ 农业重大气象灾害监测预警及调控技术

建立了农业干旱、新疆棉花低温冷害、华南寒害、长江中下游水稻高温热害、小麦晚霜冻害等主要农业气象灾害的指标体系、立体监测体系以及预测模型。全面系统研究了林火扑救技术并推广试验成果。开展了灾害调控试验和研究，新型抗灾种植模式和抗灾制剂研究成效显著。农田气象与生态环境远程分布式精准监控系统初具规模。初步建立了量化的重大农业气象灾害对我国农业影响的定量评估、风险评估和综合评估模型。初步完成农业重大气象灾害服务产品的交互制作系统。

二、地质、地震灾害

◎ 地质灾害

重点围绕区域降雨群发滑坡泥石流灾害和特大型灾难性（单体）滑坡灾害的监测、预警预报、形成机理、风险评估和快速治理等方面，继续开展重大地质灾害监测预警及应急救灾关键技术研究。针对地质灾害应急救灾中的关键技术，研制出具有自主知识产权的新型潜孔锤跟管钻具，开展了锚索快速注浆技术和抗滑桩快速施工技术研究，开发了锚索预应力实时自动遥测系统。提出了突发地质灾害风险评估指标体系和基本方法，建立了陕西省宝鸡市、延安市宝塔区和重庆万州市地质灾害风险评估示范基地，初步提出了突发地质灾害风险评估指南。

◎ 地震灾害

活动地块边界带的动力过程与强震预测研究为认识汶川地震的成因机制做出了重要贡献。针对汶川地震孕育发生过程各类观测量的动态变化，初步分析了其特殊性及大地震预测的难点问题。开展了重点地区活动断裂带的野外调查与典型断裂带的分段初步研究，对龙门山断裂带的分段性和活动性、潜在震源区划分、大震复发周期等关键问题进行了充分研究与论证，对汶川地震灾区地震区划图进行了修订。完成了精密可控人工震源系统、井下综合观测系统和地震短临跟踪观测系统的观测试验及样机定型，基本完成了强震动力动态图像预测技术、综合预测方法和预警技术及火山与水库地震监测预报关键技术研究。研究了建筑结构的地震可靠性和现行建筑抗震设防原则的合理性和可靠性，提出了新的震害图像增强算法及其软件集成，结合汶川地震开展现场搜救行动方案优化技术和相关技术系统研究。完成了地震灾情监控仪总体设计、软硬件模块设计及部分软件模块的研制。开展了近场强地震的破坏作用及其空间分布规律、城市多龄期建筑的地震破坏过程与倒塌机制、基础设施的破坏、城市建筑地震破坏的控制原理与方法、典型城市地震破坏模拟与预测等方面的研究。

三、防洪、抗旱减灾

◎ 防洪减灾

建立健全了防汛抗旱会商机制和科学调度决策体系。全国防汛抗旱指挥系统一期工程基本完成，二期工程进入启动阶段。

洪水风险预警技术与泄洪区风险管理决策支撑技术在淮河流域洪水防范工作中得到成功应用，为建设和完善洪水风险决策管理体系提供了样板。

全国洪水风险图制作第一期项目完成了其中的洪水风险图编制导则修订工作。洪水风险分析标准化软件开发和风险图绘制与管理平台建设主体工作完成。以太湖流域为对象，首次开展了洪水风险情景分析研究。

完成了流域预警系统和水库安全关键技术研究的主体工作。基本编制完成了国家和地方各类洪水防洪预案。开展了山洪管理和蓄滞洪区洪水管理示范研究，进一步展开山洪预警系统建设工作。

防汛三维电子沙盘建设进一步在若干省份推广，在北京奥运防汛预警系统和汶川地震堰塞湖应急管理中得到实际运用。

◎ **抗旱减灾**

2008年旱情发生以后，科技部成立了农业科技防灾救灾专家组，遴选应急抗旱技术，编制了《抗旱农作物品种》、《集雨补灌技术类》抗旱技术手册，组织开展多种形式的抗旱减灾知识宣传与技术培训，指导全国抗旱减灾工作。并联合相关部门共同制定和实施了抗旱减灾科技行动计划，积极推进抗旱减灾实用技术和成果的转化应用和示范，集成实施抗旱减灾科技项目。

四、海洋灾害防治

发展重大海洋灾害预警和应急保障技术，进一步提高以数值预报为基础的客观化、定量化、自动化预报预警技术水平。发展海上快速应急预警预报技术，初步形成海域突发事件应急响应行动的技术支持能力。

针对大规模浒苔绿潮暴发事件，重点开展浒苔绿潮暴发生物学基础和生态学过程研究，建立绿潮生物样品标准化采集规范和绿潮常见物种快速鉴定技术，实现了对浒苔绿潮的立体监测，为战胜浒苔自然灾害发挥了重要作用，保证了北京奥运会帆船比赛的顺利进行。构建浒苔绿潮灾害的预测和预警系统。进一步研发浒苔快速高效清除的专业性设施及其工程化配套技术。对浒苔营养价值和食用安全性的评价研究，为浒苔长期可持续利用开拓新路。

第五节 资源开发利用与生态环境保护

围绕提高资源勘查效率、资源利用率和节能减排等方面进行关键技术研发和示范应用，圈定了一批具有大型矿床找矿前景的战略新区，开发了一批资源勘查、高效开发利用的技术和装备。在水污染治理、环境管理控制以及生态保护等方面取得了一批重要成果。

一、资源高效开发利用

◎ 油气资源高效勘探开发

开展了复杂油气田高效开发、低（超低）渗透油田高效增产改造和提高采收率技术研究，开发了复杂油气藏地震勘探、评价、高效开发模式及开发技术、非常规油气资源勘探开发利用技术、压裂增产增效技术，形成了复杂油气田地质开发和非常规油气高效开发的技术体系，对促进油气产量快速增长具有重要意义。

◎ 水资源管理与重大工程建设

水库大坝安全性监测预测与风险评估技术取得实质性进展，相关试验模拟与模型模拟技术在汶川地震堰塞湖处置过程中发挥了决定性作用，为水库险坝病坝风险预警及处置提供了技术模式。雨洪资源利用潜力评估技术、利用模式开发技术以及水资源联合调度技术开发取得重要进展，对海河流域、白城农业生产及北京城市实现雨洪利用与有效调控提供技术支撑。南水北调、三峡等重大水利工程建设与安全运营关键技术研究取得突破，并在相关工程建设与运营管理决策中得到应用。

海洋环境资源利用技术与产业化开发进展顺利，海洋药物开发已获得保健食品批文，已具备大规模应用条件，海水淡化装备具备产业化应用基础，为中国海洋资源开发奠定示范模式。

二、生态环境保护

◎ 水污染治理与环境管理支撑技术体系

水环境污染控制与治理集成技术开发进展显著，水质监测与应急处置技术、水环境综合保障与资源利用技术等实现工程化应用，对于太湖蓝藻应急、奥运水环境保障、城市水环境改善等重大水环境问题解决提供了技术支撑。

环境管理支撑技术体系逐步完善，新一代海洋环境预警与气象环境监测预警预报技术研发进展顺利，多项国家环境监控技术管理体系建议已进入决策制定阶段。

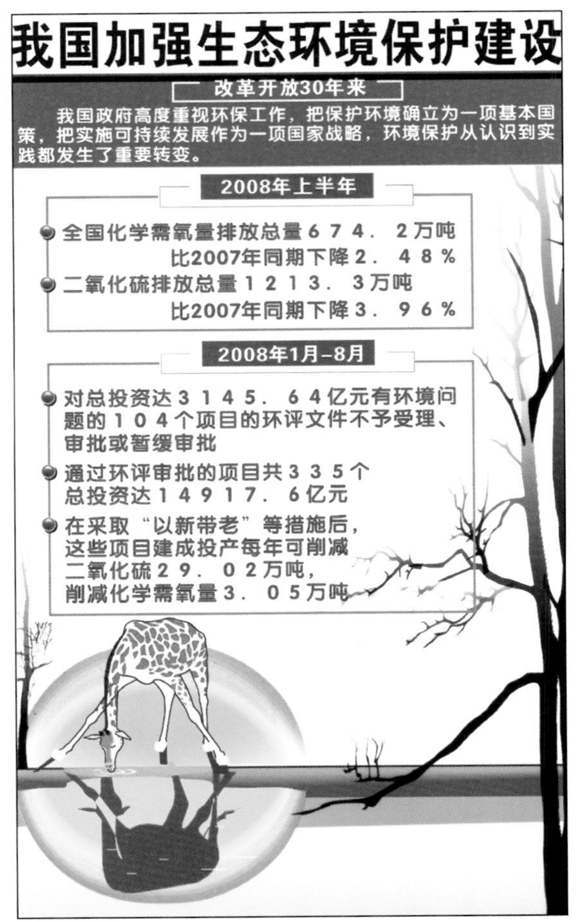

图 11-4　我国加强生态环境保护建设

◎ 生态保护

生态系统监测与评估技术系统建设进展顺利，为开展大规模生态系统结构变化与重大工程建设成效评估提供了方法支撑。

脆弱生态系统恢复与重建技术模式，已在许多地区特别是西部地区获得大范围推广应用。依托生态移民农－牧耦合型畜牧业发展模式建设的三江源果洛藏族生态移民新村，实现了三江源区及其周边区域农牧系统间的耦合，为生态治理与移民新区发展提供了示范样板；研制成功多类型降解农膜与农用残膜回收处理系列机械装备，实现荒漠区农田残膜回收和土地整理一次性机械化作业，在兵团农场实现推广应用。

建立了多项生态产业发展技术模式与示范生产线，催生了一批生态治理高技术企业。

第六节 可持续发展实验与示范

2008 年，在原有国家可持续发展实验区基础上筛选、建立了国家首批可持续发展先进示范区；同时，继续推进可持续发展实验区工作，为地方及区域可持续发展提供实验示范。

一、可持续发展先进示范区

北京市西城区等 13 个国家可持续发展实验区正式被批准成为首批国家可持续发展先进示范区。示范区将根据不同区域的实际，在解决制约区域经济社会可持续发展的重点、难点问题方面开展可持续发展主题示范，通过改革创新、先行先试，摸索有益的新方法、新机制、新模式。

二、国家可持续发展实验区

2008 年共有 19 个省级可持续发展实验区通过国家有关部门联席会议评审，获得国家可持续发展实验区称号，其中内蒙古自治区、新疆维吾尔自治区首次创建了国家级可持续发展实验区，至此，全国有 29 个省、自治区、直辖市共建设国家可持续发展实验区 69 个。实验区积极推进区域可持续发展的探索与实践，积累成功经验，真正成为全面建设资源节约型、环境友好型社会和社会主义和谐社会的实验示范平台。

组织实施了“中美中小城市精明增长项目”，通过借鉴国际中小城市可持续发展的经验和教训，提升中小城市的可持续发展规划能力。

第七节 文物保护等其他社会事业发展

2008 年，在文物保护、考古与中华文明探源研究等其他社会发展领域继续部署和开展了一系列科研任务和重大项目。

积极组织有关科研机构和高等院校参与到汶川地震灾后文化遗产抢救工作，为灾后文化遗产受损情况的调查、评估，以及抢救性保护方案的编制和论证提供数据和技术支持，启动灾后文化遗产抢救性保护综合信息平台的研发工作，针对博物馆藏品的防震减灾，开展相关技术研究和标准制订工作。

指南针计划——中国古代发明创造的价值挖掘与展示专项进展顺利。组织完成了“古代农业技术发明创造”等 7 大主体类项目规划的编制工作，提出了各分专项实施的工作思路、主要任务、保障措施，确定了项目实施的体系框架。继续组织实施试点项目。

积极开展标准化规划研究和标准制订工作，推进行业标准体系建设。颁布了《文物保护单位标志》等 2 项国家标准和 11 项行业标准。启动国家标准《博物馆服务》和《文物保护工程监理规范》等 12 项行业标准的研究制订工作。

中华文明探源工程（二）研究项目提高了测年的准确度，使中国的碳 14 测年技术步入国际领先行列；论证了在全新世气候适宜期环境中，早期中华文明在中原地区的持续发展；探讨了公元前 3 500 年到 1 500 年期间的经济、技术与中华文明演进的关系；得出了早期中华文明由各地区多元并进到中原崛起的结论。

文化遗产保护关键技术研究等项目的成果，在大运河保护规划编制、南水北调文物保护中得到应用，为文化遗产保护提供了科技支撑。

依托敦煌研究院筹建了在文化领域设立的首家国家工程技术研究中心——国家古代壁画保护工程技术研究中心，将有效带动文化遗产保护科技的创新发展。

在其他社会领域方面，完成了《中国生物多样性战略与行动计划》，构建土家族、赫哲族、苗族、侗族传统遗传资源、传统医药、传统技术和传统文化等相关传统知识数据库。开展了优势传统食品制造业关键技术研究与示范应用、西部农村中学生态校园创新工程关键技术集成研究与示范等工作。

第十二章

区域科技发展与地方科技工作

2008年，通过推进东部地区科技合作，推动中部地区产业升级，推进西部地区科技发展，加强东北区域创新体系建设，重点区域科技工作取得新的进展；部省会商继续深入，科技世博成效显著；科技援藏、科技支疆持续推进，地方科技工作各具特色。

第一节 重点区域科技工作

一、推进东部地区科技合作

2008年9月，国务院印发了《进一步推进长江三角洲地区改革开放和经济社会发展的指导意见》，科技部对长三角地区提出了大力推进自主创新、加速建设创新型区域的要求，分别与上海市、江苏省、浙江省建立了部市（省）会商机制，推动两省一市加强长三角区域创新体系建设，建立了国家与长三角地区的科技合作机制。支持长三角地区科学仪器共用系统和国家科学数据共享工程的区域试点，加紧区域平台建设的整体筹划和系统推进，推动三地签订了《长三角科技资源共享服务平台共建协议书》。立足于长三角地区的基础和优势，重点围绕现代制造业、信息技术、生物医药、水污染治理等方面实施了一批重大科技项目。

为提高珠三角地区产业自主创新能力，实现由要素驱动转向创新驱动的发展方向转变。2008年科技部联合国务院相关部门共同开展了珠三角科技发展与自主创新调研，明确提出了“两区一中心”（科学发展示范区、自主创新先导区、中国和亚太地区区域创新中心）的珠三角科技发展与自主创新的战略定位，纳入到《珠江三角洲地区改革发展规划纲要》。该项工作对探索建立适合中国国情、具有广东和珠三角地区特色的自主创新道路指明了战略方向。

二、推动中部地区产业升级

国家高度重视中部地区的科技工作，以国家科技计划及相关工作为载体，在项目、人才、基地等方面进行了一系列的部署和安排。

围绕农业节能减排、新农村建设、农业高效生产、农林特产等重点领域，在国家科技支撑计划、973计划、农业科技成果转化、星火计划及科技富民强县等计划中，共安排了近240个项目（课题），投入经费近2.5亿元，支持中部地区现代农业发展和新农村建设。尤其是在2008年南方冰雪灾害后，迅速启动应急机制，在农业种养殖预防性和应急性方面安排了主要经济作物减灾避灾关键技术集成与示范等3个重大项目，帮助灾区迅速恢复重建。

围绕中部地区高压输变电设备、大功率交流传动机车、高速铁路动车组重要部件、先进农业机械、大型施工机械、数控机床等重点领域，在国家科技支撑计划、863计划、973计划、火炬计划及创新基金等计划中，安排了近900个项目（课题），投入经费5亿多元，积极推进中部地区产业结构调整和产业升级。同时积极加快中部地区高新区发展，促进高新区"二次创业"，积极推动武汉东湖高新区的创新与发展，建设世界一流高科技园区，协助郑州、长沙高新区建设创新型科技园区。

武汉城市圈和长株潭城市群资源节约型和环境友好型社会建设综合配套改革试验区问题已列入科技部与湖北、湖南部省会商的重要议题，双方重点在科技创新平台建设、产学研结合的机制体制创新、高新园区和示范区建设、科技产业发展、创新团队培育等方面，共同探索有利于"两型社会"建设的科技创新机制和途径。

加强了中部地区农村卫生适宜技术及产品研究与应用；充分发挥中部地区的药材资源优势，着力加强了对中部地区特色重要产业发展的支持；针对南方冰雪灾害在中部地区应急启动了极端气候条件下疾病发生规律及诊断防治技术研究等项目；积极协调江西、湖南、湖北、安徽等6省组成跨省区血吸虫病防治关键技术研究攻关组。加大了对中部地区艾滋病集中区监控力度，加强艾滋病治疗的新药攻关，构建重大传染病防治体系。

三、推进西部地区科技发展

2008年国家围绕新农村建设、生态环境恢复与重建、优势特色产业发展、公共服务能力建设、科技基础能力建设、科技金融、防震减灾等方面，采取政策推动、项目支持、对口支援、互动合作等方式，加强西部地区的科技工作；同时积极引导建立稳定的科技合作模式与机制，共同解决区域科技发展的重大共性问题，支撑西部地区经济社会协调发展。

在农业、能源资源、装备制造业、电子信息、生态环境、健康与安全、现代服务业、防震减灾等领域安排一批科技项目。加强科技金融及科技条件工作，促进西部地区科技金融改革和改善科技条件工作。科技部、中国保监会先后认定重庆市、成都市和西安市高新区为科技保险试点城市（区），为西部地区高新技术企业提供风险服务；指导和推动重庆市、成都市分别建立了10亿元和15亿元的科技创业投资引导基金，引导和带动社会资金参与风险投资事业，扩大了对西部地区高新技术企业的投资。

图 12-1　东北老工业基地走向全面振兴。图为国家重点装备制造业基地——哈尔滨电站集团生产车间工人在工作

四、加强东北区域创新体系建设

2008年，在装备制造业、电子信息、节能减排、生物医药等领域安排了一批重点科技项目，对东北地区的产业和经济发展起到了重要的支撑作用。

结合东北地区农业特色，继续深入实施粮食丰产高效技术集成研究、奶业发展关键技术研究与示范、速生丰产林培育及综合利用关键技术等项目，为促进东北地区农业发展提供关键技术支撑。

围绕地方优势特色产业的发展，深入实施科技富民强县专项行动计划，支持东北地区19个县市试点，支持试点经费2 245万元，带动了4.97亿元的配套资金投入，促进特色产业发展，有力地支持了县域经济的壮大。

进一步加强东北地区国家重点实验室和国家工程技术研究中心的建设。2008年支持东北地区国家重点实验室经费近1.7亿元。依托东北老工业基地的转制院所和骨干企业，批准组建了农药、煤炭、水电、数控机床等4个企业国家重点实验室。

推动东北地区的技术转移工作，2008年东北的7家机构作为首批国家技术转移示范机构予以支持，促进了东北地区创新创业环境的优化。推动东北老工业基地深化开展国际合作，特别是对俄等独联体国家的科技合作。设立国家级国际联合研究中心和国际科技合作基地，先后批准黑龙江、吉林、辽宁建立了三个国家级对俄等独联体国家科技合作基地。

开展重大国际科技活动，积极支持和参与了在哈尔滨举行的第二届国际科技成果展交会和在满洲里举行的第五届中俄蒙科技展暨高新技术产品交易会，在白俄罗斯首都明斯克举办“中国科技日”活动，促进了科技项目的对接。

第二节 部省重大科技合作

一、部省会商

继续开展和规范部省会商工作制度，系统梳理和总结多年来开展部省会商工作的进展和问题，起草相关指导意见，进一步规范和完善部省会商工作，部省会商工作得到有力、有序的推进，并在实践中得到不断丰富和完善。

◎ 继续新建和开展部省会商工作制度

2008 年科技部与河北、浙江、宁夏、黑龙江、吉林、陕西、江西等 7 个省份新建立部省会商机制，与安徽、上海等 12 个省市继续开展年度会商工作。截至 2008 年底，全国共有 23 个省（区、市）与科技部签订了部省会商议定书，建立了部省会商合作机制。

◎ 系统梳理和总结部省会商工作的推进情况

部省会商已覆盖大部分省市，并将推广至全国，已经成为加强地方工作的有效手段和重要平台，得到了地方党委、政府的高度重视和积极推动，对推进国家与地方互动等方面取得了重要成效。2008 年从工作层面，对部省会商的内容、形式、手段、布局等成效和问题进行了认真回顾与总结分析，整理汇编会商议题，跟踪督促落实情况，并在工作思路、会商重点、落实措施和工作模式等方面做出了进一步有序推进。

◎ 起草《关于进一步推进部省会商工作的意见》

为了更好地规范和有序推进部省会商工作，2008 年组织起草了“关于进一步推进部省会商工作的意见”，将在进一步广泛征求相关部门和地方意见的基础上，修改完善之后尽快发布，推动部省会商工作更加规范有序地推进。

二、科技世博

全面、深入实施世博科技工作是最近几年科技部、上海市共同推动的重点工作之一。在继续推进世博科技行动计划和借鉴 2008 年北京奥运科技工作成功经验的基础上，2008 年世博科技行动计划在推动创新成果规模化应用和产业化，以及在生态环保、安全运营和展览展示等领域提供科技支撑和保障方面取得了阶段性的进展和成效。

◎ 世博科技专项进展

世博科技专项围绕“城市,让生活更美好”的世博会主题,突出“科技改变城市生活”的内涵，以“科技让世博更精彩”为总体目标，组织全国科技力量在园区规划、场馆建设、新能源利用、节能环保、交通运营、安全健康及展示技术等六大领域开展了科技攻关和最新科技成果的示范应用，一批涉及环保新材料、土壤环境监测与安全性能评价、新能源汽车运营规划、园区雨水收集利用等关键技术项目通过验收和应用。

截至目前，世博科技专项共安排科研开发课题 120 项，投入资金 5.44 亿元，其中，中央财政拨款 0.84 亿元，上海市拨款 1.49 亿元，引导社会资金 3.11 亿元。这些项目已取得阶段进展，有 54.1%的项目已完成预定的研究目标和任务，有 30%的项目成果已在世博园区的规划建设及管理运行中得到实际应用。

图 12-2　上海世博会中国馆效果图

◎ 世博科技成果应用

形成了适用于世博会建设的现代建筑技术体系和现代景观技术体系，为世博园区和场馆的规划建设提供了技术支撑和依据。如世博园与世博场馆规划设计导则研究的课题成果，已成为世博园区规划设计的主要技术指导依据。

开展了清洁能源技术的科技攻关和示范应用，促进了清洁能源技术的应用及产业化，满足了节能减排的要求。超级电容客车已确定作为上海世博园区的运营车辆之一，已在上海11路电车线上试运营。

开展了生态环保技术的集成应用研究，保障了上海世博园区的环境质量，体现了城市与生态环境的和谐统一。沪上·生态家——上海生态建筑示范楼实物案例，已作为国内城市最佳实践区的实物案例入选。

开展了园区内外交通管理，高强度客流的安全集散、引导，多语言信息汇聚与发布等科技创新，保障了世博会运营的安全、高效、畅通。上海世博智能交通技术综合集成系统项目取得初步进展，通过应用信息化、智能化控制等技术，为确保上海世博会举办期间的交通畅通提供技术支撑。

通过在食品安全、应急防范等方面组织科技攻关，为食品检测、应对化学生物袭击等方面提供了技术手段。食品中病原体、有毒有害物质、转基因成分等快速、现场检测方法研究及产品开发项目已成功研制开发出5个食品安全检测产品，并在上海及周边地区检测机构示范应用。

开展了大尺寸、高清晰的LED展示技术的攻关及世博科技相关的新媒体、新创意设计等，为充分演绎和展示“城市，让生活更美好”的主题提供了技术保障。

第三节
民族与边疆科技工作

一、科技援藏

搞好科技援藏、交流与合作工作，有利于提高民族地区依靠科技进步发展经济的意识和主动性，及时解决民族地区经济、社会发展的迫切需求。

科技部在相关工作中进一步加大了对西藏等藏区的倾斜支持力度。一方面集成国家科技计划资源，加大了对西藏科技发展的投入；另一方面在国家支持的引导下，广泛号召和组织全国科技力量开展科技援藏工作。科技部从西藏的经济、科技和自然基础条件出发，采取帮扶援助为主的工作原则，组织全国科技力量围绕农牧民增收致富、生态建设和科技工作基础能力等方面开展相关工作。

继续实施西藏党政及科技管理部门的干部科技培训项目、科技兴藏人才建设培训项目，加强民族地区科技基础设施建设等工作。

二、科技支疆

全国科技支疆行动是科技部为贯彻党中央、国务院关于稳疆兴疆、富民固边、支持新疆又好又快发展的一系列重要指示，与新疆维吾尔自治区人民政府共同发起的一项重要工程。2008年通过部区合作，继续在营造科技支疆的良好环境、深入开展全国科技支疆行动、推进区内外科技合作等多个领域取得了积极进展。

◎ 推进和部署科技支疆工作

2008年2月，科技部发布了《关于推进科技支疆工作的意见》，提出了科技支疆的指导思想、指导原则、重点任务、保障机制等，对开展科技支疆工作进行了全面部署。8月，在新疆召开全国科技支疆工作会议暨天山创新论坛。这次会议从加大科技资源投入、人才培养、科技支疆的长效机制等方面对深入开展科技支疆进行了具体部署，明确提出将努力推动如下四方面的工作：深入推进科技支疆工作，建立长效机制；组织实施面向新疆优势资源的关键技术开发及产业化项目；共同推进面向中亚、俄罗斯和周边国家的科技合作；共同推进新疆区域创新体系建设、提升自主创新能力。明确了科技部的具体支持措施，对各省市提出了要求，新疆煤化工产业发展技术路线图研究制定等12个科技支疆项目在会上签订了科技合作协议。

◎ 新疆区内外科技合作

新疆以“全国科技支疆行动”为契机，广泛吸引全国优势科技力量共同推动新疆发展，成立了专门的工作机构。同时，为在新疆营造支持科技支疆的良好环境，新增了向区外开放的科技支疆专项经费，出台了激励政策。2008年7月新疆维吾尔自治区人民政府还印发了《关于鼓励开展全国科技支疆行动的若干规定》，在设立科技支疆专项资金、加强科技人员培养和锻炼、奖励科技支疆合作项目成果及做出突出贡献的区内外科技人员、集成相关优惠政策等方面提出了20条政策措施。充分利用新疆的地缘优势，积极开展与中亚、俄罗斯的科技合作，合作的广度和深度不断得到拓展。

三、其他少数民族地区科技工作

科技部始终高度重视民族地区的科技工作，深入贯彻落实党中央、国务院的民族政策，落实《民族区域自治法》，推动民族地区科技发展。在支持民族地区科技事业发展、以科技促进民族地区经济社会发展等方面做了大量的工作。

◎ 出台促进民族地区科技工作相关意见

2008年6月，科技部配合国家民委，在辽宁岫岩满族自治县召开了国家民族地区科技工作现场会及经验交流会。国家民委、科技部、农业部、中国科协出台了《关于进一步加强少数民族和民族地区科技工作的若干意见》。针对民族地区科技实力、产业技术水平和科技自身发展能力较低的实际情况，结合国家区域协调发展战略的实施，因地制宜地开展工作。

◎ **支持宁夏、广西等少数民族自治区发展**

在部区会商的基础上，注重突出民族地区的相对优势和特色，与国家区域协调发展的大局结合，着眼于以科技进步带动和促进民族地区的资源优势向经济优势转化。与广西会商的重点主要是依托广西紧邻东盟、地处北部湾以及相关资源较为丰富的区位优势，共同推动中国—东盟技术交流平台建设、有色金属、生物质能源产业的发展等工作。出台了《科技部关于进一步支持和促进宁夏科技事业发展的政策措施和落实要求》等文件，围绕宁夏回族自治区的区域特色优势产业开展合作，充分调动了民族地区科技工作积极性和创造性。

◎ **依靠科技进步解决民族地区的“三农”问题**

2008 年科技部继续组织实施以科技惠民、科技富民、发展县域经济为宗旨的科技富民强县专项行动计划。该项工作以项目为核心和重要载体，以基地建设为纽带，通过集成各类资源，重点解决民族特色支柱产业发展中的关键技术瓶颈问题，提高特色产品科技含量和附加值，促进产业链延伸；推动应用一批先进适用技术成果，培育壮大一批具有较强带动性的区域特色支柱产业。星火计划、农业科技成果转化资金等计划也加大了对民族地区的支持。

第四节 地方科技的重要进展

一、加强区域创新，培育区域特色优势产业

各地区积极探索高效创新模式。组建创新联盟，共谋产业发展。紧紧围绕本地支柱产业和新兴产业的发展需要，引导国家重点建设与地方行业龙头企业和骨干企业合作，共同组建以瞄准引领产业技术发展的重大产品为目标的省部产学研创新联盟。共建创新平台，支撑技术创新。各地加强了企业与高校共建研究院、研发基地、国家重点实验室和工程中心分支机构等技术创新平台。服务集群经济，提升传统产业。

各地方为了进一步集中科技资源，突破制约经济社会发展的关键技术，不断探索改革完善科技计划体系，进一步突出战略重点，加大资源整合力度，着力解决制约本地区自主创新的政策问题。通过设立重大科技专项，集成全社会科技资源，力争取得自主知识产权核心技术突破，

着力解决本地区经济和社会发展重点领域的关键共性技术难题和制约发展的重大瓶颈问题，加快实现产业化。

着力打破条块分割的传统工作格局，采取政策驱动、项目推动和部门区域联动等综合手段，汇聚各方资源，推动全社会科技创新。2008 年，许多省市加强地方工作与国家科技工作的对接，加强本部门工作与全局工作的联系，有效整合省市县科技资源，合力推进区域产业发展、提高区域创新能力，发展特色产业。探索产学研结合新机制，引导企业同高校和科研单位合作，共建产业技术联盟，联合开展技术攻关，把与产业发展密切相关的科研活动根植于企业。

二、地方科技重要进展

2008 年，各地区努力实践科学发展观，贯彻“自主创新、重点跨越、支撑发展、引领未来”的指导方针，积极应对国际金融危机，不断完善区域创新体系和自主创新环境，加快推动科技成果产业化，大力发展高新技术产业，着力为地方经济建设提供科技支撑，各项工作取得良好进展。

天津市 2008 年全面实施科教兴市行动计划，滨海新区高水平研发转化基地建设取得重要进展，35 项自主创新产业化重大项目取得重要突破。

图 12-3　2009 年 6 月 10 日，“中国芯”研发中心落户天津滨海新区

辽宁省积极推进以企业为主体的技术创新体系试点省建设，启动实施了“百家科技创新示范企业创建工程”，进一步加强 140 个重点企业新组建省级企业研发中心等科技创新平台建设，推进企业与高校和科研院所建立产学研技术联盟 103 家。

吉林省2008年实施自主创新与科技成果产业化“双十双百”工程，启动科技成果转化补助专项计划，投入3 000万元，支持了58个科技成果转化项目。加强科技创新平台建设，批准设立了21个省级科技创新中心和省科技文献信息服务平台等9个科技平台。

上海市加快落实各项创新政策，围绕“健康、生态、精品和数字上海”建设，在生命科学、材料科学与工程、物质科学与信息等领域取得重要突破。围绕新兴产业的培育和传统产业的提升，不断突破产业发展的重大技术瓶颈，着力培育上海经济发展的新增长点。

江苏省瞄准国际技术和产业发展前沿，研究制定“江苏高科技发展841攀登计划技术纲要”，成功举办了“首届江苏科技创业周”，全面启动实施“江苏科技创新创业双千人才工程”和“江苏省高科技产业攀登计划”。

浙江省把“自主创新能力提升行动计划”作为首要计划的部署，科技进步与自主创新实现新的跨越。全社会科技投入比2007年增长16.1%，其中R&D投入占GDP比重1.6%，发明专利授权量增长47.7%，新产品产值16.5%。高新技术产业产值增长12%。

河南省培育出的“郑单958”综合性能居国内玉米杂交种领先水平，实现了我国玉米生产上品种的第六次更新换代，得到迅速推广应用，创造了我国玉米品种推广速度和种植面积新纪录。

湖南省出台了操作性强、具有较大突破的14条促进产学研结合，增强自主创新能力的政策措施。牵头编制了《长株潭沿江高新技术产业带发展规划》，高新园区和特色产业基地建设取得突破进展。

广东省加快推进创新型广东行动计划，区域创新能力综合指标连续多年位居全国第三，2008年科技进步水平首次进入一类地区。

海南省2008年加大投入实施省重点科技计划、“热带花卉产业可持续发展关键技术研究”重大研发专项等。实施旅游产业相关的技术集成及示范推广，为建设国际旅游岛提供科技支撑。

贵州省积极推进国家科技支撑计划项目成果的应用，提高了贵州省重点产业的市场竞争力和企业抵御金融危机的能力。有效实施了“水稻种质资源创新和超级品种选育”等“十一五”农业重大项目，共育成通过全国或省级审定的主要农作物新品种76个。

四川省实施了地震灾区恢复与重建科技行动，启动了统筹城乡发展科技行动。通过建设五大军民融合产业基地、培育和扶持一批军民融合大企业和集团、完善军工科技成果转化机制，探索构建军民结合寓军于民的机制。

西藏特色产业科技工作成效显著，围绕“金太阳工程”和藏药产业技术创新联盟等特色资源和社会发展领域科技项目，安排了若干重大项目。在牦牛资源产业化关键技术研究等项目上有所突破。

甘肃省支持疏勒河灌区信息化系统工程研究与应用，在国内首次实现了大型自流灌区水资源一体化集成管理模式，在干旱区大型灌区信息化系统集成应用方面处于国际领先水平。

青海省积极推进循环经济试验区建设，设立柴达木资源综合开发可持续发展试验区，大力建设盐湖特色材料产业园，推进建设柴达木化工研究开发基地，取得积极进展。

宁夏在工业领域的煤化工、新材料、新能源、装备制造、羊绒加工等方面的科研工作成效显著，百万千瓦超超临界空冷机组工程达到国际领先水平。冶金法制取太阳能级多晶硅生产技术达到国内领先，建成了西北首座高压并网实验光伏电站。

新疆塔里木河中下游绿洲农业与生态综合治理技术研究取得重要进展，“数字塔河”平台有效提升了流域水资源管理水平，增强了流域水资源实时监控与调配能力；塔河中下游城镇体系和产业空间布局方案为区域发展提供了科学依据。

新疆建设兵团2008年科技经费大幅增加，科技成果水平有新的提高，兵团本级科技投入比2007年增长46.33%。

宁波市坚持以科技为支撑全面推进创新型城市建设，在产学研技术创新联盟、科技企业孵化器、产学研创新服务平台、专利预警服务平台、研发园区及特色产业基地建设等方面取得积极进展。

青岛市制定了推进“十类创新平台建设、十个领域关键技术攻关、十大高新技术项目产业化基地建设、十大创新人才团队引进培养”等“四个十”科技创新工程的具体措施。。

厦门积极构建台湾科技产业服务平台，深化与台湾科技企业的交流。2008年，在厦门的科研院所与国外及台湾地区合办了16个科技机构，与国外及台湾地区签订了80个科技合作与交流协议，对台科技合作成效显著。

第十三章 国际科技合作

2008年是改革开放30周年，也是中国恢复国际科技合作事业的30周年。在这一年中，中国的国际科技合作紧密围绕建设创新型国家的总体目标，以提高自主创新能力为中心，服务于社会主义现代化建设和国家外交工作两个大局，充分发挥科技外交和政府间科技合作的独特优势和平台作用，在拓展合作领域、创新合作方式、提高合作成效方面取得了新进展。

第一节 多边和双边科技合作

截至2008年底，中国已与152个国家和地区建立了科技合作关系，与其中的97个国家签订了103个政府间科技合作协定，多边和双边科技合作呈现出良好的发展势头。

一、中美科技合作

中美科技合作已成为两国关系的新亮点，2008年，中美重点在能源、环境、农业等领域开展了合作。

◎政府间科技合作活动

2008年6月和12月，中美召开了第四次和第五次战略经济对话，科技成为其重要议题。两次战略经济对话涉及的科技议题广泛，包括科技与创新、能源环境合作、减灾防灾合作和卫生健康合作等。尤其是在第五次战略经济对话期间，中美科技合作取得了重要进展：签署了《中美能源环境十年合作规划》，明确了电力、清洁水、清洁交通、清洁大气、森林与湿地保护5个合作领域，每个领域都制定了合作路线图；签署了《关于建立绿色合作伙伴关系的意向书》，中美已有7对绿色合作伙伴确立了合作意向；签署了《中医药合作研究备忘录》；达成深化海洋合作共识。

图 13-1 广东大亚湾核电站

◎ 新建联合研发中心和实验室

2008 年，中美在农业科技合作议定书下建立了 7 个联合实验室；在环境科技合作谅解备忘录下建立两个联合研发中心；中国科学院生物物理所与美国 MIT McGovern 脑科学研究所建立了人脑直接成像中心，中国南开大学与美国赖斯大学建立了中美环境修复与可持续发展中心。

◎ 重要项目进展

大亚湾反应堆中微子实验是中美两国目前在基础科学研究领域的大型合作项目之一。该项目 2007 年 10 月开工，2008 年取得了重要的阶段性进展。隧道工程已开挖施工隧道 520m，探测器研制进展基本顺利，符合整体进度要求。美方负责的设备已开始陆续运抵，中心探测器将于 2009 年 2 月开始在地面安装大厅试组装，5 月开始正式组装两个中心探测器。与国际上提出的同类实验相比，大亚湾中微子实验方案精度最高。

中美在能源等其他领域的国际科技合作也取得了重要进展，如美国能源部与中国科技部就新能源汽车合作达成了 9 项合作共识。

二、中欧科技合作

2008 年是中国与欧洲主要国家签署政府间科技合作协定 30 周年，高层互访和重大活动成为本年度中欧科技合作的一大亮点。

◎ 重大科技合作活动

2008 年 3 月，中国科技部与欧盟委员会在广州召开了“中欧能源与气候变化科技研讨会”，就可再生能源和能效、节能减排、碳捕集与储存（CCS）、应对气候变化等主题开展了政策和科研交流，并确定了未来重点合作方向。中欧碳捕集和储存合作指导委员会第二次会议于 3 月在

欧盟框架计划的国际合作　专栏13-1

欧盟框架计划是欧盟战略性的中长期科研计划，主要对欧盟成员国和候选国开放，但其中一部分项目也对第三国开放。随着欧盟框架计划的推进，其对第三国的开放力度也越来越大，2007年启动的欧盟第七框架计划的绝大部分项目都对第三国的科研实体开放。

广州召开，中国科技部继而与欧盟能源交通总司于10月在北京召开工作会议，重点讨论了中方提出的第一阶段合作7个新的补充项目建议。11月，第七次中国－欧盟能源合作大会在布鲁塞尔召开，中欧双方的代表就可再生能源技术、生物燃料技术、氢能与燃料电池技术、煤和气水化合物技术、碳捕集和储存技术以及先进核能技术等内容进行经验交流和探讨，有利地推动了双方在能源领域的密切合作。

◎ 参与欧盟第七框架计划

欧盟第七框架计划是2007年启动的，在全球具有重大影响力的研发计划，2008年，中方参与的项目有23个中标。从中标项目数量看，在欧盟与第三国的合作中居俄罗斯（68项）、巴西（28项）、印度（27项）之后，列第四位。中方中标的合作项目所属专业分别是食品、农业与生物技术（9项）、交通运输（9项）、环保（4项）、纳米与材料技术（1项）。在人力资源计划部分，中方推荐的12个玛丽·居里计划项目，全部得到欧方资助。在能力建设计划部分，目前中方参与了2个项目的合作。

◎ 与欧盟成员国的合作

2008年2月和7月，中国科技部与意大利环境部相继签署了关于“中国住宅领域温室气体减排计划”及其实施附件，开展推广先进的节能住宅标准，示范工程和实施规划类清洁发展机制（CDM）项目的一体化合作，意方为该合作一期投入600万欧元。11月，中国和挪威签署了中挪政府间科技合作协定，该协定是中国签署的第103个政府间科技合作协定。中国和英国签署了科技合作备忘录，确定了中英科技合作的中期目标和合作框架。中国和瑞士签署中瑞科技合作联合声明，正式启动中瑞科技合作战略计划。此外，中国还与德国、意大利等国就签署政府间科技合作协定30周年举行了庆祝活动，就科技合作情况进行了探讨，同意进一步加强能源、环境等领域的科技合作。

◎ 科技合作新进展

2008年，中国与欧盟各成员国之间确定了一批科技合作项目。中科院与法国签订了《中法可持续能源联合实验室合作协议》和《中法俄SAMIA国际合作研究组合作协议》，并将与法国共建海岸带综合观测系统；与德国确定在能源、环境、大科学工程等领域开展实质性项目合作；

与英国研究理事会、剑桥大学等科研机构在生态系统观测、终身健康与疾病预防、全球变化的适应与对策方面开展项目合作。B3G/4G 关键技术及标准化研究的合作产生了重要成果，截至 2008 年底，项目已产生 70 个中国自主知识产权的专利申请，提交 3GPP LTE 国际标准提案 40 个，研究成果已被广泛应用。中国科技部与意大利环境部及意大利国家电力公司 5 月份签署了“关于清洁煤技术包括碳捕集与储存以及超临界火力发电技术合作谅解备忘录”，促进欧方的先进清洁煤技术向中国转让。

三、中俄科技合作

随着中国的经济发展和科技进步，中国与俄罗斯等独联体国家在平等条件下开展互利科技合作成为新趋势。“做共同创新的科技合作伙伴”已成为中俄战略协作伙伴关系的重要内容之一。

◎ 政府间科技合作活动

为推动中俄科技合作更上一个新台阶，2008 年 10 月，中国科技部与俄罗斯教育科学部就深化中俄科技合作等问题达成了若干重要共识。双方同意建立中俄科技部长战略对话机制，并将携手推进在上海合作组织框架下建立科技部长会议机制。同月，第三届中俄经济工商界高峰论坛在莫斯科举行，高峰论坛专门设立了中俄高技术合作分论坛，对进一步深化中俄科技合作以及提升科技合作在两国关系中的影响力起到了推动作用。

◎ 纳米技术和微电子装备领域的合作

2008 年，中俄在纳米技术领域的合作取得了新进展，俄罗斯国家纳米技术集团公司总经理率领公司主要高层领导访华。随后俄方又连续派出两个纳米技术专家团访问上海、苏州、北京、泰州等地，并商谈具体项目合作事宜。10 月，在中俄总理第十三次定期会晤的框架下，中国科技部与俄国家纳米技术集团公司签署了“关于建立中俄纳米技术战略合作联盟的协议”。中国与白俄罗斯在微电子装备领域的合作取得了新的进展。2008 年 11 月，白俄罗斯“普拉纳尔”公司总经理率团访华，并与国内相关科研单位和企业签署了一揽子合作协议，在微电子装备领域开展了实质性合作。

◎ 重要进展

2008 年，中俄合作的高强高韧可焊耐蚀铝镁合金研究取得重要进展，突破了钪锆成分及制备工艺对合金综合性能影响机制等基础难题，开发出了高性能铝镁钪合金及配用焊丝，搭建起中国铝钪合金研究与开发的平台，加快了高性能铝钪合金在航天领域的应用步伐。中科院与乌克兰科学院合作的高速（提速）铁路道岔关键制造技术开发与产业化项目经过近一年的合作研发，设计了全新的道岔材料成分和制备工艺，新的组合道岔已经在辽宁和山东等地试铺。

四、中日韩科技合作

2008 年 11 月，第二届中日韩三国卫生部长会议在北京召开，会议签署了合作备忘录，并通过了中日韩三国共同应对流感大流行行动计划。12 月，中日韩领导人会议发表《中日韩合作行动计划》，明确了科技和环保合作的主要内容：启动东亚气候伙伴计划，共同研究沙尘暴的监控、早期预警和防控，解决本地区空气污染问题，加强治理海洋垃圾合作，开展候鸟联合保护和监控。

2008 年是中日和平友好条约签署 30 周年，两国科技合作取得了较大进展。2 月，中日科技合作联委会在东京成功地举办了首次副部长级会议，确定了 106 个合作项目，创历届会议之最。中国首次以政府名义派遣青年科学家代表团访日，取得了积极的成果。为落实 2007 年 12 月底中日签署的《关于进一步加强气候变化科技合作的联合声明》，2008 年 9 月，中日签署了“中日两国气候变化科技合作执行协议”，决定从 2010 年起启动务实的科技项目合作。为扩大与日本的高技术、产业技术的合作，2008 年，中国科技部加强了与日本经济产业省的交流和合作，启动了“中日产业技术合作”的谈判，在高技术和产业技术合作方面迈出了成功的一步。中国通过日本国际协力机构（JICA）渠道共开展 29 个专项技术合作项目，27 项基层友好技术合作项目，派出 672 名人员赴日培训和交流，总合作经费约 60 亿日元。

2008 年，中韩进一步拓展了合作领域，中韩第五次局长级会议特别讨论了“极地科学技术领域”和“生物技术防治沙漠化”方面的合作与交流事宜。中国科技部启动了与韩国知识经济部的合作，使科技合作更多地与应用研究和产业研发相结合。中韩还对双方合作的研究中心进行了全面评估，并提出了改革方案和调整建议，突出实现互利双赢，提高合作成效，使中韩共同研究中心真正成为集成项目和人才合作研究的平台。

图 13-2　2008 年日中韩产业交流会于 6 月 18 日在日本大阪 INTEX 国际展览中心开幕。图为中方代表正在致辞

五、与其他国家的科技合作

与加拿大的科技合作。2008年，中国科技部与加拿大国际贸易部共同宣布了首轮中加政府间科技合作项目；中国科技部与加拿大安大略省新签《研究创新合作备忘录》，建立联合资助机制；与魁北克省签署《启动第二次合作研究项目征集的联合声明》；与加拿大国家研究理事会重签了合作备忘录，共建中加氢能燃料电池联合研究中心。

与以色列的产业科技合作。为推动中以在高技术产业的合作，中国和以色列就建立中以产业技术合作基金达成共识，将重点支持两国企业开展以产品为导向的高技术研发合作。在“国际科技合作计划”的支持下，中以企业在集成电路制造方面开展合作研发，率先开发微电子机械系统（MEMS）的晶圆级芯片尺寸封装技术（WLCSP）工艺。2008年11月，中国农业部与以色列洽谈具体合作事宜，纳米水处理技术项目正式启动。

与澳大利亚的合作。2008年，中国与澳大利亚在清洁能源、水资源、免疫基因学和全球气候变化等方面开展了合作，启动了全球环境变化遥感对比研究等合作项目，并与澳大利亚确定在海岸带及三角洲地区可持续发展方面开展合作。同时，中澳还在功能材料和未来无线通讯技术领域建立了两个联合研发中心。

与印度的科技合作。中科院与印度工业与科学研究理事会初步达成意向，双方就开展合作签署谅解备忘录，内容包括：确定合作领域、确定科学家交流人数、定期召开研讨会、尝试建立中印合作研究的卓越中心等。

与南非的科技合作。2008年适逢中南建交10周年，两国科技部共同组织了一系列庆祝活动，主要包括：中南传统医学研讨会，中南古人类学研讨会等。中国组团参加了在南非约翰内斯堡举办的“第三届南非国际创新展”，达成8 000万美元协议金额。

与新加坡的科技合作。2008年，中国科技部与新加坡科研局成功实施第五期联合研究计划，支持两国科研人员在微电子、材料等领域开展深入合作；中国科技部与新加坡新闻通讯及艺术部签署《关于在互动数字媒体技术研发领域开展合作的谅解备忘录》，在该谅解备忘录框架下，双方启动并支持了多个联合研究项目。

第二节 国际大科学、大工程计划

中国作为一个发展中的科技大国，近年来已成为众多国际大科学计划的积极参与者，并组织实施了一批重要领域的专项科技合作计划。

一、国际大科学、大工程合作

中国政府部门高度重视大科学大工程合作，积极参与国际热核聚变实验堆计划（ITER）、国际氢能伙伴计划（IPHE）和第四代核能系统国际论坛（GIF）等国际大科学工程相关规则的制订，高效组织国内科研人员参与实质性合作。中国科学院与德国亥姆霍兹联合会签订框架合作协议，确定在大科学工程等优先领域深化相关合作；与英国科学与技术设施理事会达成签署散裂中子源和光源合作协议的初步意向。

2008 年，中国在参与大科学大工程及科学研究方面取得重大进展。4 月，中国和德国正式签署了中国参加国际反质子与离子加速器（FAIR）国际合作联合声明，中国承担 1%（1 200 万欧元）建设经费。中国 FAIR 理事会开始组建。

"国际热核聚变实验堆（ITER）计划"是中国目前参与的规模最大、影响最深远的国际重大科技合作计划。2008 年各项建设工作正全面有序地展开。其中中国科学院等离子体所承担的极向场超导导体是中国与 ITER 国际组签订的第一个采购包，2008 年已完成了 68kA 高温超导电流引线试验件的概念设计、工程设计以及从零部件加工到总体装配的相关工作。

2008 年中国参加德国衍射自由电子激光（EXFEL）项目合作进展显著：通过前期的技术研发和样机图纸的转化，低温恒温器的关键部件已开始加工；通过参与 EXFEL 波荡器研制工作，为国内样机研制打下了良好的基础；在高性能磁性材料研制方面取得了阶段性成果，高精度磁测线及实验室建造方面已确定物理方案并通过评审。

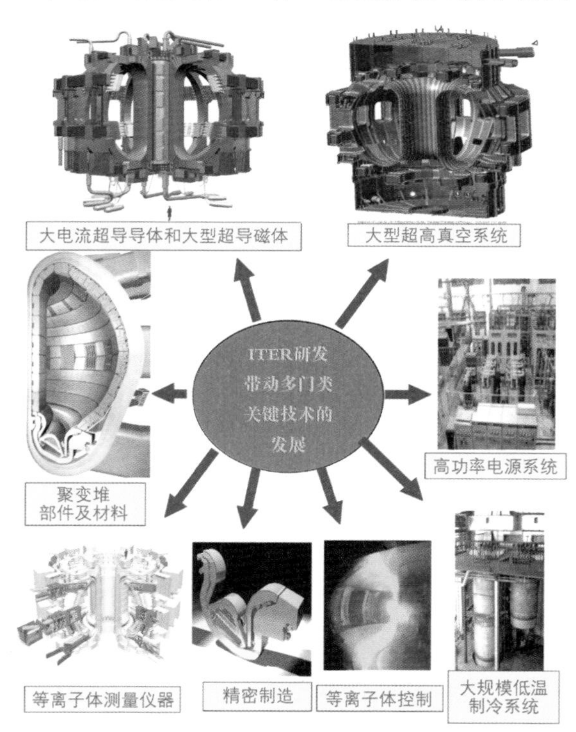

图 13-3　ITER 研发带动多门类关键技术的发展

中国科学院与欧洲空间局合作的国际大科学工程"地球空间双星探测"计划数据分析和科学研究工作进展顺利，中欧科学家对双星数据的分析工作已取得重要发现。到 2008 年底，利用双星计划科学探测数据以及与 Cluster 相配合的科学探测数据在欧洲《Annales Geophysicae》（《地球物理学纪事》）杂志上已出版专辑。

二、可再生能源与新能源国际科技合作计划

“可再生能源与新能源国际科技合作计划”自 2007 年 11 月在中国正式启动以来，受到许多国家和国际组织的关注和重视。为了推进该计划的顺利实施，进一步扩大计划的影响，国家发改委、科技部等部门制定了相关政策大力支持该计划的实施。

在 2008 年 3 月于华盛顿召开的第三次国际可再生能源大会上，中国表达了中国政府加强可再生能源国际合作，加快推进世界可再生能源发展的愿望。在同时举办的可再生能源技术和设备展览活动中，中国对近年来能源和可再生能源发展成就、规划目标和政策措施进行了宣传，扩大了对外影响，中外公司签订可再生能源设备采购协议。

4 月，科技部在北京主办了“能源、可再生能源与新能源国际合作战略研讨会”，促进了中外在能源战略与国际关系、绿色可再生能源与新能源国际科技合作战略等方面的沟通与理解。

7 月，首次“中日韩可再生能源与新能源合作论坛”在北京举行，中日韩三国代表共同商讨了三国在可再生能源与新能源领域的合作前景。太阳能、风能、生物质能等领域将成为三国技术合作的最主要方向。

科技部和国家发改委安排专项资金，吸引外国政府、国际组织、国际大型能源企业以及其他企业的资金投入到可再生能源与新能源国际科技合作中。科技部支持了 17 个新能源和可再生能源领域的国际科技合作项目，涉及太阳能发电与太阳能建筑一体化、生物质燃料与生物质发电、风力发电、氢能及燃料电池等技术领域。

三、中医药国际科技合作计划

2008 年，“中医药国际科技合作计划”取得了较好的进展。

中医药合作被列为中国与很多国家的重要科技合作领域。在 2008 年中国－芬兰双边科技合作第 13 届联委会会议上，两国就新药特别是中医药的合作研发达成了共建合作基金的意向。在中法中医药合作委员会第二次会议中，中法就开展药物、临床基础以及技术方法等方面合作研究项目的招标工作达成一致意见。中意开展了药理研究、临床治疗和医药开发等实质性合作。中美签署了《中华人民共和国卫生部与美利坚合众国卫生和公众服务部在整合医学和中医药领域合作的谅解备忘录》，明确了双方今后开展深入的高层次合作的基础、优先合作领域和两国政府部门为落实合作的目标所应开展的步骤与措施。此外，中医在澳大利亚等国家以法律形式得到承认和保护后，澳大利亚等国家的政府也提出了出资开展中医药合作的愿望。

选择一批有望在欧美注册成功的中药作为重要合作项目给予重点支持。为进一步推进中医药

产业化，科技部选择了一批有望在欧美注册成功的中药合作项目，特别是已经开展一、二期临床的项目给予了重点支持。这些合作项目取得的重要进展也吸引了欧美等政府对中医药的支持。中英剑桥中医药基因组学联合实验室的建立，受到了中英两国政府的积极肯定和大力支持；传统药材化橘红种植获得了世界卫生组织在华颁发的惟一GMP资格认定，并开始与芬兰等国开展治疗心脑血管疾病药品的合作研发。

支持建立中医药国际科技合作联合中心和国际科技合作基地。2008年，科技部通过国际科技合作专项经费重点支持了3个中医药国际科技合作联合研究中心和11个国际科技合作基地，推动了中医药领域的国际合作。

加强中医药国际科技合作与重大新药创制重大科技专项的结合。为推进中医药国际科技合作，“中医药国际科技合作计划”结合并遴选了重大新药创制专项计划的项目予以资金支持，其重点支持范围主要包括中医药科学原理和机理的合作研究。

第三节 国际科技合作计划和项目

2008年，科技部、国家自然科学基金委和中科院等部门立足国民经济、社会发展、民生改善和国家安全的重大需求，合理布局，优化配置，选择资助了一批国际科技合作计划和项目，取得了良好成效。

一、计划与项目

2008年，“国际科技合作计划”进一步创新管理模式，提高管理效率和经费使用效益，围绕中医药、新能源、节能减排、新农村建设、气候变化、防灾减灾、科技奥运、健康与安全等国家经济和社会发展热点及民生问题，大力支持解决重大关键技术的国际合作项目，促进重点领域重大技术突破和跨越式发展。全年共批准国际科技合作与交流专项项目233项，安排经费3.12亿元；对俄科技合作专项项目59项，安排经费2.63亿元。通过国际科技合作计划政策引导，2008年度共整合国际科技合作经费约14.47亿元，其中，单位自有资金投入经费约7.82亿元，外方合作单位投入经费约2.01亿元。这些项目的合作方主要集中在欧洲、北美洲和亚洲，合作项目数最多的前五位国家分别是美国（45项）、加拿大（31项）、德国（23项）和日本（22项）。

2008年，国家自然科学基金委根据增加资助经费，控制项目数量，提高资助强度和逐渐向研究类型的国际合作倾斜的原则，通过稳定连续资助双边和多边研讨会、设立优秀人才中长期交流计划、对优秀合作研究项目给予延续资助等方式，推动了国际合作。2008 年共批准各类国际（地区）合作与交流项目 948 项，资助经费 1.31 亿元。

中科院积极支持和开展具有重大国际影响的科学计划以及具有新学科、新生长点、新交叉点和前瞻性特点的国际合作项目。2008 年，共审批国际合作重点项目计划 28 项，国际会议资助计划 63 项，俄乌白专项补助经费 25 项。其中包括：面向大科学装置的项目——基于 LAMOST 望远镜的中美银河系结构巡天科学计划；面向国际热点问题的项目——全球环境变化遥感对比研究计划、全球气候变化的生物学效应研究；面向区域性合作项目——大湄公河次区域国家生物资源考察、西北太平洋沿海生物多样性研究、季风亚洲区域集成研究国际计划；面向国内技术瓶颈的项目——中日工业燃烧设备烟气污染控制 SCR 技术与中试和中俄 193nm 准分子激光样机关键技术及集成检测技术研究。

二、主要成效

促进高新技术产业化发展，提高企业自主创新能力。抗肿瘤中药活性成分筛选项目通过国际合作，筛选具有抗癌的单味药或复方药提取物，并在合作方的指导下按照欧盟的药品非临床研究质量管理规范（GLP）和药品临床试验管理规范（GCP），进行新药的安全性评价与疗效评价，促进了中医药企业的国际化发展。通过与美国开展合作，开发出具有自主知识产权的棒材热轧生产过程组织性能预报软件系统，有效推动了中国长型材生产技术的发展，增强了钢铁企业的核心竞争力。

解决国家急需的重大战略需求和关键技术瓶颈。采用低热值燃气轮机减少温室气体排放项目，研制出一种用于煤矿的低热值燃料燃气轮机的催化燃烧设备，可使煤矿排气中 80%～90%的甲烷气体得到有效利用，实现 1%浓度甲烷空气混合物的稳定燃烧，在减少污染排放的同时增加能源资源。

引进国际先进技术和管理，服务北京奥运。大型建设项目的安全与环境风险管理技术项目和北京奥运会国际天气预报示范计划支持技术研究项目，分别提高了奥运场馆建设项目的安全与环境管理水平和灾害性天气短时临近预报预警业务水平，为 2008 年北京奥运会成功举办提供了技术支持。

促进民生领域合作，提高人民生活质量。牛奶安全优质生产与加工重大关键技术研究项目，建立了优质原料奶标准化生产和加工质量评价的技术体系，成功开发出共轭亚油酸（CLA）系列牛奶产品并制定了产品标准，解决了原料奶抗生素快速检测、液态奶加工质量评价和基因芯片分析等关键技术瓶颈。

第四节 科技援外

加强与发展中国家的科技合作是帮助发展中国家加强能力建设、促进共同发展的有效途径。2008年，中国重点在农业、新能源、资源环境、信息技术和中医药等领域加强了对发展中国家的援助和合作。

一、对外科技培训

2008年，对外科技培训工作密切结合中国各地科技优势和受援国实际需求，利用中国成熟、适用的标准、技术和产品等帮助发展中国家增强自主发展能力。全年共举办各类发展中国家技术培训班35个，来自82个国家和地区的822名学员参加了培训。

2008年，对外科技培训主要有以下几个特点：一是在立项上注重统筹兼顾，既强调重点领域项目，也注重培育特色技术项目，如现代农业技术开发与农业机械化、海水养殖技术、能源、水资源和环境保护技术、食品安全、中医药现代化、医疗设备、信息技术、汽车与化工机械等；二是在培训项目的承办单位选择上注重以企业为主体，同时发挥沿边、沿海地区对外辐射优势，侧重科技园区、国际科技合作基地、大中型高技术企业等；三是在受援国对象方面，以中国周边国家为主，加深与周边国家的经济和技术合作关系。2008年，参加培训的亚洲国家学员共490人，占学员总数的59.6%；四是积极开拓对外科技援助的渠道和形式，适度开展境外培训，并尝试与国际组织联合办班。例如，2008年我国部分企业分别到孟加拉国、斯里兰卡和肯尼亚进行了杂交水稻技术培训、农业机械新技术培训和疟疾防治技术培训。5月，科技部还与联合国环境规划署联合主办了非洲国家青年环境领导人研修班，面向16个非洲国家的23名环境领导人就防灾减灾与可持续发展等议题进行了培训。这些培训班为发展中国家培养了人才，加深了发展中国家人民对中国的了解和友谊，促进了与发展中国家的外交关系和经济技术合作。

二、对发展中国家的科技援助与合作

2008年，根据发展中国家的实际情况和具体特点，中国科技部将农业、医药、能源、环保、信息通信和制造等领域确定为与发展中国家合作的重点领域。

中国科技部根据莫桑比克的特点，组织了若干农业项目予以特别支持；与埃及科研部签署了关于促进两国中小企业合作的协议；与联合国环境规划署（UNEP）签署了非洲环境技术与机制合作谅解备忘录，提出建立中国—UNEP—非洲国家环境合作框架，重点开展三方在气候变化、灾害预防、生态系统管理及可持续发展等方面的科技合作。中科院把防沙治沙技术、旱地农业技术、节水灌溉技术确定对非重点合作技术领域，将在埃及建立旱地农业技术示范基地。中国农业科学院与南非农业理事会签署了双边农业科技合作协议，进一步深化两国农业生物技术、农作物培育、动植物基因资源交换、畜牧科学与动物繁殖、果蔬和花卉、土壤保护、农机、气象、食品安全、草地开发、节水科技等多个领域的合作。

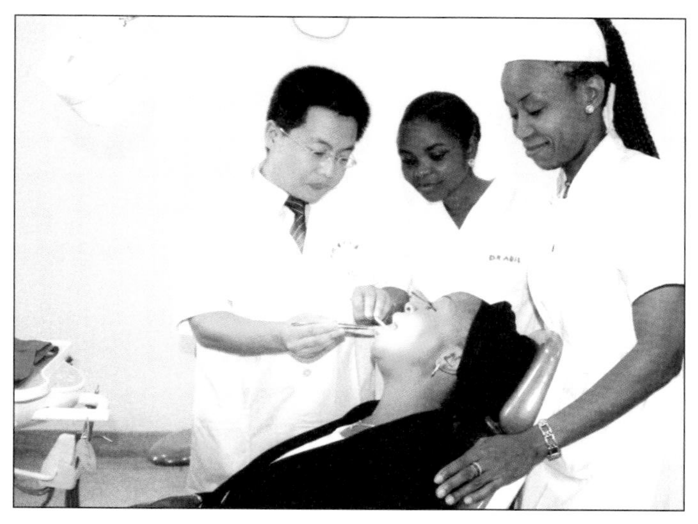

图 13-4　2008 年 5 月 19 日，在刚果（金）首都金沙萨中刚友好医院中国医生为当地患者做检查

2008 年，中科院逐步推进了与巴西、古巴、哥斯达黎加等拉美发展中国家在环境遥感、生物资源可持续利用等领域开展有针对性的合作，帮助其提高科技创新能力。中国科协与古巴科技环境部、秘鲁国家科技与创新委员会等建立了联系，并着手推进秘鲁方面提出的在高科技领域、工业园区、水产及养殖等方面的合作需求。

中国企业在孟加拉国、缅甸、越南、巴基斯坦、马来西亚、印尼、苏丹、尼日利亚、肯尼亚等亚非发展中国家开展了大规模的农作物品种示范和推广，现已在 20 多个国家合作建立了国际种子试验基地。通过在发展中国家开展新品种推广和技术服务，帮助发展中国家降低了农业成本，提高了产量，增强了抵御粮食危机的能力。

第五节
驻外科技工作

驻外科技工作是国际科技合作体系的重要组成部分。2008 年，中国驻外科技处（组）圆满地完成了驻外科技工作，有力地配合、支持了全国科技工作和国家外交工作大局，为应对自然灾害和其他突发事件提供了有力支撑。

一、驻外科技调研进一步加强

2008 年，中国进一步加强了驻外科技调研工作，共报回调研报告 700 余篇，比 2007 年增加 200 余篇，内容涉及科技政策与创新理论、低碳经济和低碳技术、气候变化、节能减排、防灾减灾、科技奥运、科学发展、金融危机等诸多方面。

中国驻外科技处（组）报回动态信息 1 500 余篇，形成了庞大的资料库，为中国科技界了解世界科技动态提供了很好的参考。

二、积极应对国内重大突发事件

2008 年，为应对南方冰雪灾害、汶川大地震等突发事件，中国驻外科技处（组）不仅就相关问题进行了积极调研，而且积极联系驻在国的相关部门，为中国提供相关科技支持。

中国汶川大地震发生后，经驻美使（领）馆协调，美国相关部门向中国提供了高分辨率图片 14 景，低分辨率卫星图像 1 景，卫星云图 1 幅，震区断层图 7 幅，灾害评估图 9 幅，震区遥感分析图 11 幅，紫坪铺大坝溃坝模拟图等。

经驻日使馆科技处协调，日本国土交通部针对汶川大地震的灾后救援和重建工作，为中国提供了相关设备技术清单。

驻英国、韩国、法国、俄罗斯、葡萄牙、乌克兰和欧盟使馆等科技处（组）也报回了卫星图像和救灾设备技术信息，这些图像和信息对中国抗震救灾起到了重要作用。

三、“科技外交官服务行动”初见成效

2008 年，中国科技部开展了“科技外交官服务行动”，通过分布在世界各国的科技外交官为国内外科技合作牵线搭桥。3 月，“服务行动”开始在 12 个省市试点，9 月拓展到全国。这些项目涉及多个领域。到 2008 年底，该行动初见成效，中外已就一些项目达成合作意向。例如，通过中国驻意大利使馆科技处的联系，中意企业就电厂烟气净化项目进行合作，双方已签署了意向合作备忘录；通过中国驻丹麦使馆科技处的联系，中丹企业就船舶配套通信导航设备进行合作的洽谈。

同时，科技外交官服务行动还为地方科技经济合作牵线搭桥，以解决地方发展瓶颈问题。2008 年，中国科技部和江苏省联合主办了“国际产学研合作论坛暨跨国技术转移大会”，驻外科技处（组）为大会联系了 60 多位海外高层次学者、专家和企业家，为国际产学研合作开辟了新路。为解决云南省海砷污染问题，驻美科技处和驻芬兰使馆科技组积极联络，帮助寻找治理方案。

第十四章

科普事业

2008年，科学技术普及工作得到进一步加强，一系列科普政策、文件出台，相关科普工作扎实推进，科技活动周、全国科普日等重大科普活动得到公众的广泛欢迎和参与。

第一节
重要科普政策

一、科普规划

◎《科普基础设施发展规划（2008—2010—2015年）》

科普公共基础设施是科学技术普及工作的重要载体，是为公众提供科普服务的重要平台，具有鲜明的公益性特征。为贯彻落实《全民科学素质行动计划纲要（2006—2010—2020年）》，加强对科普基础设施建设和运行的宏观指导，提升科普基础设施的服务能力，满足建设创新型国家的要求，国家发改委、科技部、财政部和中国科协共同组织编制了《科普基础设施发展规划（2008—2010—2015年）》（以下简称《发展规划》），并于2008年11月14日颁布实施。

《发展规划》中以“提升能力，共享资源，优化布局，突出实效”为我国科普基础设施发展的指导方针，确立了发展目标：即到2015年，使中国科普基础设施的整体服务能力大幅度增强，公众提高自身科学素质的机会与途径明显增多；科普资源配置得到优化，科普基础设施总量明显增加，形成较为合理的全国整体布局；科普展教资源的研发能力和产业化水平明显提高，形成公益性和经营性相结合的展教资源研发体系，展教资源产业初具规模；科普基础设施长效发展的保障体系基本建立。

《发展规划》中明确了总体部署：围绕到2015年的总体发展目标，对全国科普基础设施建设

图 14-1　两位小朋友在新疆科技馆新馆进行模拟划船训练

与运行加强宏观指导、系统设计和前瞻布局，从科普展教资源开发工程（大力发展科普展教品、创新科普展览和教育活动、培育科普展教资源产业）、科普基础设施拓展工程（拓展完善科技类博物馆、开发开放科普基地、大力发展基层科普设施、加大科普大篷车建设力度）、数字科技馆建设工程（集成和开发数字科普资源、完善科普资源信息服务功能、健全科普信息资源共建共享机制）、科普人才队伍培养工程（重点建设专职科普人才队伍、积极发展兼职、志愿者科普队伍）等四个层面推进科普基础设施的全面发展，构筑公民科学素质建设的物质支撑体系。

《发展规划》中对未来三年的重点任务进行了明确规定，即加强科普展教资源的创新和开发，加强科普展教资源的共享与服务，加强科普产品研发中心建设，推动现有特大、大型和中型科技馆达标，加强对各地建设科技类博物馆的指导，规范科普基地建设、发掘和拓展社会相关设施的科普教育功能，共建共享基层科普设施，加强科普大篷车配发工作，集成开发一批数字化科普资源，建设科普基础设施资源门户系统，建设科普资源数据共享服务中心，研究制定数字科技馆建设的指导性工作规范以及资源建设、运行服务和评价等方面的标准规范，加强科普基础设施负责人和业务骨干在职培训。

《发展规划》的颁布实施，将大力促进我国科普基础设施的发展，满足公众提高科学素质的需求，实现科学技术教育、传播与普及等公共服务的公平普惠，对于全面贯彻落实科学发展观，建设创新型国家，实现全面建设小康社会的奋斗目标都具有十分重要的意义。

二、与科普相关的重要文件

◎《中国科协科普资源共建共享工作方案（2008—2010 年）》

为加强科普资源共建共享工作，中国科协于 2008 年 6 月制定并发布了《中国科协科普资源共建共享工作方案（2008—2010 年）》。该方案总体目标是：到 2010 年底，科普资源的总量有较大增加，资源种类的结构较为合理，资源开发水平显著提升，为公众、科普工作者和大众传媒提供科普资源服务的能力明显提高，可为公民科学素质建设工作提供强有力的资源支撑。具体措施包括开发科普资源、集成科普资源、建设科普资源服务平台等，从总体上促进科普资源的开发和共享。

◎《全民健康科技行动方案》中对公众健康知识普及科技行动的规定

由科技部、卫生部、中宣部、国家中医药管理局、中国科协等十四个单位于 2008 年 4 月联合发布的《全民健康科技行动方案》规定，在“十一五”期间，重点推动 10 个具体行动，公众健康知识普及科技行动是 10 个具体行动的主要目标之一，即针对全民健康科技需求，筛选医疗卫生保健等科技知识，通过电视、广播、报纸、网络、讲座等方式向公众普及健康知识，定期开展健康科技高峰论坛，建立全民健康知识网络平台，提升健康意识，促进科学生活。具体目标为：筛选 300 ～ 500 项医疗卫生保健等健康知识，通过有针对性地多种形式的传播，到 2010 年，目标人群的覆盖率达到 80%；目标人群的知识知晓率在原有的基础上提高 30%，目标人群的行为形成率在原有的基础上提高 15%。

重点开展的行动内容具体包括普及健康基本知识、理念及健康生活方式（包括人体正常健康指标及临床检查指标相关知识），重大疾病预防、常见病、多发病预防和安全用药，重大灾难性事件公众逃生、自救、互救，食品安全及平衡膳食、合理营养，避孕节育、提高出生人口素质及妇幼保健，常用药品安全和合理用药，适量运动，特定人群（流动人口、儿童青少年、农村贫困地区居民、牧民、易发洪涝灾害地区居民）健康等知识和技能；结合世界艾滋病日等宣传教育日，开展公众健康普及宣传活动；在民族地区使用汉语和民族语言、文字普及健康基本知识；定期举办健康科技高峰论坛；建立全民健康知识网络平台。

◎《关于进一步加强少数民族和民族地区科技工作的若干意见》中对科普工作的若干规定

国家民委、科技部、农业部、中国科协于 2008 年 11 月出台了《关于进一步加强少数民族和民族地区科技工作的若干意见》，对于少数民族和民族地区的科普工作进行了详细的规定。确定了进一步加强少数民族和民族地区的科普工作相关目标，大力普及科学知识，推广先进适用技术，提高科技成果转化和推广能力；加强科技投入，扶持少数民族语言文字科普宣传品的翻译出版、广播电视网站的建设，建立更加广泛的科技传播渠道；加强少数民族科普工作队建设，建立科普工作的长效机制。

为了满足上述目标，加强少数民族和民族地区科普工作的任务有如下方面：普及科学知识，倡导科学方法，传播科学思想，弘扬科学精神，全面提高少数民族和民族地区群众的科学文化素质。繁荣面向少数民族群众的科普创作，大力提高科普作品的原创能力；加强民族地区公众科技传播体系和科普基础设施建设，建立更加广泛的科技传播渠道；加强示范引导，进一步提高科普工作的社会动员能力。整合科普资源，加强科普宣传。创新、拓宽面向少数民族群众科普宣传工作的手段和渠道。多渠道吸纳优秀人才，开展有计划的教育培训，发展科技人才队伍和科普队伍。组成由少数民族优秀科技人才参加的、专兼结合的科普专家队伍；引导和动员民族高校的科技专家主动投身科普宣传工作，积极开展少数民族科普作品的创作和翻译，经常性地参加科普宣传活动；进一步加强少数民族科普工作队的建设，形成省（区）、市（地、州、盟）、县（区、旗）完善的工作网络；鼓励民族高校的在校大中专学生，参加科普宣传活动，增强科普宣传活动效果；加强民族地区农村基层科普组织的建设和农村实用人才的培养，加强业务指导，优化工作环境；重视少数民族科普宣传工作者的继续教育和培训，提升其应用现代科技手段和方法开展科普宣传工作的能力。

◎《关于加强气候变化和气象防灾减灾科学普及工作的通知》中对科普工作的若干规定

为加大气候变化和气象防灾减灾科学普及工作的力度，中国气象局、科技部于2008年1月7日联合印发了《关于加强气候变化和气象防灾减灾科学普及工作的通知》。通知规定，要从深入落实科学发展观、构建社会主义和谐社会的高度，切实提高对做好气候变化和气象防灾减灾科学普及工作重要性的认识，按照《中华人民共和国气象法》和《中华人民共和国科学技术普及法》的要求，切实把党中央、国务院关于应对气候变化和气象防灾减灾工作的方针、政策和战略部署落到实处，通过开展气候变化和气象防灾减灾科普工作，大力提高公众对气候变化的科学认识，加强全社会防灾减灾的意识，促进经济社会健康协调可持续发展；要采取多种形式，切实将气候变化和气象防灾减灾科学普及工作落到实处，如充分利用每年的“3·23”世界气象日、科技活动周、气象夏令营和全国科普日等契机，向社会公众特别是重点地区、重点人群开展有关气候变化和防灾减灾的科学背景和基本知识的普及宣传，提高公众应急避险、自救互救和参与节能减排的能力等；加强气象科普基地建设，繁荣气候变化和气象防灾减灾科普创作。

第二节
重大科普活动与事件

2008 年，相关政府部门和机构组织的重要科普活动，在本年度继续推进，取得了重大的成就。这一年里也发生了较多社会影响广泛的重大事件，以此为对象展开的科普工作取得良好的效果。

一、全国科技活动周

◎ 科技活动周

2008 年的科技活动周以“携手建设创新型国家”为主题，于 5 月 17 日开始举办。科技活动周紧紧围绕当前科技和经济社会发展的热点及群众关心的焦点，突出科技服务民生和科技支撑发展两大主线，通过举办一系列丰富多彩、形式多样的群众性科技活动，让社会公众在亲身参与中感受科技进步和创新的重要作用。活动内容上，重点突出了四个方面：一是突出服务民生和改善民生，让科技惠及广大公众；二是突出节能减排和安全健康，不断转变全民的生产生活方式；三是突出科技奥运和绿色奥运，热烈迎接奥运会成功举办；四是突出科普传播和科普创作，让科普能力建设的最新成果服务公众、回报社会。

全国科技活动周期间，各地各部门根据自身工作安排和实际情况，策划举办了一系列丰富多彩的活动，共组织各类群众性科技活动近万项。中央、国务院有关部门和单位举办了 100 多项大型的群众性科技活动，全国 31 个省（自治区、直辖市）的省级部门直接组织了 1 400 余项活动。在科技部的支持下，澳门也举办了 2008 年澳门科技活动周。

全国科技活动周期间，近亿人次亲身参与了各类科技活动，数以亿计的公众收看（听）了科技活动周的新闻报道和专题节目，六大网站（搜狐网、腾讯网、新浪网、中国网、中国科普网、科技部网站）访问总量达到 323 万次，平均日访问量达到 46 万次。

◎ 行业和区域科普

科技活动周社会影响的不断扩大，各地各部门及其他社会组织参与科技活动周的积极性很高，举办的活动内容非常丰富，覆盖的范围也越来越广，富有行业和地域特色的科技活动精彩纷呈。

各行业、部门组织了各具特色的科普活动，如中国科协组织 30 多家全国性学会举办了丰富多彩的展示、宣讲和咨询活动；环保部举办了“节能减排系列科普活动”；公安部举办了“奥运安保知识普及活动”；国土资源部举办了“认识地球和谐发展”地学知识和地质灾害知识科普活动；

国家计生委组织开展了“预防出生缺陷”知识竞赛活动；海关总署组织开展了“电子海关、电子口岸、电子总署”建设成果宣讲活动；铁道部举办了“大秦铁路创造世界重载运输奇迹”展览和“抗震救灾，铁路科普宣传活动”；卫生部组织开展了“医疗卫生进社区”活动；国家食品药品监督管理局以“加强自主创新，保障公众饮食用药安全”为主题的科技周活动；国家粮食局举办以“提倡科学膳食，推动主食工业化”为主题的粮食科技活动周；全国总工会举办了“职工节能减排技术创新活动”；全国妇联举办了“节能减排我先行”妇女科技周；共青团中央举办了“走进美妙的数学花园”青少年科技活动等。

各地区也结合当地特点组织了一系列科普活动，如北京市举办了“科技助燃圣火，创新圆梦中国”的系列主题活动；天津开展了“青少年科学素质和创新能力提升行动”等；辽宁省举办了“依靠科技创新推动节能减排”科普展览；湖北省组织开展了第三届“湖北农技110推广周”活动；四川省紧急动员，把所有的活动资源和工作力量全部投入到了抗震救灾科普宣传之中，在第一时间开展了一次特殊的科普行动；西藏自治区组织开展了“科普一条街”和“科技下乡”活动；上海为突出“节能减排，建设生态文明家园”的现代大都市活动特色，发动科研单位、高校、企业的资源集中开展活动等。

◎ **科技列车行**

科技列车行活动作为科技活动周的重要组成部分，形成了较为鲜明的科普品牌。科技列车行活动吸引了各界社会力量的积极参与，使群众在科普方面得到切实收益。2008年的科技列车行是第五次科技列车行活动，于5月17日开始，由中宣部、中央统战部、科技部等11个部委联合贵州省人民政府共同举办。科技列车满载农技服务、医疗卫生、环境保护的专家以及部分新闻媒体的记者120余人，分11个专家组深入贵州省毕节地区、遵义市、贵阳市的14个县（市、区）44个乡镇开展活动。在九天的活动时间里，共举办了各类专题报告会36场次，开展现场咨询及实用技术培训67场次，医疗义诊42场次；捐赠1 000台使用国产芯片的低成本计算机，建立了青少年龙芯·红旗计算机教室20个、农家书屋10个、农村青少年科技创新操作室2个；赠送并安装农村家庭用沼气罐20个、农家粮仓50个。据统计，此次活动共捐赠各类实用科技产品价值400万元，直接受益群众达10万多人次。

二、全国科普日

2008年全国科普日活动的主题是“节约能源资源、保护生态环境、保障安全健康”。围绕这一主题，全国各级科协、学会及社会各界组织开展3 500多项科普活动。北京主场活动以“坚持

图 14-2　在 2008 年 9 月 20 日的全国科普日，孩子们与会说话的机器人对话

科学发展，建设生态文明”为主题，于 9 月 19 日开始在中科院植物所北京植物园举行，分为主题展览活动区、动手体验区、美好生活活动区、科技成果体验区、科普游园活动区和科技行动区 6 个区域。在主题展览活动区中，进行了围绕本次活动主题的大型科普展览，废弃物创意比赛、我当一天植物学家、环保特工队、做环保宣传者等重点科普活动，以及中国数字科技馆开通仪式及相关科普活动。与此同时，全国各地的科普日活动也纷纷展开，引导和鼓励社会公众关心科技发展、保护生态环境、科学健康生活。

三、农村科普工作

◎ 文化科技卫生“三下乡”活动

农村科普是科普工作的重点之一，2008 年农村科普工作得到进一步加强。中宣部、中央文明办、教育部、科技部、司法部等十四部门联合发出通知，要求加大工作力度，广泛深入持续开展好文化科技卫生“三下乡”活动，通过举办科普大集、科技讲座、实用技术培训等形式把文化科技卫生资源送到农村、送给农民；配合农村文化科技卫生公共服务体系建设，调动社会力量和社会资源，共同促进农村文化科技卫生设施条件的改善，培养大批农村乡土人才，不断提升农村文化科技卫生公共服务能力；进一步总结经验，抓住时机，制定出台扶持政策，推动建立文化科技卫生“三下乡”长效机制；通过多种途径，推动农村科普工作等农村文化、科技、卫生工作的发展。

◎"送科技下乡，促农民增收"主题示范活动

由中宣部、科技部、吉林省人民政府联合组织的"送科技下乡，促农民增收"主题示范活动于2008年1月26日在长春市双阳区鹿乡镇举行。来自30多家大专院校、科研院所和涉农企业的200多名农业科技专家，为广大农民送去了近500项实用技术，提供了最新的科技信息，解答了农民生产中的科技问题。并向当地农民赠送科普图书5 000多册，发放科普资料3万多份，举办玉米高产高效栽培技术、梅花鹿饲养管理及疫病防治技术等实用技术培训班10场，培训农民达3 000多人。同时，还针对当地基层干部和农技人员举办了科技支撑新农村建设专题讲座。科技部还向当地小学捐赠了价值10万元的农村青少年科技创新操作室，并向农民赠送了图书、光盘等科普资料。

◎"农村青少年科技创新操作室"

"农村青少年科技创新操作室"建设试点始于2006年，到2008年已惠及了中西部15个省（区、市）的50所农村中小学校，在试点地区引起了强烈反响，受到农村学生、教师的欢迎和喜爱，成为了推动农村青少年科技创新活动的有效手段。

四、科普统计工作

为进一步推动全国科普工作统计的开展，及时总结和交流科普工作统计的经验，逐步完善科普工作统计制度，科技部于2008年1月发布了全国科普工作统计主要数据，对统计数据进行了简明扼要的分析，并对今后的科普工作统计提出了四个方面的要求：突出重点，围绕建设创新型国家和落实"十一五"规划做好科普工作统计；进一步加强分析研究，使科普工作统计更好地适应科普管理和决策的需要；加强和完善科普工作统计的基础数据库建设，为科普监测打好基础；各级领导要高度重视科普工作统计。《中国科普统计2008年版》于5月正式出版，对2006年度全国科普统计数据的全面解析，主要涉及到科普人员、科普场地、科普经费、科普传媒、科普活动等内容，是中国政府第一部关于科普统计的正式出版物。

五、重大科普事件

◎华南冰雪灾害警示气候变化

2008年初，中国南方出现了罕见的雨雪冰冻灾害，给人民的生命财产安全和正常生活秩序产生了巨大的影响。气候关系每个人，人人都需要对气候有所了解，有一定的科学认识。危难当头，不仅要提高国家和地方的应急能力，更要提高全民的应急意识，预防先于抢救，群力大于个力。

◎ 科技助奥运火炬登顶珠峰

5 月 8 日，北京奥运圣火珠峰传递登山队进行奥运历史上海拔最高的火炬传递。经过 6 小时的艰苦跋涉，北京奥运会“祥云”火炬于 9 时许抵达珠峰顶峰，经过 5 棒传递，最后一棒火炬手在珠峰顶峰 8 848.43 米处展示了手中的“祥云”火炬。奥运圣火登上世界最高峰，使人们对经过两年多努力研制成功的火炬、火种灯、引火器、圣火台等有了更多地了解，更感受到了科技奥运的魅力。

◎《科技与奥运》科普系列片播出

6 月 30 日，35 集大型科普系列片《科技与奥运》在中央电视台奥运频道首播。该片全景式分门别类地讲述了体育科学知识，剖析了各项运动中生动丰富的科学现象，以独特视角解析了科技元素在体育运动发展中的重要作用。用体育、奥运与科技的完美结合，诠释了“科技奥运”的丰富内涵，也使公众体验“科技奥运”精彩和实惠。

◎ 抗震救灾及灾后重建出现“地震科普潮”

四川汶川特大地震后，在全国人民齐心合力投入抗震救灾及灾后重建的过程中，全国各地纷纷出现了“地震科普潮”，公众对地震知识普及以及应急避险等方面的科普活动尤为关注。

◎“神七”航天员舱外活动激发科学热情

9 月 25 日，我国第三艘载人飞船神舟七号成功发射，三名航天员顺利升空。27 日，航天员翟志刚身着我国研制的“飞天”舱外航天服，进行了 19 分 35 秒的出舱活动，中国随之成为世界上第三个掌握空间出舱活动技术的国家。“神七”航天员的舱外活动，再一次激发我国人民的科学热情。

图 14-3　2008 年 12 月 3 日，观众在参观展出的“神七”返回舱模型

第十五章 科技改革开放30年

改革开放30年，是中国各项事业繁荣发展的30年，是科技生产力得到极大解放和发展的30年。30年来，中国科技事业坚持以邓小平理论和“三个代表”重要思想为指导，深入贯彻落实科学发展观，着力提高自主创新能力，努力建立适应社会主义市场经济的科技体制，积极探索和实践中国特色自主创新道路。科学技术对经济发展、社会进步、民生改善和国家安全提供了重要支撑，为改革开放和社会主义现代化建设做出了重要贡献。

第一节 科技改革发展的重大决策和战略部署

改革开放30年来，中国政府高度重视科技事业的发展，在国家发展的每一个关键阶段，做出了一系列重大决策和战略部署，确保国家战略目标的顺利实现。

一、解放思想、拨乱反正，迎来科学的春天

1978年3月，规模盛大的全国科学大会在北京召开。这是在粉碎“四人帮”、百废待兴的形势下召开的一次重要会议，是新中国科技发展史上的一座重要里程碑。邓小平同志在大会上发出“树雄心，立大志，向科学技术现代化进军”的号召，深刻阐述了科技发展中的思想认识问题、人才培养问题和党的领导体制问题，明确提出“四个现代化，关键是科学技术现代化”、“知识分子是工人阶级的一部分”等著名论断，重申了“科学技术是生产力”这一马克思主义基本观点。大会澄清了长期以来束缚科学技术发展的重大理论是非问题，冲破了“文化大革命”以来长期禁锢知识分子的桎梏，迎来了科学的春天。

同年12月召开的中共十一届三中全会，做出把全党工作的重心转移到社会主义现代化建设上来的历史性决策，实现了建国以来党的历史上最具有深远意义的伟大转折，从而进一步为科技教育事业大发展提供了制度保障。会议指出，要在自力更生的基础上积极发展同世界各国平等互利

图 15-1　全国各地纷纷举办改革开放 30 周年成就展

的经济合作，努力采用世界先进技术和先进设备，大力加强实现现代化所必须的科学和教育工作。

二、确立“科学技术是第一生产力”的指导思想

中共十一届三中全会以后，科技改革开放逐步展开并不断深入，科技事业各方面工作发展很快，但科技与经济脱节问题日益显现，科学技术成果不能迅速转化为现实生产力，抑制了科技人员智慧和创造才能的发挥，也影响了科技事业自身的发展。为适应改革开放和经济建设的需要，20 世纪 80 年代初期，中共中央制订了“经济建设必须依靠科学技术，科学技术工作必须面向经济建设”的科技工作基本方针。1985 年，中共中央作出了《关于科学技术体制改革的决定》，促进科学技术成果广泛应用于生产，解放和发展科学技术生产力。1988 年，邓小平同志根据中国革命与建设的实践经验以及当代科学技术发展的新形势和新特点，提出了“科学技术是第一生产力”的科学论断，为中国科技发展奠定了极为重要的思想理论基础。

三、实施科教兴国战略，加强技术创新

20 世纪 90 年代以来，以信息技术、生物技术为代表的新科技革命风起云涌，深刻影响着各国的政治、经济、军事、文化等领域。1995 年，中共中央、国务院召开全国科学技术大会，作出《关于加速科学技术进步的决定》。以江泽民同志为核心的党的第三代中央领导集体，把科技进步和创新摆在经济社会发展的关键位置，提出实施科教兴国战略和可持续发展战略，把经济建设转

移到依靠科技进步和提高劳动者素质的轨道上来。1999年，中共中央、国务院召开了全国技术创新大会，作出了《关于加强技术创新发展高科技实现产业化的决定》，把加强技术创新作为科技与经济结合的切入点，把发展高新技术产业作为国民经济新的增长点，进一步优化科技力量布局和科技资源配置，以加强科技创新和促进科技成果产业化为重点，从体制、机制、政策等各方面促进科技与经济的紧密结合。

四、提高自主创新能力，建设创新型国家

进入21世纪，新一轮科技革命迅猛发展，国际经济科技竞争日趋激烈，中国改革发展和现代化建设进入新的阶段。21世纪前20年，是中国经济社会发展的重要战略机遇期，也是科学技术发展的重大战略机遇期。全面建设惠及十几亿人口的小康社会，加快现代化发展进程，要求对科技发展做出前瞻性、战略性和全局性的部署。党的十六大以来，以胡锦涛同志为总书记的党中央综合分析国内外发展大势，立足国情，面向未来，提出增强自主创新能力、建设创新型国家的重大战略思想。2006年，中共中央国务院召开全国科学技术大会，作出《关于实施科技规划纲要增强自主创新能力的决定》，国务院发布了《国家中长期科学和技术发展规划纲要(2006—2020年)》，明确提出了“自主创新，重点跨越，支撑发展，引领未来”的新时期科技工作方针，对未来15年中国科技改革发展做出全面部署。

中共十七大高度重视科技进步和自主创新。十七大报告把“自主创新能力显著提高，科技进步对经济增长的贡献率大幅上升，进入创新型国家行列”作为实现全面建设小康社会奋斗目标的新要求，明确指出：“提高自主创新能力，建设创新型国家。这是国家发展战略的核心，提高综合国力的关键。要坚持走中国特色自主创新道路，把增强自主创新能力贯彻到现代化建设各个方面”。同时，把“提高自主创新能力，建设创新型国家”摆在促进国民经济又好又快发展的突出位置。这是中共中央审时度势、高瞻远瞩，做出的重大战略决策和部署。

第二节 科技改革发展的重大举措

改革开放30年来，中国科技发展紧紧围绕国家发展战略目标，面向现代化建设、面向广大人民需求，把经济发展、社会进步、民生改善、国家安全中亟待科技提供支撑的领域作为重点，把科技进步和创新与提高人民生活水平和质量、提高人民科学文化素养和健康素质紧密结合起

来，发挥社会主义集中力量办大事的政治优势，发挥市场机制在配置科技资源中的基础性作用，重点解决制约经济社会发展的重大科技问题，不断深化科技体制改革，完善国家创新体系，积极探索和实践中国特色自主创新道路。

◎ 推动科技与经济结合

改革开放之初，在“面向，依靠”方针的指引下，科技工作调整发展思路。1982 年，设立第一个国家科技发展计划——科技攻关计划，重点解决制约国民经济和社会发展的关键技术和共性技术，对主要产业的技术发展和结构调整起到了重要的先导作用。从“十一五”起，在原攻关计划基础上设立国家科技支撑计划，以重大公益技术及产业共性技术研究开发与应用示范为重点，结合重大工程建设和重大装备开发，着力攻克一批关键技术，为经济社会协调发展提供支撑。

1986 年，国家实施星火计划，旨在把先进适用的技术播撒到农村大地，推动科技兴农，引导亿万农民依靠科技致富增收，支持乡镇企业发展。2000 年，开始建设国家农业科技园区，以数量型农业向效益型农业转变为目标，以市场为导向，以先进适用技术为依托改造传统农业，对不同类型地区农业与农村经济的结构调整起到示范带动作用。目前在全国共建立了 36 个国家农业科技园区，成为现代农业科技发展的重要载体和平台。2001 年，国家建立了农业科技成果转化资金，支持和促进农业科技成果转化，大力推进多元化的农村科技服务体系建设。建立科技特派员制度，通过向农村派遣科技特派员，为农业发展提供科技服务，促进科技人员到农村创业；建立农业专家大院，通过机制创新把科技人员引入农村生产一线，加快科技成果转化和应用；实施农业科技 110 服务，以信息资源为核心，以数据网络为基础，有效地推动信息在广大农村的低成本、高效率传播，实现科技与农民的零距离衔接。党的十七届三中全会作出了《中共中央关于推进农村改革发展若干重大问题的决定》，强调要加快农业科技创新，为新时期农业科技发展指明了方向。

1994 年发布实施“中国 21 世纪议程”，从人口 、环境与发展的总体情况出发，提出了促进中国经济、社会、资源和环境相互协调的可持续发展战略。建设了 63 个可持续发展试验区。针对人口健康、资源环境、防灾减灾、公共安全等多个领域的重大科技问题，进行全面部署。

为积极应对全球气候变化，2007 年实施了《中国应对气候变化科技专项行动》，对气候变化的科学问题、控制温室气体排放和减缓气候变化的技术开发、适应气候变化的技术和措施、应对气候变化的重大战略与政策等几个方面进行了重点部署。发布了《节能减排科技专项行动方案》，重点围绕高耗能高污染的钢铁、建筑、交通等行业，积极发展新能源与可再生能源，以及重要污染物减排控制与综合治理、清洁生产与循环经济等方面技术。

◎ 发展高科技实现产业化

1986 年，王淦昌、陈芳允、杨嘉墀、王大珩四位著名科学家向中央提出“要全面追踪世界高技术的发展，制定中国高科技的发展计划”的建议，邓小平同志亲自批示：“宜速决断，不可拖延。”同年 11 月，正式批准实施 863 计划。863 计划从世界高技术发展的趋势和中国的需要与实际可能出发，坚持“有限目标，突出重点”的方针，选择生物、航天、信息、激光、自动化、能源和新材料、海洋等高技术领域作为中国高技术研究发展的重点，瞄准世界前沿，解决事关国家长远发展和国家安全的战略性、前沿性和前瞻性高技术问题，发展具有自主知识产权的高技术，培育高技术产业生长点，力争实现跨越式发展。

1988 年，为推动高新技术企业成长、加快发展高新技术产业，国家实施火炬计划，以市场为导向，促进高新技术成果的商品化、高新技术商品的产业化和高新技术产业的国际化。同年，经国务院批准，中国设立第一个国家高新技术产业开发区——北京新技术产业开发试验区（北京中关村科技园区）。20 世纪 90 年代初，国务院对全国范围内国家高新区建设做出部署。截至 2008 年，相继建成了 54 个国家级高新区，加上纳入国家高新区管理的苏州工业园区，形成了“54+1”的发展格局。

为支持科技型中小企业发展，1999 年设立了科技型中小企业技术创新专项基金，通过政府拨款资助、贷款贴息和资本金投入等方式扶持和引导科技型中小企业的技术创新活动，促进科技成果的转化，培育一批具有中国特色的科技型中小企业，加快高新技术产业化进程。

◎ 面向国家战略需求组织实施重大专项

建国以来，中国通过“两弹一星”、载人航天等为代表的重大项目的实施，对整体提高综合国力起到了至关重要的作用。“十五”初期，中国启动了大规模集成电路和软件、电动汽车、信息安全与电子政务及电子金融、功能基因组与生物芯片、食品安全、主要农产品深加工、创新药物与中药现代化、奶业发展、节水农业、水污染治理、重大技术标准等 12 个重大科技专项，为在市场经济条件下建立体现国家目标的重大专项组织机制进行了有益的探索，积累了经验。

2006 年，《规划纲要》围绕国家目标，进一步突出重点，充分发挥社会主义制度集中力量办大事的优势和市场机制的作用，筛选出若干重大战略产品、关键共性技术或重大工程作为重大专项，力争取得突破，努力实现以科技发展的局部跃升带动生产力的跨越发展。《规划纲要》确定了核心电子器件、高端通用芯片及基础软件、极大规模集成电路制造技术及成套工艺、新一代宽带无线移动通信、高档数控机床与基础制造技术、大型油气田及煤层气开发、大型先进压水堆及高温气冷堆核电站、水体污染控制与治理、转基因生物新品种培育、重大新药创制、艾滋病和病毒性肝炎等重大传染病防治、大型飞机、高分辨率对地观测系统、载人航天与探月工程等16个重大专项，涉及信息、生物等战略产业领域，能源资源环境和人民健康等重大紧迫问题，以及军民两用技术和国防技术，重大专项的实施是中国科技发展的重中之重，将对提高中国综合竞争力、保证国家安全具有重要的战略意义。

◎ 加强基础研究，提高科技持续发展能力

为支持基础研究，国家于1986年批准成立自然科学基金委员会，建立了国家自然科学基金，鼓励科研人员的自由探索。1991年，实施国家基础性研究重大关键项目计划（“攀登”计划），以解决一批长期影响中国经济社会发展的重大科学技术难题。1997年，国家重点基础研究发展规划（973计划）开始实施。973计划紧紧围绕农业、能源、信息、资源环境、人口与健康、材料等开展多学科综合性研究，为国民经济、社会发展和科技自身发展的重大科学问题提供科学理论依据和科学基础。

加强科研基础条件建设。围绕科技发展重点领域建设了一批国家（重点）实验室、国家重大科学工程、国家工程技术（研究）中心等研究实验基地。一批国家大型科学仪器中心、国家科技图书文献中心、科学数据共享中心、自然科技资源共享中心等综合性实验服务基地建设，极大地改善了基础科研条件。2004年，为支撑科技的长远发展与重点突破，促进全社会科技资源高效配置和综合集成，中国启动国家科技基础条件平台建设计划。

◎ 深化科技体制改革

1985年3月，中共中央发布《关于科学技术体制改革的决定》，标志着中国科技体制改革的进程全面展开。在“面向、依靠”方针指导下，以“放活科研机构、放活科研人员”为主要内容，改革拨款制度，经费随项目、项目靠竞争，推动科研机构面向市场，拓宽经费来源。同时，在法律上承认技术成果也是商品，建立有偿转让机制，开拓技术市场，鼓励科技人员以多种方式创办、领办企业。在这些措施的有力推动下，科技界以空前的热情投入到经济建设主战场。1995年中共中央、国务院作出《关于加速科学技术进步的决定》，提出“稳住一头，放开一片”的改革方针。“稳住一头”，就是稳定支持基础性研究、高技术研究和重大战略研究；“放开一片”，就是放开各类开发型科研机构，以市场需求为导向，开展科技成果商品化、产业化活动，直接为经济建设服务。一些产业部门、中科院和教育部开展了调整结构、分流人员的试点工作。1998年，中国科学院启动了知识创新工程试点工作，在结构调整、人员优化、学科建设、体制创新等诸多方面取得了显著成效。1999年，中共中央、国务院作出《关于加强技术创新，发展高科技，实现产业化的决定》，提出全面优化科技力量布局和科技资源配置，推动应用型科研机构和设计单位向企业化转制，对社会公益类科研机构实行分类改革，形成有利于技术创新和科技成果转化的体制和机制。通过改革，应用型科研院机构提高了面向市场、服务经济的能力；社会公益类科研机构研究开发能力得到加强，

公共服务能力明显提升。2006年以来，科技体制改革进入全面推进国家创新体系建设阶段，努力形成不同创新主体相互促进、充满活力的国家创新体系。

◎ 拓展国际科技合作广度与深度

科技对外开放是中国最早对外开放的领域。1978年1月，中、法两国在北京签订中法科技合作协定，这是中国与西方发达国家签订的第一个政府间科技合作协议。1979年1月，邓小平同志访美期间与美国总统卡特签署了《中美政府间科学技术合作协定》，从而使中国与主要发达国家的科技合作全面展开。改革开放初期，中国科技事业的对外开放主要表现为技术引进和人员与学术交流。通过引进一批先进技术，引进国外智力和推动科研人员的国际交流，迅速提高了中国工业与农业的技术水平，促进了中国科研逐步与国际接轨、融入国际学术环境。随着中国科技实力的不断增强，对外国际科技合作已经逐步从技术引进和人员交流向联合成立研究机构、联合设立研究基金和联合建立合作基地开展共同研究转变。

21世纪以来，中国科技事业对外开放的广度与深度发生了根本性转变，积极参与并牵头组织了一批前沿的国际大科学计划和大科学工程。1999年，参与了人类基因组计划并取得成功；2003年，正式参与欧盟“伽利略”卫星定位与导航计划；2004年，加入全球对地观测系统。2006年，正式开始平等参与国际热核试验堆计划（ITER计划）。为逐步建立在国际大科学研究计划中的主导地位，结合自身优势，分别于2006年和2007年启动了“中医药国际科技合作计划”和“可再生能源与新能源国际科技合作计划”。这两个计划已得到了许多国家的广泛关注和积极响应。在不断加强和扩大对发达国家合作的同时，中国开始对发展中国家实现技术援助。这既树立了中国负责任的大国形象，促进了与发展中国家的双边关系和友谊，也为“走出去”战略的实施奠定了基础，架设了桥梁。

◎ 加强科技宏观管理与统筹协调

根据基础研究、前沿技术研究、社会公益性研究等不同类型研究开发活动的特点和内在规律，形成了包括重大专项、863、973、科技支撑、科技基础条件平台等国家科技主体计划，相继推出了火炬、星火、新产品、软科学、技术创新引导工程等政策引导类计划，并且推进了科技计划的专业化管理。强调根据研发活动不同特点进行评价，改革科技奖励制度，加强科研诚信制度建设和学风建设。加强对地方和行业科技工作的统筹。通过部省会商机制，形成部省联动，促进地方科技、经济与社会发展。科技部已与23个省（直辖市、自治区）建立了部省会商制度。通过建立部门间的合作关系，组织实施行业科技专项，推动行业创新活动，已在农业、能源、交通、信息、医药卫生、气象等多个行业发挥了显著成效。

第三节
科技改革发展的辉煌成就

改革开放30年来，中国从科学研究理念到科技工作地位、从科技体制机制到科研环境条件、从科研布局到科技实力等各个方面都发生了历史性的深刻变化，涌现出载人航天与探月工程、超级杂交水稻、高性能计算机、超大规模集成电路等一批重大科技成就，自主创新能力进一步提升，科技实力明显增强，科技发展进入重要跃升期。

一、科技创新能力显著增强

基础研究取得重要进展。1996—2008年，中国SCI论文数量从世界第14位提升到第3位。在认知科学领域，中国科学家提出了拓扑性质初期知觉理论，对半个世纪以来占统治地位的特征分析理论提出了挑战，并发现了支持该理论的磁共振成像的生物学依据。在纳米材料和纳米结构领域，中国科学家利用模板和有机物催化热解法相结合制备单壁纳米碳管的技术，被国际同行认为是目前碳纳米管四种主要制备方法之一。在地球科学领域，中国科学家对古生物学研究取得重大进展，其中“澄江动物群与寒武纪大爆发”研究为揭示早期生命演化的奥秘提供了极其珍贵的证据，在国际上被誉为“20世纪最惊人的科学发现之一”。此外，中国在非线性光学晶体、量子信息和通信、超强超短激光研究已居世界前列。

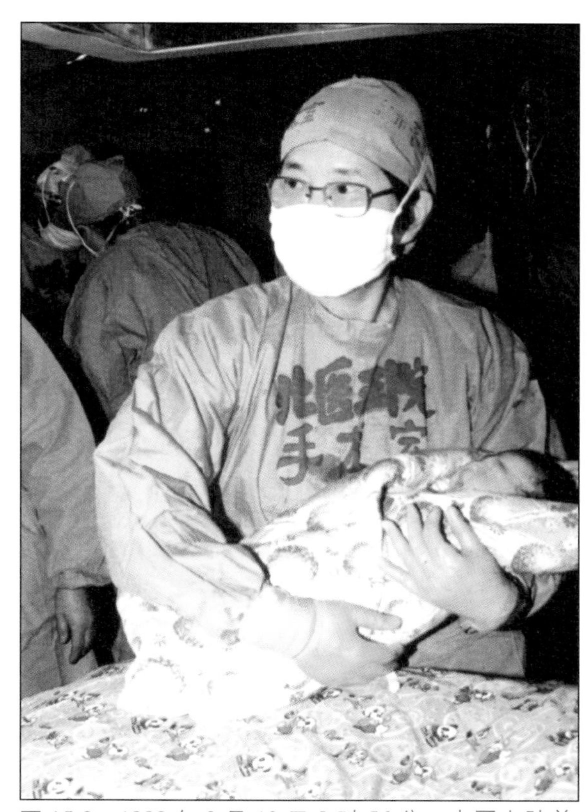

图15-2　1988年3月10日8时56分，中国大陆首例试管婴儿在北京诞生，表明中国现代医学技术完成了一次重大突破

前沿技术取得众多突破。在航天技术领域，实现了“神舟”系列飞船的发射、空间出仓活动以及空间科学试验等一系列重大突破，使中国成为世界上第三个有能力将人送上太空的国家；嫦娥探月工程突破了众多关键技术，成为世界上少数几个成功发射探月卫星的国家。

在信息技术领域，高性能计算机、第三代

图 15-3 2003 年 10 月 15 日，执行中国首次载人航天飞行任务的航天员杨利伟出发登舱前挥手致意

移动通信、IPV6 互联网主干网、高速信息网络、超大规模集成电路、核心软件等方面的突破打破了国外的技术垄断。由中国自主研究开发的第三代移动通信国际标准 TD-SCDMA，成为世界三大移动通信标准之一。曙光 5000A 高性能计算机跻身世界超级计算机 10 强。在生物技术领域，成功研制了 20 多种基因治疗药物，开发了全球第一个注射用重组葡激酶、重组人血小板生成素和重组人血管内皮抑制素注射液；超级杂交水稻研究位居世界前列，分子标记育种处于国际领先水平。在新材料领域，人工晶体材料和全固态激光器、新型平板显示技术、纳米材料技术等领域取得了一批重要创新性成果。在先进制造领域，0.1μm 等离子体刻蚀机和大倾角离子注入机成功研制，使中国在集成电路重大设备制造领域步入国际先进行列。成功研制了 60 万千瓦超临界火电机组、500kV 交流输变电设备、千万吨级露天采矿设备、大秦铁路重载列车设备，解决了一系列重大技术难题。60 到 100 万千瓦核电机组部分实现了国产化，三峡右岸机组实现了自主设计；大型炼油设备国产化率达 90%，30 万吨乙烯成套设备国产化率达 70%，减少了对国外设备的依赖。在能源领域，开发了具有自主知识产权的高活性超细纳米煤直接液化催化剂关键技术，在世界首个百万吨煤直接液化工程中得到应用；自主研发的模块化高温气冷堆，在世界新一代核能系统研究开发中占据了重要地位。在清洁能源汽车领域，研制出全新电动汽车、燃料电池汽车、混合动力汽车、代用燃料汽车等。北京奥运会和残奥会期间，近 600 辆新能源汽车在奥运中心区和各比赛场馆承担奥运交通服务，为奥林匹克中心区域交通实现“零排放”，周边地区和奥林匹克交通优先路线上实现“低排放”提供了重要保障。

二、科技创新对经济社会发展的支撑能力显著提高

产业技术创新取得多方面突破。基础工业、加工制造业以及新兴产业领域技术创新能力大幅度提高。中国生产的达到国际先进标准的钢材占全部钢材产量的 80%以上；高档数控机床的

研发取得重要进展，一批多联轴大型数控机床相继研制成功，中高端数控机床进口增速大幅下降，国产数控车床消费数量自给率大幅度上升。在石油勘探、特种钢冶炼和钢铁可循环流程、压缩天然气和大吨位集装箱船体建造、计算机微处理器和超大规模集成电路、数控机床、蛋白质生物基因工程等众多领域，取得重大关键技术突破，有力地支撑了三峡工程、西电东送、西气东输、南水北调、青藏铁路、北京奥运等重大工程的建设。

高新技术产业蓬勃发展。产业规模不断壮大，目前居世界第2位，增加值占GDP的比重达到8%，有力地促进了产业结构调整和经济增长方式转变。54个国家高新区已经成为自主创新的重要基地，聚集了全国超过50%的高新技术企业和近1/3的研究开发投入。1991—2006年，国家高新区主要经济指标实现了年均40%以上的增长，2007年全国54个国家高新区和苏州工业园营业总收入55 812.3亿元，工业增加值11 288.5亿元，万元GDP能耗仅为全国平均水平的36%，万人专利授权数30.7件，已经接近了美国硅谷的水平。高新区有力地带动了区域经济社会发展，促进了区域产业结构优化升级。

图15-4　2006年7月1日，在位于青海境内的沱沱河大桥桥头，当地群众欢迎从格尔木出发的"青1"次列车。当日，青藏铁路全线通车

为解决能源资源环境领域的瓶颈制约提供科技支撑。在资源开发利用方面，通过油气资源的科技攻关，在塔里木盆地发现了中国有史以来单个最大的天然气田——克拉2气田，在内蒙古伊克昭盟地区发现迄今规模最大的天然气田——苏里格大气田，为"西气东输"奠定了基础。水资源及其污染治理方面，开展了有关水资源合理调配、湖泊污染治理、工业和生活污水的处理、污水资源化利用、清洁生产、海水利用以及洪涝灾害减灾等方面的科技攻关。大气污染控制方面，开发了具有世界先进水平的等离子体烟气脱硫技术和先进实用脱硫除尘工艺装备以及机动车尾气催化净化装置。

农业科技创新为保障粮食安全、服务“三农”问题做出了重要贡献。科技进步对中国农业增产的贡献率由“九五”的37%提高到“十五”的48%。“粮食丰产科技工程”的实施，集成创新了一批粮食丰产重大关键技术，至2006年累计增加粮食2 043万吨；培育出了杂交水稻、杂交玉米等一大批新品种，使主要农作物良种覆盖率达到95%以上；农业重大病虫害防控技术水平大幅度提升，每年为国家挽回粮食损失2 500多万吨。中国农业生物技术在超级水稻、小麦细胞工程、水稻和家蚕功能基因组等领域的研究水平居于国际领先地位，自主研发的转基因抗虫棉已超过棉花总面积的75%，成为世界第五大转基因植物种植国家；研究成功了亩产达800公斤的二期超级稻，创造了玉米一季单产1 400kg的超高产技术，接近世界领先水平；成功研制了水稻联合收割机等一批关键技术装备，设施农业使用面积居世界首位。

科技为提高改善民生、促进社会和谐提供了重要保障。在人口与健康领域，成功开发了一批具有自主知识产权的新药。率先完成“非典”病毒灭活疫苗的I期临床实验，成功研制了两种动物禽流感亚型疫苗和一种人禽流感疫苗的原型疫苗，艾滋病疫苗研究取得阶段性成果，为保障公众健康提供了重要科技支撑。在减灾防灾方面，在2008年抗击南方雨雪冰冻灾害过程中，一大批科技成果在抗灾救灾中得到应用与检验。在5·12汶川特大地震抗震救灾过程中，高精度遥感技术、便携式太阳能光伏电源、卫星移动通信设备、警用数字集群通信系统、宽带无限交互多媒体系统一大批高新技术成果与产品，为及时准确掌握灾情，实现应急通信与现场指挥，保障抗震救灾中的能源供应、救援指挥等提供了有力的科技支撑。

三、国家创新体系建设进展顺利

中国科技体制改革取得了重大进展，科研机构和研发人员创新积极性明显提高，企业的创新活力大为增强，市场配置科技资源的基础性作用正在得到体现。

企业技术创新主体地位逐步增强。2006年，全国企业R & D支出总额达到2 134.5亿元，占全社会R & D支出总额的71.1%。企业已基本成为研发投入的主体。2006年，中国民营科技企业已由20年前的7 000多家发展为15万多家，成为增强自主创新能力一支重要力量。

科研院所的骨干和引领作用进一步发挥。中央和地方先后约有1 200家院所完成了企业化转制，技术创新与产业化能力持续增强，科技产业规模和效益大幅提高。公益类科研院所通过分类改革科技创新能力和公益服务能力得到增强，实行了新型的人事和分配制度，学科和人员结构得到优化。中科院知识创新工程试点10年来，通过进行大规模布局调整，在用人、分配、考核等方面进行了积极的探索，试点取得了明显的成效。

高校成为科学研究和技术创新的生力军。中国高校现有研究开发人员22.7万人，现有国家重点实验室的63%、国家工程研究中心的36%都建在高等院校。多年来，取得了人类细胞衰老主导基因、下一代互联网、早期生命研究、家蚕基因组等一批重大标志性创新成果。

四、激励自主创新的环境不断优化

科技投入大幅度增加。改革开放以来，中国科技投入总量不断增长，结构不断优化，投入效率不断提高。1990—2007年的18年间，中国研究与发展（R&D）经费支出总额以超过年均22%的速度增长。2007年，中国全社会R&D支出总额3 710亿元，占GDP的比重达到1.49%。特别是综合运用财政拨款、基金、贴息、担保等多种方式引导和激励社会资源向科技创新活动投入，政府引导金融机构加大对企业的投入力度，建立多元化、多层次的社会化科技投入体系。

科技人才队伍不断壮大。改革开放30年来，在"尊重知识、尊重人才"、"人才资源是第一资源"等思想指导下，通过实施"人才强国战略"，中国科技人才队伍迅速发展，已成为名副其实的科技人力资源大国。目前中国科技人力资源总量约为3 800万人，居世界第1位；研发人员达174万人/年，高等院校在校生总规模达到2 300万人，45岁以下中青年科研人员占研究人员总数的80%。

以科技进步法为核心的科技法律法规不断完善。经过多年努力，中国已初步形成以《科技进步法》为基础，《专利法》、《技术合同法》、《促进科技成果转化法》、《科学技术普及法》等组成的科技法律法规体系。修订后的《科学技术进步法》经十届全国人大常委会审议通过并与2008年7月1日开始实施。《规划纲要》60条配套政策以及70余条实施细则的制定实施，进一步促进了中国自主创新政策体系的形成和完善。

科研基础条件得到改善。中国现有220个国家重点实验室，6个国家试点实验室，形成了覆盖大部分基础研究重点学科领域的实验室体系。形成了研究实验基地、大型科学仪器、自然科技资源、科学数据、科技文献等较完备的科技基础条件体系。各类自然科技资源保存已初具规模，目前中国农作物种质资源保存量居世界第二，其中国家库保存量居世界第一，保存物种数据列世界第三。

初步形成了全方位、多层次、广领域、高水平的国际科技合作格局。目前，中国已与152个国家、地区和国际组织建立了科技合作关系，与其中的99个国家签订了政府间科技合作协定，并与这些国家的相关部门签署了1 000多项合作协议。中国参与了国际热核聚变实验反应堆（ITER）、欧洲伽利略全球卫星导航、国际对地观测、地球空间双星探测、人类肝脏蛋白质组、中医药国际科技合作等国际大科学工程计划。迄今，中国已参加了约350个国际科技组织，共有200多位中国科学家在这些国际科技组织中出任各级领导职务。

第四节 科技改革发展的基本经验

中国科技事业 30 年来的发展，积极探索了中国特色自主创新道路，为丰富中国特色社会主义理论体系，深化对中国特色社会主义道路实践规律的认识，积累了宝贵经验。

坚持解放和发展社会生产力，确立了“科学技术是第一生产力”的战略思想。从科学技术是第一生产力，是先进生产力的集中体现和主要标志，到建设创新型国家的重大战略思想，进一步丰富了中国特色社会主义理论体系。

坚持服务于经济建设主战场，把解决发展中的重大瓶颈问题作为优先任务，着力提升科技对国民经济和社会发展的支撑能力。从“面向、依靠”、“发展高科技、实现产业化”到十七大把“提高自主创新能力、建设创新型国家”作为国家发展战略的核心、提高综合国力的关键，科技发展面向国民经济重大需求，不断提高解决瓶颈制约的突破能力和重点产业的核心竞争能力。

坚持以改革为动力，发挥市场机制配置科技资源的基础性作用，不断优化科技力量布局。从改革拨款制度、开拓技术市场、鼓励科研机构和科技人员以多种方式进入市场，到应用型科研机构企业化转制、公益类院所分类改革，科技体系结构得到优化，形成了多元化的创新主体格局。

坚持遵循科学技术发展的基本规律，超前部署基础科学和前沿技术，提高科技的持续发展能力。鼓励自由探索的国家自然科学基金、国家目标导向的973计划，为国家未来发展提供科学支撑。863 计划秉承“发展高科技，实现产业化”的宗旨，逐步实现从重点跟踪到创新跨越的战略转变。

坚持发挥社会主义集中力量办大事的优势，在经济社会发展关键领域进行部署，努力实现科技发展的重点跨越。针对经济社会发展和国家安全的需求，组织科技重大攻关，组织实施重大专项，充分体现了国家战略意志，力求实现优势领域的战略突破。

坚持以人为本，努力建设一支宏大的创新型科技人才队伍。坚持人才资源是第一资源的指导思想，落实人才强国战略，始终把发现、培养、稳定和用好人才作为科技工作的战略任务，把培养造就创新型科技人才作为建设创新型国家的战略举措。

——坚持对外开放，充分利用全球科技资源，形成了全方位、多层次、广领域、高水平的国际科技合作局面。在更大范围、在更深层次上学习世界先进科技成就，在更高起点上推进中国的自主创新，使科技外交有效服务于国家整体外交。

坚持调动全社会创新的积极性，不断优化有利于创新的良好环境，着力形成科技工作万马奔腾的良好局面。加强科技宏观管理，转变政府职能，优化科技资源配置。把科技创新和科学普及作为科技工作的两个重要方面，提高全民科学素质。努力营造有利于创新的政策法制环境，大力发展创新文化，不断激发全社会的创造活力。

第五节 坚定地走中国特色自主创新道路

2006年全国科技大会以来，在党中央、国务院的正确领导下，在各地方、各行业的共同努力下，中国自主创新能力稳步提高，创新型国家建设迈出坚实步伐，中长期规划纲要提出的各项任务顺利实施。科技重大专项全面启动、开局良好；863、973、科技支撑等科技计划在支撑经济社会发展、引领未来发展方向上取得重要进展，在科技奥运、节能减排、解决“三农”问题、抗击雨雪冰冻灾害和抗震救灾等方面发挥了重要作用；以企业为主体、产学研相结合的技术创新体系建设、国家高新区“二次创业”正在有力推进；科研条件平台、国家重点实验室、国家实验室、工程中心等科技能力建设得到进一步加强；有利于自主创新、人才辈出、科技资源优化配置等政策环境正在形成；国际科技合作以提高自主创新能力为中心，服务于社会主义现代化建设和国家外交工作两个大局取得显著成效。

从中国发展的战略全局看，走新型工业化道路，调整经济结构，转变经济增长方式，缓解能源资源和环境的瓶颈制约，加快产业优化升级，促进人口健康和保障公共安全，维护国家安全和战略利益，我们比以往任何时候都更加迫切地需要坚实的科学基础和有力的技术支撑。要完成好党的十七大提出的提高自主创新能力、建设创新型国家的历史任务，关键在于进一步解放思想，始终保持旺盛的改革创新精神和强大的改革创新动力，更加自觉、更加坚定地走中国特色自主创新道路。

一、在科技工作中深入贯彻落实科学发展观

坚持发展是第一要义，实现科技促进经济社会又好又快发展，使科学发展的理念在自主创新实践中得到充分体现和贯彻，使自主创新在促进科学发展中真正发挥主导作用；坚持以人为本，体现科技发展为了人，落实科技发展依靠人，突出科技发展培养人，让科技进步的成果惠及亿万群众；坚持全面协调可持续，让科学技术服务于中国特色社会主义经济建设、政治建设、文化建设和社会建设的总体布局，支撑经济社会的永续发展；坚持统筹兼顾，加强科技创新能力建设与支撑经济社会发展的统筹部署，科技发展与体制机制创新的统筹协调，实现科技攻坚目标和创新人才培养的统筹安排，国内和国外科技资源的统筹利用。

二、把提高自主创新能力作为中心环节

要依靠自主创新解决国民经济发展的重大瓶颈问题，大幅度提高科技进步对经济增长的贡献率，加快形成以科技进步和创新为基础的新竞争优势，促进国民经济又好又快发展。以组织实施重大专项为重点，集中力量攻克一批重大关键和核心技术，努力实现中国优势领域的战略突破。大力发展现代农业、高新技术产业和现代服务业，为转变发展方式、推动产业结构优化升级，提供有力和持久的技术支撑。加强基础研究、前沿技术研究和社会公益性研究，加强科研基地和条件平台建设，提升科技持续创新能力。

三、把改善民生、促进社会和谐作为根本出发点和落脚点

紧紧围绕13亿人民的切身利益和紧迫需求发展科学技术，运用科学技术着力解决人民群众最关心、最直接、最现实的问题。加强面向“三农”的科技工作，有效地服务社会主义新农村建设。解决医疗健康重大科技问题，充分发挥科技在保障公共安全和防灾减灾中的重要作用，促进以改善民生为重点的社会建设。加大生态治理和环境保护的科研开发及成果应用，为建设生态文明提供有力支撑。加强科普工作，提高全民科学文化素质。

四、加快推进国家创新体系建设

把建设以企业为主体、市场为导向、产学研相结合的技术创新体系作为国家创新体系建设的突破口，引导和支持创新要素向企业集聚。优化科技力量布局，建设科学研究与高等教育有机结合，开放、流动、竞争、协作的知识创新体系。促进民用科技和军用科技的紧密结合与有效互动，建立军民融合、寓军于民的国防科技创新体系。促进区域科技资源的合理配置和高效利用，建设各具特色和优势互补的区域创新体系。以促进科技成果转化和加强创新服务为重点，建设社会化、网络化的科技中介服务体系。进一步扩大开放，拓展和深化国际科技合作，充分利用全球科技资源，在更高的起点上推进自主创新。

五、营造激励创新的良好环境

进一步完善鼓励自主创新的法制保障、政策体系、激励机制和市场环境，采取切实有效的措施，加大对自主创新的投入力度。坚持人才资源是第一资源的思想，加大培养人才、吸引人才、用好人才的工作力度，进一步优化科技人才成长和发展环境，为各类人才施展才华、创新创业创造更加有利的条件。加强科学道德和学风建设，弘扬科学精神，发展创新文化，促进在全社会形成关注创新、支持创新、参与创新的风尚，为建设创新型国家营造良好的氛围。

附录

一、部分科技指标

二、2008 年度国家科技奖（选登）

目录

一、部分科技指标

表1 科技人员

	2001年	2002年	2003年	2004年	2005年	2006年	2007年	2008年
专业技术人员（万人）	2 169.8	2 186.0	2 174.0	2 178.3	2 197.9	2 229.8	2 254.5	2 280
科技活动人员（万人）	314.1	322.2	328.4	348.1	381.5	413.2	454.4	500
科学家工程师（万人）	207.2	217.2	225.5	225.2	256.1	279.8	312.9	340
R&D人员全时当量（万人年）	95.7	103.5	109.5	115.3	136.5	150.3	173.6	194.8
科学家工程师（万人年）	74.3	81.1	86.2	92.6	111.9	122.4	142.3	161.4
普通高等学校毕业生（万人）	103.6	133.7	187.7	239.1	306.8	377.5	447.8	511.9
研究生毕业生（万人）	6.8	8.1	11.1	15.1	19.0	25.6	31.2	34.5
学成回国留学人员（万人）	1.2	1.8	2.0	2.5	3.5	4.2	4.4	6.9

注：2008年数据中前三项指标为预计数。表中“专业技术人员”指国有企事业单位专业技术人员中的工程技术人员、农业技术人员、卫生技术人员、科学研究人员和教学人员。

资料来源：国家统计局、科学技术部《中国科技统计年鉴2008》，国家统计局《中国统计摘要2009》。

表2 科技经费

	2001年	2002年	2003年	2004年	2005年	2006年	2007年	2008年
科技经费支出额（亿元）	2 312.5	2 671.5	3 121.6	4 004.4	4 836.2	5 757.3	7 098.9	8 420
国家财政科技拨款（亿元）	703.3	816.2	944.6	1 095.3	1 334.9	1 688.5	2 113.5	2 540
占财政总支出的比重（%）	3.72	3.70	3.83	3.84	3.93	4.18	4.25	3.9
R&D经费（亿元）	1 042.5	1 287.6	1 539.6	1 966.3	2 450.0	3 003.1	3 710.2	4 570
与国内生产总值之比（%）	0.95	1.07	1.13	1.23	1.34	1.42	1.44	1.52
基础研究经费（亿元）	55.6	73.8	87.7	117.2	131.2	155.8	174.5	200
占R&D经费的比重（%）	5.33	5.73	5.69	5.96	5.36	5.19	4.70	4.38

注：2008年数据为预计数或初步统计数。2007年政府收支分类体系改革后，财政科技支出包括“科学技术”科目下支出和其他功能支出中用于科学技术的支出；前后年度财政科技支出涵盖范围基本一致。

资料来源：国家统计局、科学技术部《中国科技统计年鉴2008》，国家统计局、科学技术部、财政部《2007年全国科技经费投入统计公报》，国家统计局《2008年国民经济和社会发展统计公报》。

表3　科技产出

	2001年	2002年	2003年	2004年	2005年	2006年	2007年	2008年
专利申请量（万件）	20.4	25.3	30.8	35.4	47.6	57.3	69.4	82.8
发明专利申请量（万件）	6.3	8.0	10.5	13.0	17.3	21.0	24.5	29.0
国内发明专利申请（万件）	3.0	4.0	5.7	6.6	9.3	12.2	15.3	19.5
专利授权量（万件）	11.4	13.2	18.2	19.0	21.4	26.8	35.2	41.2
发明专利授权量（万件）	1.6	2.1	3.7	4.9	5.3	5.8	6.8	9.4
国内发明专利授权（万件）	0.5	0.6	1.1	1.8	2.1	2.5	3.2	4.7
SCI、EI、ISTP系统收录的我国科技论文数（万篇）	6.5	7.7	9.3	11.1	15.3	17.2	20.8	—
国内科技论文数（万篇）	20.3	23.9	27.5	31.2	35.5	40.5	46.3	—

资料来源：国家知识产权局《专利统计年报》2001—2008年，中国科学技术信息研究所《中国科技论文统计与分析（年度研究报告）》2001—2007年。

表4　高技术产业

	2001年	2002年	2003年	2004年	2005年	2006年	2007年	2008年
高技术产业增加值（亿元）	3 095	3 769	5 034	6 341	8 128	10 056	11 621	13 200
占GDP的比重（%）	2.82	3.13	3.71	3.97	4.44	4.75	4.52	4.40
高技术产品进出口总额（亿美元）	1 105.6	1 506.9	2 296.2	3 267.1	4 159.7	5 287.5	6 348.0	7 575.5
高技术产品出口额（亿美元）	464.5	678.6	1 103.2	1 653.6	2 182.5	2 814.5	3 478.2	4 156.1
占商品出口总额比重（%）	17.5	20.8	25.2	27.9	28.6	29.0	28.6	29.1
高技术产品进口额（亿美元）	641.1	828.4	1 193.0	1 613.4	1 977.1	2 473.0	2 869.8	3 419.4
占商品进口总额比重（%）	26.3	28.1	28.9	28.7	30.0	31.2	30.0	30.2

注："高技术产业增加值"为规模以上工业企业数据，其2008年数据为预计数。

资料来源：国家统计局、国家发展和改革委员会、科学技术部《中国高技术产业统计年鉴2008》，国家统计局《中国统计年鉴2008》，国家统计局《2008年国民经济和社会发展统计公报》，海关总署。

表5　国家高新技术产业开发区

	2001年	2002年	2003年	2004年	2005年	2006年	2007年	2008年
区内企业数（万家）	2.4	2.8	3.3	3.9	4.2	4.6	4.8	5.2
年末从业人员数（万人）	294	349	395	448	521	574	650	—
工业总产值（亿元）	10 117	12 937	17 257	22 639	28 958	35 899	44 377	—
工业增加值（亿元）	2 621	3 286	4 361	5 542	6 821	8 521	10 715	—
年营业总收入（亿元）	11 928	15 326	20 939	27 466	34 416	43 320	54 925	65 146
净利润（亿元）	645	801	1 029	1 423	1 603	2 129	3 159	3 301
实交税金（亿元）	640	766	990	1 240	1 616	1 977	2 614	3 077
出口创汇（亿美元）	227	329	510	824	1 117	1 361	1 728	1 957

注：2008年数据为快报数。

资料来源：科技部火炬高技术产业开发中心《中国火炬统计年鉴2008》。

二、2008年度国家科技奖（选登）

1. 国家最高科学技术奖获奖人

王忠诚

Wang Zhong Cheng

北京市神经外科研究所

首都医科大学附属北京天坛医院

徐光宪

Xu Guang Xian

北京大学

2. 国家自然科学奖二等奖

序号	编号	项目名称	主要完成人
1	Z-101-2-01	均匀试验设计的理论、方法及其应用	王　元(中国科学院数学与系统科学研究院) 方开泰(中国科学院数学与系统科学研究院)
2	Z-101-2-02	人工边界方法与偏微分方程数值解	余德浩(中国科学院数学与系统科学研究院) 韩厚德(清华大学)
3	Z-101-2-03	电磁材料结构多场耦合非线性力学行为的理论研究	郑晓静(兰州大学) 周又和(兰州大学)
4	Z-101-2-04	固体的微尺度塑性及微尺度断裂研究	魏悦广(中国科学院力学研究所) 王自强(中国科学院力学研究所) 陈少华(中国科学院力学研究所)
5	Z-102-2-01	通过恒星丰度探索银河系化学演化的研究	赵　刚(中国科学院国家天文台) 陈玉琴(中国科学院国家天文台) 张华伟(中国科学院国家天文台) 施建荣(中国科学院国家天文台) 梁艳春(中国科学院国家天文台)
6	Z-102-2-02	量子开系统研究及其在量子信息的应用	孙昌璞(中国科学院理论物理研究所) 全海涛(中国科学院理论物理研究所)
7	Z-102-2-03	原子分子操纵、组装及其特性的STM研究	高鸿钧(中国科学院物理研究所) 宋延林(中国科学院化学研究所) 时东霞(中国科学院物理研究所) 张德清(中国科学院化学研究所) 庞世瑾(中国科学院物理研究所)
8	Z-103-2-01	化学反应过渡态的结构和动力学研究	杨学明(中国科学院大连化学物理研究所) 戴东旭(中国科学院大连化学物理研究所) 王秀岩(中国科学院大连化学物理研究所) 任泽峰(中国科学院大连化学物理研究所) 邱明辉(中国科学院大连化学物理研究所)
9	Z-103-2-02	功能纳米材料的合成、结构、性能及其应用探索研究	李亚栋(清华大学) 王　训(清华大学) 彭　卿(清华大学) 孙晓明(清华大学) 李晓林(清华大学)
10	Z-103-2-03	碳硼烷及其金属碳硼烷的合成、结构和反应	谢作伟(香港中文大学)
11	Z-103-2-04	新型规则纳米孔材料的分子工程	裘式纶(吉林大学) 朱广山(吉林大学) 李晓天(吉林大学) 张宗弢(吉林大学) 方千荣(吉林大学)

续表

序号	编号	项目名称	主要完成人
12	Z-104-2-01	晚中新世以来东亚季风气候的历史与变率	安芷生(中国科学院地球环境研究所) 周卫健(中国科学院地球环境研究所) 刘晓东(中国科学院地球环境研究所) 刘卫国(中国科学院地球环境研究所) 刘　禹(中国科学院地球环境研究所)
13	Z-104-2-02	寒武系和奥陶系全球层型剖面和点位（金钉子）及年代地层划分	彭善池(中国科学院南京地质古生物研究所) 陈　旭(中国科学院南京地质古生物研究所) 戎嘉余(中国科学院南京地质古生物研究所) 林焕令(中国科学院南京地质古生物研究所) 张元动(中国科学院南京地质古生物研究所)
14	Z-104-2-03	生命与环境协调演化中的生物地质学研究	殷鸿福(中国地质大学（武汉）) 谢树成(中国地质大学（武汉）) 杨逢清(中国地质大学（武汉）) 童金南(中国地质大学（武汉）) 王永标(中国地质大学（武汉）)
15	Z-104-2-04	中国湿地生态系统温室气体（CH_4和N_2O）排放规律研究	蔡祖聪(中国科学院南京土壤研究所) 邢光熹(中国科学院南京土壤研究所) 徐　华(中国科学院南京土壤研究所) 颜晓元(中国科学院南京土壤研究所) 丁维新(中国科学院南京土壤研究所)
16	Z-104-2-05	中国第四纪冰川与环境变化研究	施雅风(中国科学院寒区旱区环境与工程研究所) 崔之久(北京大学) 李吉均(兰州大学) 郑本兴(中国科学院寒区旱区环境与工程研究所) 周尚哲(华南师范大学)
17	Z-105-2-01	精子在附睾中成熟的分子基础研究	张永莲(中国科学院上海生命科学研究院) 陈小章(香港中文大学) 刘　强(中国科学院上海生命科学研究院) 胡远新(中国科学院上海生命科学研究院) 李　鹏(中国科学院上海生命科学研究院)
18	Z-105-2-02	中国苔藓植物研究	高　谦(中国科学院沈阳应用生态研究所) 曹　同(中国科学院沈阳应用生态研究所) 黎兴江(中国科学院昆明植物研究所) 吴玉环(中国科学院沈阳应用生态研究所) 张光初(中国科学院沈阳应用生态研究所)

续表

序号	编号	项目名称	主要完成人
19	Z-105-2-03	抗生素代谢工程的基础研究	邓子新(上海交通大学) 白林泉(上海交通大学) 周秀芬(上海交通大学) 孙宇辉(上海交通大学) 陈　实(上海交通大学)
20	Z-105-2-04	血糖调节相关的调控型分泌的分子机理研究	徐　涛(中国科学院生物物理研究所) 徐平勇(中国科学院生物物理研究所) 陈良怡(中国科学院生物物理研究所) 吴政星(华中科技大学) 瞿安连(华中科技大学)
21	Z-105-2-05	华南热带亚热带森林生态系统恢复/演替过程碳、氮、水演变机理	周国逸(中国科学院华南植物园) 闫俊华(中国科学院华南植物园) 张德强(中国科学院华南植物园) 莫江明(中国科学院华南植物园) 唐旭利(中国科学院华南植物园)
22	Z-106-2-01	雌激素和三苯氧胺诱发妇科肿瘤的分子机制	尚永丰(北京大学) 张　华(北京大学) 伍会健(北京大学) 尹　娜(北京大学) 易　霞(北京大学)
23	Z-106-2-02	肿瘤细胞的泛素调节机制研究	张学敏(中国人民解放军军事医学科学院) 李爱玲(中国人民解放军军事医学科学院) 沈倍奋(中国人民解放军军事医学科学院) 李慧艳(中国人民解放军军事医学科学院) 周涛(中国人民解放军军事医学科学院)
24	Z-106-2-03	介导肝脏损伤与再生的天然免疫识别及其调控机制	田志刚(中国科学技术大学) 魏海明(中国科学技术大学) 孙　汭(中国科学技术大学) 张　建(山东大学) 郑晓东(中国科学技术大学)
25	Z-107-2-01	鲁棒控制系统设计的参数化方法与应用	段广仁(哈尔滨工业大学) 关新平(燕山大学) 刘国平(中国科学院自动化研究所) 张焕水(山东大学) 高会军(哈尔滨工业大学) 关新平(燕山大学) 刘国平(中国科学院自动化研究所) 张焕水(山东大学) 高会军(哈尔滨工业大学)

续表

序号	编号	项目名称	主要完成人
26	Z-107-2-02	国际通用Hash函数的破解	王小云(山东大学) 于红波(清华大学)
27	Z-107-2-03	复杂非线性系统镇定控制的理论与设计	程代展(中国科学院数学与系统科学研究院) 洪奕光(中国科学院数学与系统科学研究院) 席在荣(中国科学院数学与系统科学研究院) 王玉振(山东大学)
28	Z-107-2-04	非经典计算的形式化模型与逻辑基础	应明生(清华大学)
29	Z-107-2-05	混沌反控制与广义Lorenz系统族的理论及其应用	陈关荣(香港城市大学) 吕金虎(中国科学院数学与系统科学研究院) 周天寿(中山大学) 陆君安(武汉大学)
30	Z-108-2-01	非平衡晶界偏聚动力学和晶间脆性断裂研究	徐庭栋(钢铁研究总院)
31	Z-108-2-02	用于纳电子材料的碳纳米管控制生长、加工组装及器件基础	刘忠范(北京大学) 张　锦(北京大学) 朱　涛(北京大学) 吴忠云(北京大学)
32	Z-109-2-01	电力大系统非线性控制学	卢　强(清华大学) 梅生伟(清华大学) 孙元章(清华大学) 刘　锋(清华大学)
33	Z-109-2-02	煤的结构特征及其与反应性的关系和调变	谢克昌(太原理工大学) 李文英(太原理工大学) 冯　杰(太原理工大学) 王宝俊(太原理工大学) 卢建军(太原理工大学)
34	Z-109-2-03	热喷涂涂层形成机制、结构与性能表征的应用理论研究	李长久(西安交通大学) 王卫泽(西安交通大学) 李京龙(西安交通大学) 李文亚(西安交通大学) 王豫跃(西安交通大学)

3. 国家技术发明奖一等奖

序号	编号	项目名称	主要完成人
1	F-216-1-01	硬脆材料复杂曲面零件精密制造技术与装备	郭东明(大连理工大学) 贾振元(大连理工大学) 康仁科(大连理工大学) 王永青(大连理工大学) 盛贤君(大连理工大学) 余慧龙(航天科工集团二院25所)
2	F-219-1-01	小型高精度天体敏感器技术	张广军(北京航空航天大学) 江　洁(北京航空航天大学) 魏新国(北京航空航天大学) 樊巧云(北京航空航天大学) 张晓敏(航天东方红卫星有限公司) 刘付成(航天科技集团八院812所)

4. 国家技术发明奖二等奖

序号	编号	项目名称	主要完成人
1	F-201-2-01	西南地区玉米杂交育种第四轮骨干自交系18-599和08-641	荣廷昭(四川农业大学) 潘光堂(四川农业大学) 黄玉碧(四川农业大学) 曹墨菊(四川农业大学) 高世斌(四川农业大学) 兰　海(四川农业大学)
2	F-203-2-01	中国地方鸡种质资源优异性状发掘创新与应用	康相涛(河南农业大学) 王彦彬(河南省家禽种质资源创新工程研究中心) 田亚东(河南农业大学) 李　明(河南农业大学) 孙桂荣(河南农业大学) 黄艳群(河南农业大学)

续表

序号	编号	项目名称	主要完成人
3	F-210-2-01	输油管道α-烯烃系列减阻剂开发及其制备工艺	李国平(中国石油天然气股份有限公司管道分公司管道科技研究中心) 关中原(中国石油天然气股份有限公司管道分公司管道科技研究中心) 张秀杰(中国石油天然气股份有限公司) 刘　兵(中国石油天然气股份有限公司管道分公司管道科技研究中心) 税碧垣(中国石油天然气股份有限公司管道分公司管道科技研究中心) 李春漫(中国石油天然气股份有限公司管道分公司管道科技研究中心)
4	F-211-2-01	食品、农产品品质无损检测新技术和融合技术的开发	赵杰文(江苏大学) 黄星奕(江苏大学) 邹小波(江苏大学) 蔡健荣(江苏大学) 刘木华(江苏大学) 陈全胜(江苏大学)
5	F-212-2-01	新型功能中空纤维膜制备技术及其产业化应用	肖长发(天津工业大学) 安树林(天津工业大学) 杜启云(天津膜天膜工程技术有限公司) 李新民(天津膜天膜工程技术有限公司) 刘建立(天津膜天膜工程技术有限公司) 胡晓宇(天津膜天膜工程技术有限公司)
6	F-212-2-02	优质天然高分子材料超细粉体化及其高附加值的再利用	徐卫林(武汉科技学院) 李　毅(香港理工大学) 郭维琪(武汉科技学院) 崔卫钢(武汉科技学院) 李文斌(武汉科技学院) 欧阳晨曦(武汉协和医院)
7	F-213-2-01	粒子过程晶体产品分子组装与形态优化技术	王静康(天津大学) 尹秋响(天津大学) 王永莉(天津大学) 张美景(天津大学) 侯宝红(天津大学) 郝红勋(天津大学)

续表

序号	编号	项目名称	主要完成人
8	F-213-2-02	高效利用反应热副产工业蒸汽的热法磷酸生产技术	梅　毅(云南省化工研究院) 宋耀祖(清华大学) 杨亚斌(云南省化工研究院) 蒋家羚(浙江大学) 王政伟(江苏工业学院) 张冠忠(清华大学)
9	F-213-2-03	完全预分散－动态硫化制备热塑性硫化橡胶的成套工业化技术	张立群(北京化工大学) 田　明(北京化工大学) 田洪池(山东道恩北化弹性体材料有限公司) 伍社毛(北京化工大学) 朱玉俊(北京化工大学) 于晓宁(山东道恩北化弹性体材料有限公司)
10	F-213-2-04	以脂肪酶为催化剂的绿色化学合成工艺	谭天伟(北京化工大学) 陈必强(北京化工大学) 王　芳(北京化工大学) 于明锐(北京化工大学) 邓　利(北京化工大学) 聂开立(北京化工大学)
11	F-213-2-05	高纯度井冈霉素生物催化生产井冈霉醇胺的产业化技术开发	郑裕国(浙江工业大学) 沈寅初(浙江工业大学) 陈小龙(浙江工业大学) 薛亚平(浙江工业大学) 裘国寅(浙江钱江生物化学股份有限公司) 傅业件(浙江钱江生物化学股份有限公司)
12	F-213-2-06	不同工况反应与蒸馏集成技术及其在化工中间体生产中的应用	乔　旭(南京工业大学) 崔咪芬(南京工业大学) 汤吉海(南京工业大学) 张进平(南京工业大学) 周新基(南通市天时化工有限公司) 曹宏生(江苏飞亚化学工业有限责任公司)

续表

序号	编号	项目名称	主要完成人
13	F-213-2-07	高效择形催化技术开发及其在对二甲苯生产中的应用	谢在库(中国石化股份有限公司上海石油化工研究院) 孔德金(中国石化股份有限公司上海石油化工研究院) 李　为(中国石化股份有限公司上海石油化工研究院) 朱志荣(中国石化股份有限公司上海石油化工研究院) 冷家厂(中国石化股份有限公司天津分公司) 张赛军(中国石化扬子石油化工有限公司)
14	F-214-2-01	纳米晶磷酸钙胶原基骨修复材料	崔福斋(清华大学) 冯庆玲(清华大学) 李恒德(清华大学) 王继芳(中国人民解放军总医院) 俞　兴(清华大学) 蔡　强(清华大学)
15	F-215-2-01	金属原位统计分布分析技术	王海舟(钢铁研究总院) 陈吉文(钢铁研究总院) 贾云海(钢铁研究总院) 杨新生(钢铁研究总院) 高宏斌(钢铁研究总院) 袁良经(钢铁研究总院)
16	F-215-2-02	多元复合稀土钨电极及其制备技术	聂祚仁(北京工业大学) 胡福成(北京矿冶研究总院) 周美玲(北京工业大学) 李炳山(北京矿冶研究总院) 杨建参(北京工业大学) 彭　鹰(北京矿冶研究总院)
17	F-215-2-03	基于微生物基因功能与群落结构分析的硫化矿生物浸出法	邱冠周(中南大学) 刘学端(中南大学) 柳建设(中南大学) 刘新星(中南大学) 黎维中(中南大学) 王　军(中南大学)
18	F-216-2-01	一种空间机构的钢板滚切剪技术与装备	黄庆学(太原科技大学) 孙斌煜(太原科技大学) 孟进礼(太原科技大学) 曹一兵(太原重工股份公司) 张其生(河北文丰钢铁有限公司) 马立峰(太原科技大学)

续表

序号	编号	项目名称	主要完成人
19	F-217-2-01	三维协调的新一代电网能量管理系统关键技术及应用	张伯明(清华大学) 孙宏斌(清华大学) 吴文传(清华大学) 郭庆来(清华大学) 汤　磊(清华大学) 王　鹏(清华大学)
20	F-217-2-02	防止配电网雷击断线用穿刺型防弧金具、箝位绝缘子和带间隙避雷器	陈维江(中国电力科学研究院) 孙昭英(中国电力科学研究院) 陈伟明(上海市电力公司) 陈光华(北京电力公司) 何金良(清华大学) 沈海滨(中国电力科学研究院)
21	F-217-2-03	电厂锅炉多种污染物协同脱除半干法烟气净化技术	骆仲泱(浙江大学) 高　翔(浙江大学) 岑可法(浙江大学) 倪明江(浙江大学) 周劲松(浙江大学) 方梦祥(浙江大学)
22	F-219-2-01	非硅MEMS技术及其应用	陈文元(上海交通大学) 赵小林(上海交通大学) 丁桂甫(上海交通大学) 陈　迪(上海交通大学) 张卫平(上海交通大学) 孙方宏(上海交通大学)
23	F-219-2-02	低功耗铁氧体磁芯及新型节能磁性元器件	张怀武(电子科技大学) 刘颖力(电子科技大学) 张瑞标(天通控股股份有限公司) 赵　淳(中电集团第九研究所) 苏　桦(电子科技大学) 杨青慧(电子科技大学)
24	F-220-2-01	基于网络融合的流媒体服务新技术	戴琼海(清华大学) 陈　峰(清华大学) 刘烨斌(清华大学) 杨敬钰(清华大学) 徐文立(清华大学) 尔桂花(清华大学)

续表

序号	编号	项目名称	主要完成人
25	F-220-2-02	构件化应用服务器核心技术与应用	梅　宏(北京大学) 杨芙清(北京大学) 黄　罡(北京大学) 王千祥(北京大学) 周明辉(北京大学) 曹东刚(北京大学)
26	F-223-2-01	废旧沥青再循环利用的成套关键技术	杨林江(浙江兰亭高科有限公司) 张起森(长沙理工大学) 吴超凡(湖南省交通科学研究院) 汤　薇(浙江兰亭高科有限公司) 聂忆华(长沙理工大学) 胡君明(浙江兰亭高科有限公司)
27	F-231-2-01	耦合式城市污水处理新技术及应用	赵建夫(同济大学) 夏四清(同济大学) 张亚雷(同济大学) 周岳溪(中国环境科学研究院) 杨殿海(同济大学) 顾国维(同济大学)
28	F-235-2-01	血管抑制剂抗肿瘤新药的药物设计、千克级制备技术及临床应用	罗永章(山东先声麦得津生物制药有限公司) 孙　燕(中国医学科学院肿瘤医院) 王军志(中国药品生物制品检验所) 王金万(中国医学科学院肿瘤医院) 付　彦(清华大学) 常国栋(山东先声麦得津生物制药有限公司)
29	F-236-2-01	宽带无线移动TDD-OFDM-MIMO技术	张　平(北京邮电大学) 陶小峰(北京邮电大学) 李立华(北京邮电大学) 田　辉(北京邮电大学) 张建华(北京邮电大学) 王　莹(北京邮电大学)
30	F-236-2-02	TD-SCDMA终端核心芯片平台关键技术及应用	郑建宏(重庆邮电大学) 申　敏(重庆邮电大学) 李贵勇(重庆重邮信科（集团）股份有限公司) 陈贤亮(重庆重邮信科（集团）股份有限公司) 黄俊伟(重庆重邮信科（集团）股份有限公司) 杨小勇(重庆重邮信科（集团）股份有限公司)

续表

序号	编号	项目名称	主要完成人
31	F-236-2-03	小型化高性能微波无源元件与天线	毛军发(上海交通大学) 金荣洪(上海交通大学) 耿军平(上海交通大学) 尹文言(上海交通大学) 李晓春(上海交通大学) 李征帆(上海交通大学)
32	F-239-2-01	难沉降煤泥水的矿物-硬度法绿色澄清技术及高效循环利用	刘炯天(中国矿业大学) 祁泽民(河北金牛能源股份有限公司) 王永田(中国矿业大学) 冯　莉(中国矿业大学) 曹亦俊(中国矿业大学) 韩　锴(北京中水长固液分离技术有限公司)
33	F-251-2-01	基于计算机视觉的水果品质智能化实时检测分级技术与装备	应义斌(浙江大学) 王剑平(浙江大学) 饶秀勤(浙江大学) 蒋焕煜(浙江大学) 徐惠荣(浙江大学) 陈永兴(杭州杭挂机电有限公司)
34	F-252-2-01	矿井（隧道）复杂地质构造探测装备与方法研究	彭苏萍(中国矿业大学（北京）) 杨　峰(中国矿业大学（北京）) 朱国维(中国矿业大学（北京）) 王怀秀(中国矿业大学（北京）) 赵　伟(中国矿业大学（北京）) 苏红旗(中国矿业大学（北京）)
35	F-253-2-01	组织工程化组织构建关键技术研发与应用	曹谊林(上海交通大学医学院附属第九人民医院) 崔　磊(上海组织工程研究与开发中心) 刘　伟(上海组织工程研究与开发中心) 周广东(上海组织工程研究与开发中心) 李　宏(上海组织工程研究与开发中心) 张文杰(上海交通大学医学院附属第九人民医院)

5. 国家科学技术进步奖特等奖

项目名称：青藏铁路工程

项目编号：J-221-0-01

主要完成人：

孙永福，李金城，程国栋，何华武，冉　理，张鲁新，郑　健，张曙光，黄弟福，吴克俭，杨忠民，韩树荣，徐啸明，周孝文，覃武凌，安国栋，马　巍，李　宁，赵世运，张　梅，邵丕彦，答治华，张俊兵，彭江鸿，牛怀俊，林兰生，余绍水，杨安杰，钱征宇，王　军，马福林，尹社联，方金根，牛道安，王小军，王云波，王引生，王争鸣，王志坚，王忠文，王晓黎，王　祯，王起才，王崇新，王　惟，包黎明，田红旗，任少强，刘　文，刘争平，刘应书，刘志远，刘保明，刘　辉，刘新科，吕很厚，孙士云，孙树礼，朱永全，朱明瑞，朱振升，朱桐春，许兰民，许景林，吴云生，吴少海，吴亚平，吴克非，吴　波，吴青柏，吴晓民，吴维洲，宋　冶，张丕界，张玉林，张海军，李寿福，李肖伦，李学伟，李法昶，李　晋，李渤生，杨奇森，杨建兴，苏庆国，苏　谦，陆　鸣，陈方荣，陈桂琛，和民锁，岳祖润，拉有玉，罗育桂，施红生，柳学发，段东明，胡书凯，赵　存，徐小明，徐本美，秦顺全，夏　霖，郭秀春，郭法生，高玉功，高　波，曹元平，梁渤洲，黄双林，曾凤柳，葛建军，蒋　勇，谢友均，谢永江，韩利民，解方亮，赖远明，臧守杰，戴瑞臣，魏庆朝

主要完成单位：

铁道部，中铁第一勘察设计院集团有限公司，青藏铁路公司，中国科学院寒区旱区环境与工程研究所，中国铁道科学研究院，中国铁路工程总公司，中国铁道建筑总公司，中铁西北科学研究院有限公司，西南交通大学，北京交通大学，中南大学，兰州交通大学，石家庄铁道学院，中国科学院动物研究所，中国科学院植物研究所，中国科学院西北高原生物研究所，铁道第三勘察设计院集团有限公司，南车四方机车车辆股份有限公司，青岛四方车辆研究所有限公司，中铁一局集团有限公司，中铁十一局集团有限公司，中铁三局集团有限公司，中铁十二局集团有限公司，中铁五局（集团）有限公司，中铁二十局集团有限公司，中铁十七局集团有限公司，中国铁路通信信号集团公司，卡斯柯信号有限公司，中铁电气化局集团有限公司，中国铁通集团有限公司，中国地震局工程地震研究中心，中铁西南科学研究院有限公司，西北濒危动物研究所（陕西省动物研究所），北京科技大学，中铁工程设计咨询集团有限公司，中铁第五勘察设计院集团有限公司，中铁大桥局股份有限公司，中铁十八局集团有限公司，中国中铁二局集团有限公司，中铁十六局集团有限公司，中铁四局集团有限公司，中铁十四局集团有限公司，中铁建工集团有限公司，中铁十五局集团有限公司，青海省高原医学科学研究院，西藏军区总医院，新疆生产建设兵团建设（集团）有限责任公司，中铁十九局集团有限公司，青海大学医学院，中铁二十一局集团有限公司

6. 国家科学技术进步奖一等奖

序号	编号	项目名称	主要完成人、主要完成单位
1	J-223-1-01	多年冻土青藏公路建设和养护技术	霍　明，汪双杰，吴青柏，章金钊，武慈民，胡长顺，冉仕平，李祝龙，刘永智，路　勋，吴紫汪，房建宏，马　骉，窦明健，慕万奎 中交第一公路勘察设计研究院，中国科学院寒区旱区环境与工程研究所，长安大学，西藏自治区交通厅，交通部公路科学研究院，青海省公路科研勘测设计院，黑龙江省交通科学研究所，青海省交通医院，西藏自治区交通厅公路管理局青藏公路管理分局，交通部科学研究院
2	J-217-1-01	全超导非圆截面托卡马克核聚变实验装置（EAST）的研制	中国科学院等离子体物理研究所
3	J-233-1-01	胃癌恶性表型相关分子群的发现及其序贯预防策略的建立和应用	樊代明，王振宇，吴开春，时永全，刘　杰，王继德，潘阳林，洪　流，王　新，梁　洁，丁　杰，张筱茵，聂勇战，刘　娜，郭长存 中国人民解放军第四军医大学，香港大学
4	J-216-1-01	1 5000T 锻造水压机	吴生富，宋清玉，马　克，张景胜，聂绍珉，刘林峰，周晓平，李　冰，于兆卿，王建新，周维海，曲在文，张亚才，史永利，宋士丹 中国第一重型机械集团公司，燕山大学
5	J-237-1-01	超临界 600MW 火电机组成套设备研制与工程应用	史进渊，曲大庄，霍锁善，何阿平，韩建伟，王为民，高子瑜，方晓燕，王国海，王拯元，袁建华，林富生，杨其国，吉　平，张殿军 上海发电设备成套设计研究院，哈尔滨汽轮机厂有限责任公司，东方锅炉（集团）股份有限公司，上海电气电站设备有限公司，哈尔滨锅炉厂有限责任公司，东方电气集团东方汽轮机有限公司，上海锅炉厂有限公司，机械工业北京电工技术经济研究所，哈尔滨电机厂有限责任公司，东方电气集团东方电机有限公司
6	J-217-1-02	输电系统中灵活交流输电（可控串补）关键技术和推广应用	郭剑波，周孝信，汤广福，薛建伟，陈晓伦，武守远，林集明，杨玉林，潘秀宝，李国富，荆　平，陶家琪，彭夕岚，李志兵，常　健 中国电力科学研究院，甘肃省电力公司，东北电网有限公司，清华大学

续表

序号	编号	项目名称	主要完成人、主要完成单位
7	J-215-1-01	武钢取向硅钢制造技术自主创新与产业化	毛炯辉，邓崎琳，方泽民，傅连春，王　岑，张寿荣，陶济群，曹　阳，应　宏，刘本仁，邵为民，刘良田，李凤喜，宋　平，张文辉 武汉钢铁（集团）公司，钢铁研究总院，武汉科技大学
8	J-215-1-02	铝及铝合金现代化热连轧技术与工艺开发	肖亚庆，李凤轶，张新明，赵世庆，黄　平，郭金龙，邓宪洲，邓高潮，方光山，唐建国，王　渠，程会伦，陈代伦，谢　宇，陆国樑 中铝西南铝板带有限公司，西南铝业（集团）有限责任公司，中南大学，中色科技股份有限公司
9	J-223-1-02	大秦铁路重载运输成套技术与应用	耿志修，张曙光，武　汛，康　熊，陈伯施，钟章队，穆建成，姜永富，闻清良，王启铭，孙增友，孙剑方，闫　平，刘志远，邸士萍 太原铁路局，中国铁道科学研究院，北京铁路局，北京交通大学，中国铁路通信信号集团公司，中铁电气化局集团有限公司，中国北方机车车辆工业集团公司，中国南方机车车辆工业集团公司，北京首科中系希电信息技术有限公司，华为技术有限公司
10	J-206-1-01	奇瑞节能环保汽车技术平台建设	奇瑞汽车股份有限公司
11	J-223-1-03	东风1.5吨级高机动性越野汽车的研制	黄　松，徐满年，陈建贤，鲁毅飞，虞　明，吴卫星，王法春，徐　刚，王建军，周旺生，汪振晓，曾　斌，周忠胜，周念东，张　涛 东风汽车公司，中国人民解放军总装备部汽车试验场
12	J-201-1-01	中国小麦品种品质评价体系建立与分子改良技术研究	何中虎，晏月明，夏先春，张　艳，安林利，庄巧生，王德森，张　勇，陈新民，夏兰芹，胡英考，蔡民华，王光瑞，阎　俊 中国农业科学院作物科学研究所，首都师范大学，山西省农业科学院小麦研究所

7. 中华人民共和国国际科学技术合作奖获奖人

姓　　名	国　　籍
罗斯高（Scott Douglas Rozelle）	美　　国
维克多·罗伊·斯夸尔（Victor Squires）	澳大利亚
洛塔·雷（Lothar Hans REH）	德　　国

图书在版编目（CIP）数据

中国科学技术发展报告2008/中华人民共和国科学技术部编. －北京：科学技术文献出版社，2009.9
ISBN 978-7-5023-6488-5

I. 中…　II. 中…　III. 科学技术－技术发展－研究报告－中国－2008　IV. N120.1

中国版本图书馆CIP数据核字（2009）第186118号

出　版　者　科学技术文献出版社
地　　　址　北京市复兴路15号/100038
图书编务部电话　（010）58882938，58882087（传真）
图书发行部电话　（010）58882866（传真）
邮 购 部 电 话　（010）58882873
网　　　址　http://www.stdph.com
E-mail: stdph@istic.ac.cn
责 任 编 辑　鲁　毅
责 任 校 对　赵文珍
责 任 出 版　王杰馨
装 帧 设 计　北京博雅思企划有限公司
发　行　者　科学技术文献出版社发行　全国各地新华书店经销
印　刷　者　北京华联印刷有限公司
版（印）次　2009年9月第1版第1次印刷
开　　　本　889×1194　16开
字　　　数　450千
印　　　张　17.875
印　　　数　1～10000册
定　　　价　120.00元